술술 읽으며 개념 잡는

개념수다

5

중등 수학 3 (상)

이 책의 사용법과 특장

0 개념, 점검하기

덧셈을 모르고 곱셈을 알 수는 없어요.
이전 개념을 점검하는 것부터 시작하세요!

1 개념, 이해하기

개념의 원리와 설명을 찬찬히 읽으며
자연스럽게 이해해 보세요. 이해가 어렵다면
개념 영상 강의도 시청해 보세요.
분명 2배의 학습 효과가 있을 거예요.

0 준비해 보자

개념 학습을 시작하기 전에 이전 개념을
재미있게 점검할 수 있습니다.

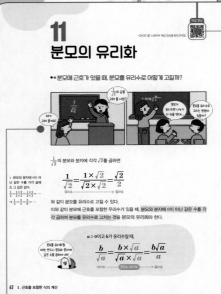

1 개념 도입 만화

개념에 대한 흥미와 궁금증을 유발하는
만화입니다.

1 꽉 잡아, 개념!

중요 개념을 따라 쓰면서 배운 내용을
확인할 수 있습니다.

② 개념, 확인&정리하기

개념을 잘 이해했는지 문제를 풀어 보며
부족한 부분을 보완해 보세요. 개념 공부가 끝났으면
개념 전체의 흐름을 한 번에 정리해 보세요.

③ 개념, 끝장내기

이제는 얼마나 잘 이해했는지 테스트를 해 봐야겠죠?
QR코드를 스캔하여 문제의 답을 입력하면 자동으로
채점이 되고, 부족한 개념을 문제로 보충할 수 있어요.
이것까지 완료하면 개념 공부를 끝장낸 거예요.

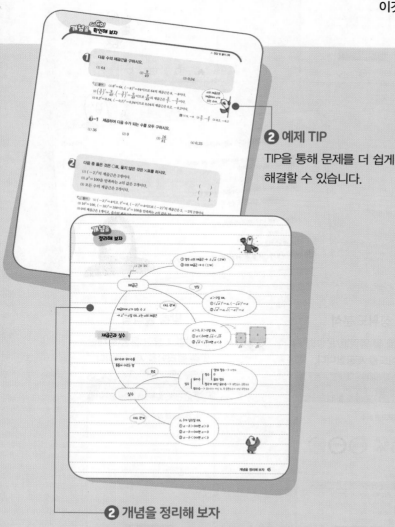

② 예제 TIP

TIP을 통해 문제를 더 쉽게
해결할 수 있습니다.

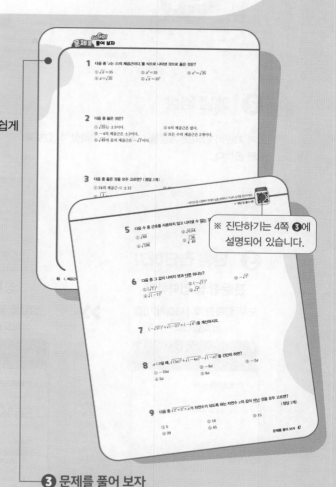

※ 진단하기는 4쪽 ③에
설명되어 있습니다.

② 개념을 정리해 보자

단원에서 배운 개념을 구조화하여 한 번에
정리할 수 있습니다.

③ 문제를 풀어 보자

문제를 풀면서 단원에서 배운 개념을
점검할 수 있습니다.

이 책의 온라인 학습 가이드

❶ 사전 테스트

교재 표지의 QR코드를 스캔

≫

사전 테스트
이전에 배운 내용에 대한 학습 수준을 파악합니다.

≫

테스트 분석
정답률 및 결과에 따른 안내를 제공합니다.

❷ 개념 영상

교재 기반의 강의로 개념을 더욱더 잘 이해할 수 있도록 도와 줍니다.

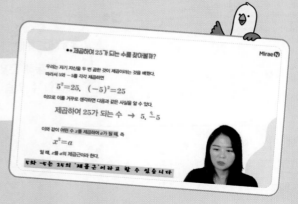

❸ 단원 진단하기

전 문항 답 입력하기
모두 입력한 후 [제출하기]를 클릭합니다.

≫

성취도 분석
정답률 및 영역별/문항별 성취도를 제공합니다.

≫

맞춤 클리닉
개개인별로 틀린 문항에 대한 맞춤 클리닉을 제공합니다.

이 책의 차례

I

제곱근과 실수

차례~차례~
가 보자!!

♪~

1
제곱근

#제곱근

#근호 #루트

#양의 제곱근 #음의 제곱근

#a의 제곱근 #제곱근 a

● 나폴레옹 보나파르트(1769~1821)는 프랑스 혁명기의 군인이자 정치가로, 천재적인 군사적 재능을 통해 프랑스 혁명 전쟁을 승리로 이끌며 훗날 프랑스 제1제국의 황제가 된 인물이다.
다음은 나폴레옹이 남긴 명언이다.

나폴레옹 보나파르트
(1769~1821)

는

가장 있는 자에게

돌아간다.

아래 문제에서 □ 안에 알맞은 수에 해당하는 글자를 찾아 나폴레옹의 명언을 완성해 보자.

(1) $8^2 = \boxed{}$

(2) $(-7)^2 = \boxed{}$

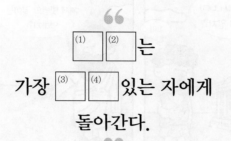

(3)

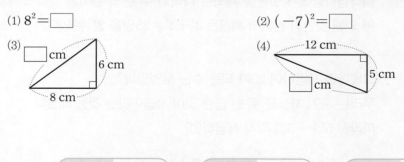

(4)

63	용

−49	력

10	끈

25	식

11	지

64	승

13	기

49	리

12	능

01 제곱근의 뜻

* QR코드를 스캔하여 개념 영상을 확인하세요.

•• 제곱하여 25가 되는 수를 찾아볼까?

▶ 피타고라스 정리

$$a^2+b^2=c^2$$

직각삼각형에서 빗변을 제외한 나머지 두 변의 길이가 각각 3, 4일 때, 피타고라스 정리에 의해 빗변의 길이의 제곱은 $3^2+4^2=25$임을 알 수 있다.

그렇다면 제곱하여 25가 되는 수는 무엇일까?
우리는 자기 자신을 두 번 곱한 것이 제곱이라는 것을 배웠다.
따라서 5와 −5를 각각 제곱하면

$$5^2=25, \quad (-5)^2=25$$

이므로 이를 거꾸로 생각하면 다음과 같은 사실을 알 수 있다.

제곱하여 25가 되는 수 → 5, −5

이와 같이 어떤 수 x를 제곱하여 a가 될 때, 즉

$$x^2=a$$

일 때, x를 a의 **제곱근**이라 한다.

이를테면, 25의 제곱근은 5와 −5이다.

$$5 \quad -5 \xleftrightarrow[\text{제곱근}]{\text{제곱}} 25$$

▶ 제곱근에서 근(根)은 '뿌리'란 뜻으로, 제곱근은 '제곱'이라는 결과가 나오게 하는 '뿌리가 되는 수'라는 의미를 가지고 있다.

이에 따라 'a의 제곱근'이라는 말의 의미를 정리하면 다음과 같다.

a의 제곱근

→ 제곱하여 a가 되는 수

→ $x^2 = a$를 만족하는 x의 값

$a \geq 0$일 때 모두 같은 표현이야.

위의 내용을 토대로 4의 제곱근을 구해 보자.

4의 제곱근 → 제곱하여 4가 되는 수

→ $x^2 = 4$를 만족하는 x의 값

→ $2^2 = 4$, $(-2)^2 = 4$이므로

4의 제곱근은 2, -2이다.

💚 다음을 구해 보자.

(1) 9의 제곱근 ⇨ 제곱하여 ☐가 되는 수

⇨ $x^2 =$ ☐를 만족하는 x의 값

⇨ ☐, -3

(2) 16의 제곱근 ⇨ 제곱하여 ☐이 되는 수

⇨ $x^2 =$ ☐을 만족하는 x의 값

⇨ 4, ☐

답 (1) 9, 9, 3　(2) 16, 16, −4

●● 제곱근의 개수는 항상 2개일까?

앞에서 4의 제곱근은 양수 2와 음수 -2가 있음을 배웠다. 이때 $|2|=|-2|$임을 알 수 있다.

이를 통하여 일반적으로 양수의 제곱근은 양수와 음수 2개가 있고, 그 절댓값은 서로 같음을 알 수 있다.

또, 제곱하여 0이 되는 수는 0뿐이므로 0의 제곱근은 0이다.

한편, 양수나 음수를 제곱하면 항상 양수가 되므로 음수의 제곱근은 생각하지 않는다.

· 양수의 제곱근은 2개

· 0의 제곱근은 1개

 다음 수의 제곱근의 개수를 구해 보자.

(1) 0   (2) 49

답 (1) 1개   (2) 2개

꽉 잡아, 개념!

(1) **제곱근**

어떤 수 x를 제곱하여 a가 될 때, 즉 $x^2=a$일 때, x를 a의 제곱근 이라 한다.

(2) **제곱근의 개수**

① 양수의 제곱근은 양수와 음수 2개 가 있고, 그 절댓값은 서로 같다.

② 0의 제곱근은 0의 1개 이다.

③ 음수의 제곱근은 생각하지 않는다.

▶ 정답 및 풀이 2쪽

1 다음 수의 제곱근을 구하시오.

(1) 64　　　　　　　　(2) $\dfrac{9}{49}$　　　　　　　(3) 0.04

a의 제곱근은 제곱해서 a가 되는 수야.

✏️ **풀이**　(1) $8^2 = 64$, $(-8)^2 = 64$이므로 64의 제곱근은 8, -8이다.

(2) $\left(\dfrac{3}{7}\right)^2 = \dfrac{9}{49}$, $\left(-\dfrac{3}{7}\right)^2 = \dfrac{9}{49}$이므로 $\dfrac{9}{49}$의 제곱근은 $\dfrac{3}{7}$, $-\dfrac{3}{7}$이다.

(3) $0.2^2 = 0.04$, $(-0.2)^2 = 0.04$이므로 0.04의 제곱근은 0.2, -0.2이다.

🔑 (1) 8, -8　(2) $\dfrac{3}{7}$, $-\dfrac{3}{7}$　(3) 0.2, -0.2

1-1 제곱하여 다음 수가 되는 수를 모두 구하시오.

(1) 36　　　　　(2) 0　　　　　(3) $\dfrac{16}{81}$　　　　(4) 0.25

2 다음 중 옳은 것은 ○표, 옳지 않은 것은 ×표를 하시오.

(1) $(-2)^2$의 제곱근은 2개이다.　　　　　　　　　　　(　　)

(2) $x^2 = 100$을 만족하는 x의 값은 2개이다.　　　　　(　　)

(3) 모든 수의 제곱근은 2개이다.　　　　　　　　　　　(　　)

✏️ **풀이**　(1) $(-2)^2 = 4$이고, $2^2 = 4$, $(-2)^2 = 4$이므로 $(-2)^2$의 제곱근은 2, -2의 2개이다.

(2) $10^2 = 100$, $(-10)^2 = 100$이므로 $x^2 = 100$을 만족하는 x의 값은 10, -10의 2개이다.

(3) 0의 제곱근은 1개이고, 음수의 제곱근은 없다.

🔑 (1) ○　(2) ○　(3) ×

2-1 다음 보기 중 옳지 <u>않은</u> 것을 모두 고르시오.

┤ 보기 ├

ㄱ. 양수의 제곱근은 양수와 음수 2개이다.

ㄴ. 제곱하여 0이 되는 수는 없다.

ㄷ. -5의 제곱근은 1개이다.

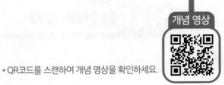

02
제곱근의 표현

●● 5의 제곱근은 어떻게 나타낼까?

제곱하여 5가 되는 수, 즉 5의 제곱근은 표현할 수 없으므로 이를 표현하는 방법이 필요하다. 그래서 수학자들은 제곱근을 나타내기 위한 기호를 만들었는데, 그 기호가 바로

$$\sqrt{}$$

이다.

그럼 양수 a의 제곱근은 기호 $\sqrt{}$ 를 사용하여 어떻게 나타낼 수 있을까?

우리는 '개념 **01**'에서 양수의 제곱근은 양수와 음수 2개가 있음을 배웠다.

이때 양수 a의 제곱근 중에서 양수인 것을 양의 제곱근, 음수인 것을 음의 제곱근이라 하고, 기호 $\sqrt{}$ 를 사용하여 다음과 같이 나타낸다.

▶ 0의 제곱근은 0이므로 $\sqrt{0}=0$이다.

양의 제곱근 → $\sqrt{a}$

음의 제곱근 → $-\sqrt{a}$

이때 기호 $\sqrt{}$ 를 근호라 하며, $\sqrt{a}$를 '제곱근 a' 또는 '루트 a'라 읽는다.
또, $\sqrt{a}$와 $-\sqrt{a}$를 한꺼번에 $\pm\sqrt{a}$로 나타내기도 한다.

> $\pm\sqrt{a}$는 '플러스마이너스 루트 에이'라 읽어.

▶ 근호 $\sqrt{}$ 는 뿌리(root)를 뜻하는 라틴어 radix 의 첫글자 r를 변형하여 만든 것이다.

5의 제곱근을 근호를 사용하여 나타내 보면 다음과 같다.

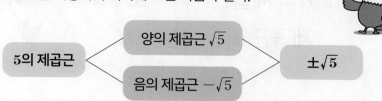

그렇다면 어떤 수의 제곱근은 모두 근호를 사용하여 나타내야 하는 걸까?
25의 제곱근을 생각해 보자.
25의 제곱근을 근호를 사용하여 나타내면 양의 제곱근은 $\sqrt{25}$, 음의 제곱근은 $-\sqrt{25}$이다.
그런데 제곱하여 25가 되는 수, 즉 25의 제곱근은 5와 -5이므로

$$\sqrt{25}=5, \quad -\sqrt{25}=-5$$

임을 알 수 있다.
이처럼 어떤 수의 제곱근은 근호를 사용하지 않고 나타낼 수도 있다.

▶ 제곱근을 나타낼 때, 근호 안의 수가 어떤 수의 제곱이면 근호를 사용하지 않고 나타낼 수 있다.

❤ 다음 □ 안에 알맞은 수를 써넣어 보자.

(1) 3의 양의 제곱근은 □, 음의 제곱근은 □이므로 3의 제곱근은 □이다.
(2) $\sqrt{16}$은 16의 양의 제곱근이므로 $\sqrt{16}$을 근호를 사용하지 않고 나타내면 □이다.

답 (1) $\sqrt{3}$, $-\sqrt{3}$, $\pm\sqrt{3}$ (2) 4

●● 5의 제곱근과 제곱근 5는 같은 의미일까?

5의 제곱근과 제곱근 5는 비슷해 보이지만 다른 의미를 지니고 있다.
5의 제곱근과 제곱근 5의 각각의 말을 풀어서 생각해 보자.

5의 제곱근 → 제곱하여 5가 되는 수 → $\pm\sqrt{5}$

제곱근 5 → 5의 양의 제곱근 → $\sqrt{5}$

따라서 양수 a에 대하여 a의 제곱근과 제곱근 a는 다음과 같이 정리할 수 있다.

▶ a의 제곱근은 $\sqrt{a}$,
$-\sqrt{a}$의 2개이고, 제곱근
a는 $\sqrt{a}$의 1개이다.

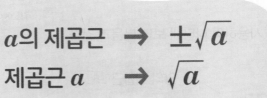

a의 제곱근 $\rightarrow \pm\sqrt{a}$

제곱근 a $\rightarrow \sqrt{a}$

헷갈리지 않게
정확히 알아 둬~

💙 다음 표를 완성해 보자.

a	a의 제곱근	제곱근 a
7	$\pm\sqrt{7}$	❶
10	❷	$\sqrt{10}$
13	❸	❹

탑 ❶ $\sqrt{7}$ ❷ $\pm\sqrt{10}$ ❸ $\pm\sqrt{13}$ ❹ $\sqrt{13}$

회색 글씨를
따라 쓰면서
개념을 정리해 보자!

꽉 잡아, 개념!

(1) 제곱근의 표현

① 양수 a의 제곱근 중에서 양수인 것을 양의 제곱근, 음수인 것을 음의 제곱근이라 하고, 기호 $\sqrt{\ }$ 를 사용하여 양의 제곱근은 $\boxed{\sqrt{a}}$, 음의 제곱근은 $\boxed{-\sqrt{a}}$ 로 나타 낸다.

② 기호 $\sqrt{\ }$ 를 $\boxed{근호}$ 라 하며, $\sqrt{a}$를 '제곱근 a' 또는 '루트 a'라 읽는다.

③ $\sqrt{a}$와 $-\sqrt{a}$를 한꺼번에 $\boxed{\pm\sqrt{a}}$ 로 나타내기도 한다.

➡ $x^2 = a\ (a > 0)$이면 $x = \pm\sqrt{a}$

➕참고 제곱근을 나타낼 때, 근호 안의 수가 어떤 수의 제곱이면 근호를 사용하지 않고 나타낼 수 있다.

(2) a의 제곱근과 제곱근 a (단, $a > 0$)

	a의 제곱근	제곱근 a
뜻	제곱하여 a가 되는 수	a의 양의 제곱근
표현	$\sqrt{a}$, $-\sqrt{a}$	$\sqrt{a}$

 개념을 GoGo! 확인해 보자

▶ 정답 및 풀이 2쪽

1 다음 수의 제곱근을 근호를 사용하여 나타내시오.

(1) 6   (2) $\dfrac{1}{2}$ (3) 0.3

 풀이   (1) 6의 양의 제곱근은 $\sqrt{6}$, 음의 제곱근은 $-\sqrt{6}$이므로 6의 제곱근은 $\pm\sqrt{6}$이다.

(2) $\dfrac{1}{2}$의 양의 제곱근은 $\sqrt{\dfrac{1}{2}}$, 음의 제곱근은 $-\sqrt{\dfrac{1}{2}}$이므로 $\dfrac{1}{2}$의 제곱근은 $\pm\sqrt{\dfrac{1}{2}}$이다.

(3) 0.3의 양의 제곱근은 $\sqrt{0.3}$, 음의 제곱근은 $-\sqrt{0.3}$이므로 0.3의 제곱근은 $\pm\sqrt{0.3}$이다.

답 (1) $\pm\sqrt{6}$ (2) $\pm\sqrt{\dfrac{1}{2}}$ (3) $\pm\sqrt{0.3}$

1-1 다음을 근호를 사용하여 나타내시오.

(1) 8의 양의 제곱근   (2) 제곱근 15

(3) $\dfrac{3}{5}$의 제곱근   (4) 0.7의 음의 제곱근

2 다음 수를 근호를 사용하지 않고 나타내시오.

(1) $\sqrt{9}$ (2) $\pm\sqrt{\dfrac{64}{169}}$ (3) $-\sqrt{0.81}$

 풀이   (1) $\sqrt{9}$는 9의 양의 제곱근이므로 $\sqrt{9}=3$

(2) $\pm\sqrt{\dfrac{64}{169}}$는 $\dfrac{64}{169}$의 제곱근이므로 $\pm\sqrt{\dfrac{64}{169}}=\pm\dfrac{8}{13}$

(3) $-\sqrt{0.81}$은 0.81의 음의 제곱근이므로 $-\sqrt{0.81}=-0.9$

근호 안의 수가 어떤 수의 제곱이면 근호를 사용하지 않고 나타낼 수 있어.

답 (1) 3   (2) $\pm\dfrac{8}{13}$ (3) -0.9

2-1 다음 중 근호를 사용하지 않고 나타낼 수 있는 것을 모두 고르시오.

$$\sqrt{35}, \quad \pm\sqrt{225}, \quad -\sqrt{0.08}, \quad \sqrt{\dfrac{1}{25}}, \quad -\sqrt{49}$$

03
제곱근의 성질

* QR코드를 스캔하여 개념 영상을 확인하세요.

•• 제곱근에는 어떤 성질이 있을까?

우리는 '개념 **01**'에서 제곱과 제곱근 사이의 관계에 대해서 배웠다.
$\pm\sqrt{2}$와 2 사이의 관계로 예를 들어보면 다음과 같다.

$$\sqrt{2} \quad \underset{\text{제곱근}}{\overset{\text{제곱}}{\rightleftarrows}} \quad 2$$
$$-\sqrt{2}$$

위의 그림에서 2의 제곱근은 $\sqrt{2}$와 $-\sqrt{2}$이므로

$$(\sqrt{2})^2 = 2, \quad (-\sqrt{2})^2 = 2$$

임을 알 수 있다. 즉, 어떤 수의 제곱근을 제곱하면 그 수가 된다.
일반적으로 양수 a에 대하여 다음이 성립한다.

a의 제곱근을 제곱하면 a가 되네!

$$(\sqrt{a})^2 = a, \quad (-\sqrt{a})^2 = a$$

또, ± 2와 4 사이의 관계는 다음과 같다.

$$\begin{array}{c}2\\-2\end{array} \quad \xrightarrow{\text{제곱}} \quad 4$$
$$\xleftarrow{\text{제곱근}}$$

위의 그림에서 $2^2=4$, $(-2)^2=4$이고, 4의 양의 제곱근은 2이므로

$$\sqrt{2^2}=\sqrt{4}=2, \quad \sqrt{(-2)^2}=\sqrt{4}=2$$

임을 알 수 있다. 즉, 근호 안의 수가 어떤 수의 제곱이면 근호를 사용하지 않고 나타낼 수 있다.

일반적으로 양수 a에 대하여 다음이 성립한다.

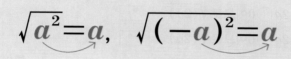

$$\sqrt{a^2}=a, \quad \sqrt{(-a)^2}=a$$

💙 다음 □ 안에 알맞은 수를 써넣어 보자.

(1) $\sqrt{5}$, $-\sqrt{5}$는 □의 제곱근이므로 $(\sqrt{5})^2=$□, $(-\sqrt{5})^2=$□

(2) $3^2=$□, $(-3)^2=$□이고, 9의 양의 제곱근은 □이므로
$$\sqrt{3^2}=\sqrt{9}=□, \quad \sqrt{(-3)^2}=\sqrt{9}=□$$

답 (1) 5, 5, 5   (2) 9, 9, 3, 3, 3

••$a \le 0$일 때도 $\sqrt{a^2}=a$가 성립할까?

위에서 배운 제곱근의 성질 $\sqrt{a^2}=a$는 $a>0$일 때 성립한다.

그렇다면 $a=0$일 때와 $a<0$일 때도 $\sqrt{a^2}=a$가 성립할까?

$a=0$이면 $\sqrt{0^2}=0$이므로 $\sqrt{a^2}=a$가 성립함을 알 수 있다.

또, $a=-5$이면 $\sqrt{(-5)^2}=\sqrt{25}=5$이므로 $a<0$일 때는 $\sqrt{a^2}=-a$임을 확인할 수 있다.

이를 통해 $\sqrt{a^2}$의 값은 a의 부호에 따라 다음과 같이 정리할 수 있다.

$\triangleright \sqrt{(\text{양수})^2} = (\text{양수})$
$\sqrt{0^2} = 0$
$\sqrt{(\text{음수})^2} = \ominus (\text{음수})$
$\qquad\qquad = (\text{양수})$

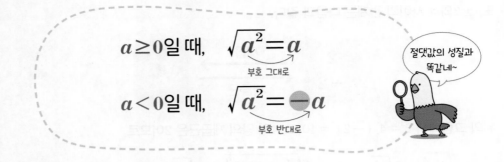

$a \geq 0$일 때, $\quad \sqrt{a^2} = a$
부호 그대로

$a < 0$일 때, $\quad \sqrt{a^2} = \ominus a$
부호 반대로

절댓값의 성질과 똑같네~

이에 따라 $\sqrt{(\quad)^2}$ 꼴을 $\sqrt{}$ 가 없는 식으로 간단히 나타내려면 ( ) 안의 값이 양수인지 음수인지를 먼저 확인해야 한다.

다음 ◯ 안에는 부등호 >, < 중 알맞은 것을, □ 안에는 알맞은 식을 써넣어 보자.

(1) $a > 0$일 때, $2a \bigcirc 0$이므로 $\sqrt{(2a)^2} = \boxed{}$

(2) $a < 0$일 때, $2a \bigcirc 0$이므로 $\sqrt{(2a)^2} = \boxed{}$

탭 (1) >, $2a$ (2) <, $-2a$

회색 글씨를 따라 쓰면서 개념을 정리해 보자!

꽉잡아, 개념!

(1) **제곱근의 성질:** $a > 0$일 때,

① $(\sqrt{a})^2 = \boxed{a}$, $(-\sqrt{a})^2 = \boxed{a}$ ← a의 제곱근을 제곱하면 a가 된다.

② $\sqrt{a^2} = \boxed{a}$, $\sqrt{(-a)^2} = \boxed{a}$ ← 근호 안의 수가 어떤 수의 제곱이면 근호를 사용하지 않고 나타낼 수 있다.

(2) **$\sqrt{a^2}$의 성질:** 모든 수 a에 대하여

$$\sqrt{a^2} = |a| = \begin{cases} a \geq 0 \text{일 때}, \ \sqrt{a^2} = a \\ a < 0 \text{일 때}, \ \sqrt{a^2} = \boxed{-a} \end{cases}$$

1 다음 값을 구하시오.

(1) $(\sqrt{8})^2$

(2) $\left(-\sqrt{\dfrac{3}{5}}\right)^2$

(3) $-(-\sqrt{11})^2$

(4) $\sqrt{7^2}$

(5) $-\sqrt{13^2}$

(6) $\sqrt{(-2.1)^2}$

✎ **풀이**   (1) $(\sqrt{8})^2 = 8$

(2) $\left(-\sqrt{\dfrac{3}{5}}\right)^2 = \dfrac{3}{5}$

(3) $-(-\sqrt{11})^2 = -11$

(4) $\sqrt{7^2} = 7$

(5) $-\sqrt{13^2} = -13$

(6) $\sqrt{(-2.1)^2} = 2.1$

답 풀이 참조

-1   다음 값을 구하시오.

(1) $(\sqrt{10})^2$

(2) $(-\sqrt{0.3})^2$

(3) $-(-\sqrt{15})^2$

(4) $\sqrt{\left(\dfrac{8}{9}\right)^2}$

(5) $\sqrt{(-23)^2}$

(6) $-\sqrt{(-1.7)^2}$

2 다음을 계산하시오.

(1) $(\sqrt{2})^2 + \sqrt{(-3)^2}$

(2) $(-\sqrt{6})^2 \times \sqrt{\dfrac{9}{4}}$

✎ **풀이**   (1) $(\sqrt{2})^2 + \sqrt{(-3)^2} = 2 + 3 = 5$

(2) $(-\sqrt{6})^2 \times \sqrt{\dfrac{9}{4}} = (-\sqrt{6})^2 \times \sqrt{\left(\dfrac{3}{2}\right)^2} = 6 \times \dfrac{3}{2} = 9$

먼저 제곱근의 성질을 이용해서 각 항의 근호를 없애 봐.

답 (1) 5   (2) 9

2-1   다음을 계산하시오.

(1) $(\sqrt{12})^2 + (-\sqrt{8})^2$

(2) $(-\sqrt{7})^2 - \sqrt{(-5)^2}$

(3) $\sqrt{36} \times \left(\sqrt{\dfrac{1}{2}}\right)^2$

(4) $\sqrt{20^2} \div (-\sqrt{16})$

3 다음 식을 간단히 하시오.

(1) $\sqrt{(3a)^2} = \begin{cases} a>0 일 때, \boxed{} \\ a<0 일 때, \boxed{} \end{cases}$
(2) $\sqrt{(a-1)^2} = \begin{cases} a>1 일 때, \boxed{} \\ a<1 일 때, \boxed{} \end{cases}$

✎ 풀이 (1) $a>0$일 때, $3a>0$이므로 $\sqrt{(3a)^2}=3a$

$a<0$일 때, $3a<0$이므로 $\sqrt{(3a)^2}=-3a$

(2) $a>1$일 때, $a-1>0$이므로 $\sqrt{(a-1)^2}=a-1$

$a<1$일 때, $a-1<0$이므로 $\sqrt{(a-1)^2}=-(a-1)=-a+1$

먼저 $\sqrt{()^2}$에서 () 안의 값의 부호를 확인해야 해.

🔖 (1) $3a$, $-3a$ (2) $a-1$, $-a+1$

3-1 다음 식을 간단히 하시오.

(1) $\sqrt{(-2a)^2} = \begin{cases} a>0 일 때, \boxed{} \\ a<0 일 때, \boxed{} \end{cases}$
(2) $\sqrt{(a+6)^2} = \begin{cases} a>-6 일 때, \boxed{} \\ a<-6 일 때, \boxed{} \end{cases}$

3-2 다음 식을 간단히 하시오.

(1) $a>0$일 때, $\sqrt{(5a)^2}$

(2) $x<0$일 때, $-\sqrt{(-8x)^2}$

(3) $a<-7$일 때, $\sqrt{(a+7)^2}$

(4) $x>4$일 때, $\sqrt{(4-x)^2}$

04 근호 안의 수가 자연수의 제곱인 수

•• $\sqrt{12x}$ 가 자연수가 되는 x의 값을 구해 볼까?

근호 안의 수가 어떤 자연수의 제곱이면 근호를 사용하지 않고 자연수로 나타낼 수 있다.
즉,

$$\sqrt{(자연수)^2} = (자연수)$$

이다.

그럼 자연수의 제곱인 수는 어떤 특징이 있을까?
자연수의 제곱인 수를 소인수분해하여 나열해 보면 다음과 같다.

$$1 = 1^2, \quad 4 = 2^2, \quad 9 = 3^2, \quad 16 = 2^4,$$
$$25 = 5^2, \quad 36 = 2^2 \times 3^2, \quad \cdots$$

위의 예를 통해 자연수의 제곱인 수는 소인수분해하면 소인수의 지수가 모두 짝수임을
알 수 있다.

▶ 다음 표와 같은 제곱인 수는 기억해 두면 편리하다.

자연수	제곱인 수
11	121
12	144
13	169
14	196
15	225

따라서 근호를 사용하여 나타낸 수가 자연수가 되려면 다음을 만족해야 한다.

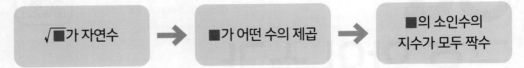

이제 이를 이용하여 $\sqrt{12x}$ 가 자연수가 되도록 하는 자연수 x의 값을 구해 보자.

12x가 어떤 자연수의 제곱이 되어야겠지?

❶ 12를 소인수분해한다.

12를 소인수분해하면 $\qquad 12 = 2^2 \times 3$

❷ 소인수의 지수가 모두 짝수가 되도록 하는 x의 값을 구한다.

$12x = 2^2 \times 3 \times x$의 소인수의 지수가 모두 짝수가 되려면 3이 하나 더 필요하므로

자연수 x의 값은 $\mathbf{3 \times (자연수)^2}$ **꼴**이어야 한다.

따라서 x의 값은 다음과 같다.

$$3 \times 1^2, \quad 3 \times 2^2, \quad 3 \times 3^2, \quad \cdots$$

이번에는 $\sqrt{\dfrac{18}{x}}$ 이 자연수가 되도록 하는 자연수 x의 값을 구해 보자.

$\dfrac{18}{x}$ 이 어떤 자연수의 제곱이 되어야 해.

❶ 18을 소인수분해한다.

18을 소인수분해하면 $\qquad 18 = 2 \times 3^2$

❷ 소인수의 지수가 모두 짝수가 되도록 하는 x의 값을 구한다.

$\dfrac{18}{x} = \dfrac{2 \times 3^2}{x}$의 소인수의 지수가 모두 짝수가 되려면 2가 약분되어야 하므로

자연수 x의 값은 $\mathbf{2 \times (자연수)^2}$ **꼴**이어야 한다.

이때 x는 18의 약수이어야 하므로 x의 값은 다음과 같다.

$$2 \times 1^2, \quad 2 \times 3^2$$

다음 식이 자연수가 되도록 하는 가장 작은 자연수 x의 값을 구해 보자.

(1) $\sqrt{20x}$

> 20을 소인수분해하면 $20 = 2^2 \times \boxed{}$
>
> $\sqrt{20x} = \sqrt{2^2 \times \boxed{} \times x}$ 가 자연수가 되려면 소인수의 지수가 모두 짝수가 되어야
>
> 하므로 $x = \boxed{} \times (\text{자연수})^2$ 꼴이어야 한다.
>
> 따라서 가장 작은 자연수 x의 값은 $\boxed{}$이다.

(2) $\sqrt{\dfrac{63}{x}}$

> 63을 소인수분해하면 $63 = \boxed{}^2 \times \boxed{}$
>
> $\sqrt{\dfrac{63}{x}} = \sqrt{\dfrac{\boxed{}^2 \times \boxed{}}{x}}$ 이 자연수가 되려면 소인수의 지수가 모두 짝수가 되어야 하
>
> 므로 $x = \boxed{} \times (\text{자연수})^2$ 꼴이어야 한다.
>
> 이때 x는 63의 약수이어야 하므로 가장 작은 자연수 x의 값은 $\boxed{}$이다.

目 (1) 5, 5, 5, 5 (2) 3, 7, 3, 7, 7, 7

회색 글씨를 따라 쓰면서 개념을 정리해 보자!

꽉 잡아, 개념!

근호 안의 수가 자연수의 제곱인 수

(1) 근호 안의 수가 어떤 자연수의 제곱 이면 근호를 사용하지 않고 나타낼 수 있다.

➡ $\sqrt{(\text{자연수})^2} = (\text{자연수})$

(2) 어떤 자연수의 제곱인 수는 소인수분해했을 때, 소인수의 지수가 모두 짝수 이다.

(3) $\sqrt{Ax}$, $\sqrt{\dfrac{A}{x}}$ 꼴이 자연수가 되도록 하는 자연수 x의 값은 다음과 같은 순서로 구한다.

❶ A를 소인수분해한다.

❷ 소인수의 지수가 모두 짝수가 되도록 하는 x의 값을 구한다.

▶ 정답 및 풀이 2쪽

1 다음 식이 자연수가 되도록 하는 가장 작은 자연수 x의 값을 구하시오.

(1) $\sqrt{2^2 \times 3^2 \times 11 \times x}$　　　　　　(2) $\sqrt{54x}$

√■가 자연수가 되려면
■의 소인수의 지수가 모두
짝수가 되어야 해.

✎ **풀이**　(1) $\sqrt{2^2 \times 3^2 \times 11 \times x}$가 자연수가 되려면 $x = 11 \times ($자연수$)^2$ 꼴
이어야 한다. 따라서 가장 작은 자연수 x의 값은 11이다.

(2) $\sqrt{54x} = \sqrt{2 \times 3^3 \times x}$가 자연수가 되려면 $x = 2 \times 3 \times ($자연수$)^2$ 꼴이어야
한다. 따라서 가장 작은 자연수 x의 값은
$2 \times 3 = 6$

🔖 (1) 11　(2) 6

1-1 다음 식이 자연수가 되도록 하는 가장 작은 자연수 x의 값을 구하시오.

(1) $\sqrt{28x}$　　　　　　(2) $\sqrt{135x}$

2 다음 식이 자연수가 되도록 하는 가장 작은 자연수 x의 값을 구하시오.

(1) $\sqrt{\dfrac{2^2 \times 3 \times 5^2}{x}}$　　　　　　(2) $\sqrt{\dfrac{56}{x}}$

✎ **풀이**　(1) $\sqrt{\dfrac{2^2 \times 3 \times 5^2}{x}}$이 자연수가 되려면 $x = 3 \times ($자연수$)^2$ 꼴이어야

한다. 이때 x는 $2^2 \times 3 \times 5^2$의 약수이어야 하므로 가장 작은 자연수 x의 값
은 3이다.

(2) $\sqrt{\dfrac{56}{x}} = \sqrt{\dfrac{2^3 \times 7}{x}}$이 자연수가 되려면 $x = 2 \times 7 \times ($자연수$)^2$ 꼴이어야 한

다. 이때 x는 56의 약수이어야 하므로 가장 작은 자연수 x의 값은
$2 \times 7 = 14$

위의 1번과 같은 방법
으로 풀면 되는데, x가 분자의
약수이어야 한다는 것도
기억해야 해.

🔖 (1) 3　(2) 14

2-1 다음 식이 자연수가 되도록 하는 가장 작은 자연수 x의 값을 구하시오.

(1) $\sqrt{\dfrac{76}{x}}$　　　　　　(2) $\sqrt{\dfrac{120}{x}}$

O5 제곱근의 대소 관계

•• 제곱근의 크기는 어떻게 비교할까?

$\sqrt{3}$과 $\sqrt{5}$의 크기는 어떻게 비교할 수 있을까?

크기가 다른 두 정사각형의 넓이와 한 변의 길이를 각각 비교해 보면 제곱근의 대소 관계를 파악할 수 있다.

오른쪽 그림은 넓이가 각각 3, 5인 두 정사각형을 포개어 놓은 것이고, 두 정사각형의 한 변의 길이는 각각 $\sqrt{3}$, $\sqrt{5}$이다.

이때 두 정사각형 중에서 <mark>넓이가 더 넓은 정사각형이 한 변의 길이도 더 길므로</mark>

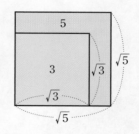

$$3 < 5\text{이면} \quad \sqrt{3} < \sqrt{5}$$

임을 알 수 있다.

거꾸로, 두 정사각형 중에서 <mark>한 변의 길이가 더 긴 정사각형이 넓이도 더 넓으므로</mark>

$$\sqrt{3} < \sqrt{5}\text{이면} \quad 3 < 5$$

임도 알 수 있다.

도형으로 생각하니까 쉽네~

일반적으로 $a>0$, $b>0$일 때, 다음이 성립한다.

$$\cdot\, a<b\text{이면}\quad \sqrt{a}<\sqrt{b}$$
$$\cdot\, \sqrt{a}<\sqrt{b}\text{이면}\quad a<b$$

▶ $a>0$, $b>0$일 때, $\sqrt{a}<\sqrt{b}$이면 $-\sqrt{a}>-\sqrt{b}$이다.

▶ 근호가 있는 수와 근호가 없는 수의 대소를 비교할 때, 두 수가 모두 양수인 경우에는 두 수를 각각 제곱하여 비교할 수도 있다.
→ 2와 $\sqrt{3}$에서
$2^2=4$, $(\sqrt{3})^2=3$이고
$4>3$이므로 $2>\sqrt{3}$

그렇다면 근호가 있는 수 $\sqrt{3}$과 근호가 없는 수 2의 대소는 어떻게 비교할까?
다음과 같이 근호가 없는 수 2를 근호가 있는 수로 고쳐서 비교하면 된다.

$$2=\sqrt{2^2}=\sqrt{4}\text{이고}\quad 4>3\text{이므로}$$
$$\sqrt{4}>\sqrt{3}\qquad \therefore\ 2>\sqrt{3}$$

✅ 다음 ○ 안에 부등호 $>$, $<$ 중 알맞은 것을 써넣어 보자.

(1) $\sqrt{5}$, $\sqrt{6}$ ⇨ $5<6$이므로 $\sqrt{5}\bigcirc\sqrt{6}$

(2) $-\sqrt{2}$, $-\sqrt{5}$ ⇨ $2<5$이므로 $\sqrt{2}\bigcirc\sqrt{5}$ $\quad\therefore\ -\sqrt{2}\bigcirc-\sqrt{5}$

(3) 3, $\sqrt{10}$ ⇨ $3=\sqrt{3^2}=\sqrt{9}$이고 $9<10$이므로 $\sqrt{9}\bigcirc\sqrt{10}$ $\quad\therefore\ 3\bigcirc\sqrt{10}$

📘 (1) $<$ (2) $<$, $>$ (3) $<$, $<$

회색 글씨를 따라 쓰면서 개념을 정리해 보자!

꽉 잡아, 개념!

제곱근의 대소 관계
$a>0$, $b>0$일 때,

(1) $a<b$이면 $\sqrt{a}\ \boxed{<}\ \sqrt{b}$
(2) $\sqrt{a}<\sqrt{b}$이면 $a\ \boxed{<}\ b$

(3) $\sqrt{a}<\sqrt{b}$이면 $-\sqrt{a}\ \boxed{>}\ -\sqrt{b}$

➕참고 근호가 있는 수와 근호가 없는 수의 대소를 비교할 때는 근호가 없는 수를 근호가 있는 수로 고쳐서 비교한다.

1 다음 두 수의 대소를 비교하시오.

(1) $4, \sqrt{17}$

(2) $-\dfrac{1}{3}, -\sqrt{\dfrac{1}{8}}$

✎ 풀이   (1) $4=\sqrt{4^2}=\sqrt{16}$이고 $16<17$이므로

$\sqrt{16}<\sqrt{17}$ $\therefore 4<\sqrt{17}$

(2) $\dfrac{1}{3}=\sqrt{\left(\dfrac{1}{3}\right)^2}=\sqrt{\dfrac{1}{9}}$이고 $\dfrac{1}{9}<\dfrac{1}{8}$이므로

$\sqrt{\dfrac{1}{9}}<\sqrt{\dfrac{1}{8}}, \ -\sqrt{\dfrac{1}{9}}>-\sqrt{\dfrac{1}{8}}$ $\therefore -\dfrac{1}{3}>-\sqrt{\dfrac{1}{8}}$

근호가 없는 수를 근호가 있는 수로 고쳐 봐.

답 (1) $4<\sqrt{17}$ (2) $-\dfrac{1}{3}>-\sqrt{\dfrac{1}{8}}$

 1-1 다음 두 수의 대소를 비교하시오.

(1) $\sqrt{12}, \sqrt{14}$

(2) $-5, -\sqrt{20}$

(3) $-\sqrt{\dfrac{3}{4}}, -\sqrt{\dfrac{1}{2}}$

(4) $\dfrac{1}{7}, \sqrt{\dfrac{1}{50}}$

2 다음 부등식을 만족하는 자연수 x의 값을 모두 구하시오.

(1) $\sqrt{x}<2$

(2) $2<\sqrt{x}<3$

✎ 풀이   (1) $\sqrt{x}<2$의 양변을 제곱하면 $x<4$

따라서 자연수 x의 값은 1, 2, 3이다.

(2) $2<\sqrt{x}<3$의 각 변을 제곱하면 $4<x<9$

따라서 자연수 x의 값은 5, 6, 7, 8이다.

각 변을 제곱해서 근호를 없애 봐.

답 (1) 1, 2, 3   (2) 5, 6, 7, 8

2-1 다음 부등식을 만족하는 자연수 x의 개수를 구하시오.

(1) $\sqrt{x}\leq5$

(2) $3\leq\sqrt{x}<4$

GO!!
시작해 보자~

2
무리수와 실수

#무리수

#유리수가 아닌 수

#순환소수가 아닌 무한소수

#실수 #제곱근표

▶ 정답 및 풀이 3쪽

● 갈림길에 설 때마다 아래의 문제를 풀어서 미로를 빠져나가 보자.

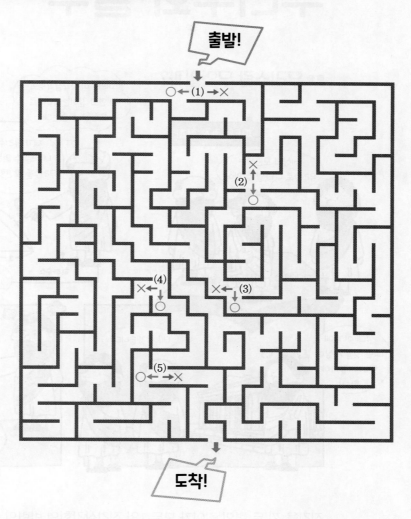

(1) 0.3^2은 정수이다. (○ , ×)

(2) 5는 유리수이다. (○ , ×)

(3) $\dfrac{2}{5}$는 유리수가 아니다. (○ , ×)

(4) 순환소수는 유리수이다. (○ , ×)

(5) 정수가 아닌 유리수는 모두 유한소수로 나타낼 수 있다. (○ , ×)

O6
무리수와 실수

*QR코드를 스캔하여 개념 영상을 확인하세요.

●● 무리수란 무엇일까?

직각을 낀 두 변의 길이가 모두 1인 직각삼각형의 빗변의 길이는 피타고라스 정리에 의해 $\sqrt{1^2+1^2}=\sqrt{2}$이다.

이때 $\sqrt{2}$를 소수로 나타내면

$$\sqrt{2}=1.41421356237309850\cdots$$

과 같이 순환소수가 아닌 무한소수임이 알려져 있다.

또, $\sqrt{3}$과 π도 다음과 같이 순환소수가 아닌 무한소수임이 알려져 있다.

$$\sqrt{3}=1.73205080\cdots, \quad \pi=3.14159265\cdots$$

▶ 순환소수
무한소수 중에서 소수점 아래의 어떤 자리에서부터 일정한 숫자의 배열이 끝없이 되풀이 되는 것한편, 우리는 2학년 때 정수가 아닌 유리수는 $\dfrac{1}{2}=0.5$, $\dfrac{1}{3}=0.\dot{3}$과 같이 유한소수나 순환소수로 나타낼 수 있고, 유한소수나 순환소수로 나타낼 수 있는 수는 유리수임을 배웠다. 그런데 $\sqrt{2}$, $\sqrt{3}$, π는 유한소수 또는 순환소수로 나타낼 수 없으므로 유리수가 아니다.

그럼 $\sqrt{2}$, $\sqrt{3}$, π는 무리수라는 거네~!

이와 같이 유리수가 아닌 수, 즉 순환소수가 아닌 무한소수로 나타내어지는 수를 **무리수**라 한다.

이에 따라 소수를 분류하면 다음과 같다.

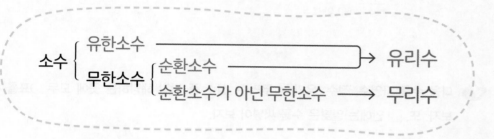

그렇다면 근호를 사용하여 나타낸 수는 모두 무리수일까?

근호를 사용하여 나타낸 수 중에는 유리수도 있고 무리수도 있다.

$$\sqrt{9}=\sqrt{3^2}=3, \qquad \sqrt{\dfrac{1}{4}}=\sqrt{\left(\dfrac{1}{2}\right)^2}=\dfrac{1}{2}$$

과 같이 근호 안의 수가 유리수의 제곱인 수는 근호를 없앨 수 있으므로 유리수이고,

$\sqrt{6}$, $\sqrt{\dfrac{2}{5}}$와 같이 근호 안의 수가 유리수의 제곱이 아닌 수는 무리수이다.

☁️ **다음에서 옳은 것에 ○표를 해 보자.**

(1) $-\sqrt{5}=-2.23606797\cdots$은 (순환소수, 순환소수가 아닌 무한소수)이므로 (유리수, 무리수)이다.

(2) $1+\sqrt{2}=1+1.41421356\cdots=2.41421356\cdots$은 (순환소수, 순환소수가 아닌 무한소수)이므로 (유리수, 무리수)이다.

▶ 무리수에도 양수와 음수가 있다.

▶ 무리수와 유리수의 합은 무리수이다.

📋 (1) 순환소수가 아닌 무한소수, 무리수   (2) 순환소수가 아닌 무한소수, 무리수

●●실수란 무엇일까?

유리수와 무리수를 통틀어 **실수**라 하고, 실수를 분류하면 다음과 같다.

특별한 말이
없을 때 수라 하면
실수를 의미해.

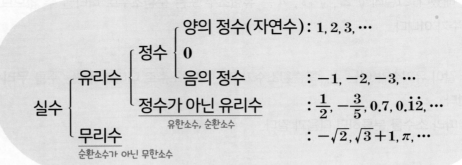

$$
실수
\begin{cases}
유리수
\begin{cases}
정수
\begin{cases}
양의\ 정수(자연수): 1, 2, 3, \cdots \\
0 \\
음의\ 정수 \qquad\quad : -1, -2, -3, \cdots
\end{cases} \\
정수가\ 아닌\ 유리수 \quad : \dfrac{1}{2}, -\dfrac{3}{5}, 0.7, 0.1\dot{2}, \cdots \\
\quad\text{유한소수, 순환소수}
\end{cases} \\
무리수 \qquad\qquad\qquad\qquad\quad : -\sqrt{2}, \sqrt{3}+1, \pi, \cdots \\
\text{순환소수가 아닌 무한소수}
\end{cases}
$$

💗 다음 수를 자연수, 정수, 유리수, 무리수, 실수 중 각각 해당하는 곳에 모두 ○표를 해 보자. 또, ☐ 안에는 알맞은 수를 써넣어 보자.

(1) $\sqrt{10}$ ⇨ (자연수, 정수, 유리수, 무리수, 실수)

(2) -6 ⇨ (자연수, 정수, 유리수, 무리수, 실수)

(3) $2.\dot{5}$ ⇨ (자연수, 정수, 유리수, 무리수, 실수)

(4) $\sqrt{49}=\sqrt{\boxed{}^{\,2}}=\boxed{}$ ⇨ (자연수, 정수, 유리수, 무리수, 실수)

답 (1) 무리수, 실수 (2) 정수, 유리수, 실수 (3) 유리수, 실수 (4) 7, 7, 자연수, 정수, 유리수, 실수

회색 글씨를
따라 쓰면서
개념을 정리해 보자!

꽉 잡아, 개념!

(1) **무리수**: 유리수가 아닌 수, 즉 순환소수가 아닌 무한소수 로 나타내어지는 수

　➕참고　$\sqrt{4}=2$, $-\sqrt{9}=-3$과 같이 근호를 사용하였지만 근호를 없앨 수 있는 수는 유리수이다.

(2) **실수**: 유리수와 무리수 를 통틀어 실수라 한다.

(3) **실수의 분류**

$$
실수
\begin{cases}
유리수
\begin{cases}
정수
\begin{cases}
양의\ 정수(자연수) \\
0 \\
음의\ 정수
\end{cases} \\
정수가\ 아닌\ 유리수
\end{cases} \\
\boxed{무리수}
\end{cases}
$$

▶ 정답 및 풀이 3쪽

1 아래의 수 중 다음에 해당하는 수를 모두 찾으시오.

$$0, \quad \sqrt{7}, \quad -1.\dot{2}, \quad \sqrt{3}-1, \quad -\frac{5}{4}, \quad \sqrt{16}$$

(1) 정수　　　　(2) 유리수　　　　(3) 무리수　　　　(4) 실수

 풀이 $-1.\dot{2}=-\frac{11}{9}$, $\sqrt{16}=4$이므로

(1) 정수는 0, $\sqrt{16}$이다.

(2) 유리수는 0, $-1.\dot{2}$, $-\frac{5}{4}$, $\sqrt{16}$이다.

(3) 무리수는 $\sqrt{7}$, $\sqrt{3}-1$이다.

(4) 실수는 0, $\sqrt{7}$, $-1.\dot{2}$, $\sqrt{3}-1$, $-\frac{5}{4}$, $\sqrt{16}$이다.

근호를 사용하여 나타낸 수는 근호를 없앨 수 있는지 확인해야 해.

📖 풀이 참조

1-1 아래의 수 중 다음에 해당하는 수를 모두 찾으시오.

$$\pi, \quad -\sqrt{8}, \quad 4.6, \quad 9, \quad -\sqrt{36}, \quad 3.\dot{5}, \quad \sqrt{5}+6$$

(1) 정수　　　　(2) 유리수　　　　(3) 무리수　　　　(4) 실수

1-2 다음 보기 중 옳은 것을 모두 고르시오.

┤ 보기 ├

ㄱ. 유한소수는 모두 유리수이다.

ㄴ. 무한소수는 모두 무리수이다.

ㄷ. 근호를 사용하여 나타낸 수는 모두 무리수이다.

ㄹ. 무리수가 아닌 실수는 모두 유리수이다.

07
무리수를 수직선 위에 나타내기

* QR코드를 스캔하여 개념 영상을 확인하세요.

●● 무리수를 수직선 위에 어떻게 나타낼까?

우리는 1학년 때 유리수를 수직선 위에 나타낼 수 있음을 배웠다.

그렇다면 무리수인 $\sqrt{2}$와 $-\sqrt{2}$도 수직선 위에 나타낼 수 있을까?

빗변의 길이가 $\sqrt{2}$인 직각삼각형을 이용하면 $\sqrt{2}$와 $-\sqrt{2}$를 수직선 위에 나타낼 수 있다.

그 방법을 자세히 살펴보자.

❶ 수직선 위에 원점 O를 한 꼭짓점으로 하고 직각을 낀 두 변의 길이가 모두 1인 직각
삼각형을 그린다.

빗변의 길이는
피타고라스 정리를 이용
해서 구하는 거야~!

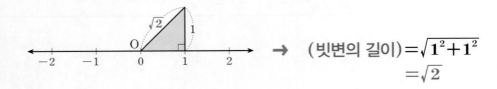

$$\text{(빗변의 길이)} = \sqrt{1^2 + 1^2}$$
$$= \sqrt{2}$$

❷ 원점 O를 중심으로 하고 직각삼각형의 빗변을 반지름으로 하는 원을 그릴 때, 원과 수직선이 만나는 두 점 P, Q가 각각 $\sqrt{2}$, $-\sqrt{2}$를 나타낸다.

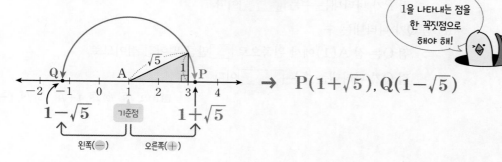

$\rightarrow \quad P(\sqrt{2}), Q(-\sqrt{2})$

이번에는 $1+\sqrt{5}$와 $1-\sqrt{5}$를 수직선 위에 나타내어 보자.

수직선 위에 점 A(1)을 한 꼭짓점으로 하고 빗변의 길이가 $\sqrt{5}$인 직각삼각형을 그린 후, 점 A(1)을 중심으로 하고 직각삼각형의 빗변을 반지름으로 하는 원을 그리면 다음 그림과 같이 두 점 P, Q가 각각 $1+\sqrt{5}$, $1-\sqrt{5}$를 나타냄을 알 수 있다.

▶ $\sqrt{2^2+1^2}=\sqrt{5}$이므로 밑변의 길이가 2, 높이가 1인 직각삼각형을 이용한다.

0이 아닌 1을 나타내는 점을 한 꼭짓점으로 해야 해!

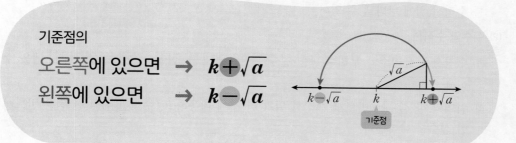

$\rightarrow \quad P(1+\sqrt{5}), Q(1-\sqrt{5})$

따라서 좌표가 k인 기준점을 중심으로 하고 빗변의 길이가 $\sqrt{a}$인 직각삼각형의 빗변을 반지름으로 하는 원을 그릴 때, 원과 수직선이 만나는 점이 나타내는 수는 다음과 같음을 알 수 있다.

기준점의

오른쪽에 있으면 → $k\;\boxed{+}\;\sqrt{a}$
왼쪽에 있으면 → $k\;\boxed{-}\;\sqrt{a}$

▶ 서로 다른 두 실수 사이에는 무수히 많은 실수가 있다.

일반적으로 수직선은 유리수와 무리수, 즉 실수를 나타내는 점들 전체로 완전히 메울 수 있음이 알려져 있다.

따라서 임의의 한 실수는 반드시 수직선 위의 한 점에 대응하고, 수직선 위의 한 점은 반드시 한 실수를 나타낸다.

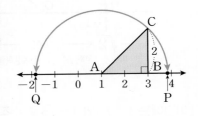

✔ 오른쪽 그림과 같이 수직선 위에 점 A(1)을 한 꼭짓점으로 하고 직각을 낀 두 변의 길이가 모두 2인 직각삼각형 ABC가 있다. $\overline{AC}=\overline{AP}=\overline{AQ}$가 되도록 수직선 위에 두 점 P, Q를 정할 때, 다음을 구해 보자.

(1) $\overline{AC}$의 길이 ⇒ $\sqrt{\boxed{}^2+2^2}=\boxed{}$

(2) 점 P가 나타내는 수

⇒ 점 P는 점 A(1)에서 오른쪽으로 $\boxed{}$만큼 떨어진 점이므로

점 P가 나타내는 수는 $\boxed{}$이다.

(3) 점 Q가 나타내는 수

⇒ 점 Q는 점 A(1)에서 왼쪽으로 $\boxed{}$만큼 떨어진 점이므로

점 Q가 나타내는 수는 $\boxed{}$이다.

目 (1) 2, $\sqrt{8}$ (2) $\sqrt{8}$, $1+\sqrt{8}$ (3) $\sqrt{8}$, $1-\sqrt{8}$

회색 글씨를 따라 쓰면서 개념을 정리해 보자!

꽉 잡아, 개념!

(1) **무리수를 수직선 위에 나타내기**

$\boxed{\text{직각삼각형의 빗변의 길이}}$를 이용하면 무리수를 수직선 위에 나타낼 수 있다.

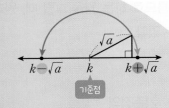

(2) **실수와 수직선**

① 수직선은 유리수와 무리수, 즉 $\boxed{\text{실수를 나타내는 점들 전체로 완전히}}$ 메울 수 있다.

② 임의의 한 실수는 반드시 수직선 위의 한 점에 대응하고, 수직선 위의 한 점은 반드시 한 실수를 나타낸다.

③ 서로 다른 두 실수 사이에는 무수히 많은 실수가 있다.

 오른쪽 그림은 한 눈금의 길이가 1인 모눈종이 위에 수직선 과 직각삼각형 ABC를 그린 것이다. $\overline{AC}=\overline{AP}$가 되도록 수직선 위에 점 P를 정할 때, 다음을 구하시오.

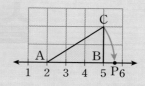

(1) $\overline{AC}$의 길이

(2) 점 P가 나타내는 수

✎ **풀이** (1) $\overline{AC}=\sqrt{3^2+2^2}=\sqrt{13}$

(2) 점 P는 점 A(2)에서 오른쪽으로 $\sqrt{13}$만큼 떨어진 점이므로 점 P가 나타내는 수는 $2+\sqrt{13}$이다.

피타고라스 정리를 이용해서 $\overline{AC}$의 길이를 구하고, $\overline{AC}=\overline{AP}$임을 이용해.

답 (1) $\sqrt{13}$ (2) $2+\sqrt{13}$

1-1 오른쪽 그림은 한 눈금의 길이가 1인 모눈종이 위에 수직 선과 직각삼각형 ABC를 그린 것이다. $\overline{AC}=\overline{AP}$가 되도록 수직 선 위에 점 P를 정할 때, 다음을 구하시오.

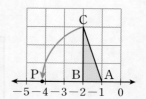

(1) $\overline{AC}$의 길이

(2) 점 P가 나타내는 수

1-2 다음 보기 중 옳은 것을 모두 고르시오.

┤ 보기 ├

ㄱ. 0과 1 사이에는 무수히 많은 무리수가 있다.

ㄴ. 서로 다른 두 유리수 사이에는 유리수만 있다.

ㄷ. 모든 실수는 수직선 위에 나타낼 수 있다.

08
실수의 대소 관계

●● 실수의 대소 관계는 어떻게 판단할 수 있을까?

▶ 유리수의 대소 관계
① (음수) < 0 < (양수)
② 양수끼리는 절댓값이
   큰 수가 더 크다.
③ 음수끼리는 절댓값이
   큰 수가 더 작다.

*QR코드를 스캔하여 개념 영상을 확인하세요.

개념 영상

두 실수의 대소는 어떻게 비교하지?

실수일 때도 유리수의 대소 관계와 똑같이 생각하면 돼.

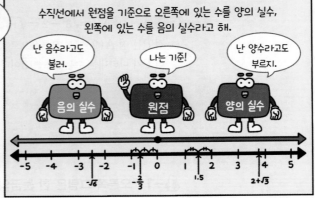

수직선에서 원점을 기준으로 오른쪽에 있는 수를 양의 실수, 왼쪽에 있는 수를 음의 실수라고 해.

난 음수라고도 불러.

나는 기준!

난 양수라고도 부르지.

음의 실수   원점   양의 실수

또, 실수도 수직선 위에서 오른쪽에 있는 수가 왼쪽에 있는 수보다 커.

오른쪽으로 갈수록 커져.

왼쪽으로 갈수록 작아져.

작아진다.   커진다.

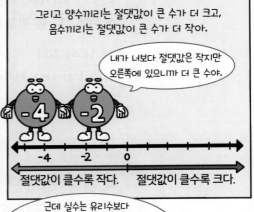

그리고 양수끼리는 절댓값이 큰 수가 더 크고, 음수끼리는 절댓값이 큰 수가 더 작아.

내가 너보다 절댓값은 작지만 오른쪽에 있으니까 더 큰 수야.

-4   -2

절댓값이 클수록 작다.   절댓값이 클수록 크다.

아하! 그럼 실수도 수직선 위에 나타내 보면 어떤 수가 더 큰지 알 수 있겠구나~!

응~ 맞아!

근데 실수는 유리수보다 수직선 위에 나타내는 게 어려운데... 두 실수의 대소를 비교할 땐 항상 수직선을 이용해야 하는 걸까?

●●●

유리수와 마찬가지로 실수를 수직선 위에 나타낼 때도 오른쪽에 있는 실수가 왼쪽에 있는
실수보다 크다.

예를 들어 $\sqrt{3}$이 $\sqrt{3}-1$보다 오른쪽에 있으므로

$$\sqrt{3}-1 < \sqrt{3}$$

이다. 이를 이용하면 실수의 대소 관계도 각 실수가 대응하는 수직선 위의 점의 위치를
비교하여 판단할 수 있다.

이제 수직선을 이용하지 않고 실수의 대소 관계를 판단하는 방법을 알아보자.

실수에서도 유리수에서와 마찬가지로 부등식의 성질이 성립한다.
즉, 두 실수 a, b에 대하여 다음을 알 수 있다.

▶ 부등식의 성질
① $a < b$이면
　$a+c < b+c$,
　$a-c < b-c$
② $a < b$, $c > 0$이면
　$ac < bc$, $\dfrac{a}{c} < \dfrac{b}{c}$
③ $a < b$, $c < 0$이면
　$ac > bc$, $\dfrac{a}{c} > \dfrac{b}{c}$

- $a-b > 0$이면

  $a-b+b > 0+b$이므로

  $a > b$

- $a-b < 0$이면

  $a-b+b < 0+b$이므로

  $a < b$

부등식의 양변에
같은 수를 더해도
부등호의 방향은
바뀌지 않아~

따라서 두 실수 a, b의 대소 관계는 $a-b$의 값의 부호에 따라 다음과 같이 판단할 수 있다.

- $a-b > 0$이면　$a > b$
- $a-b = 0$이면　$a = b$
- $a-b < 0$이면　$a < b$

▶ a, b가 실수일 때,
　$a-b > 0$,
　$a-b = 0$,
　$a-b < 0$
중에서 반드시 하나만
성립한다.

두 수의 차를 이용하여 두 실수 3과 $1+\sqrt{3}$의 대소를 비교해 보면 다음과 같다.

$$3 ⬤ (1+\sqrt{3}) = 3-1-\sqrt{3}$$
$$= 2-\sqrt{3}$$
$$= \sqrt{4}-\sqrt{3} > 0$$

2를 $\sqrt{4}$로 바꾸니까 생각하기 더 쉽네.

즉, $3-(1+\sqrt{3}) ⬤ 0$이므로

$$3 ⬤ 1+\sqrt{3}$$

💙 다음은 두 실수의 대소를 비교하는 과정이다. ☐ 안에는 알맞은 수를, ○ 안에는 부등호 $>$, $<$ 중 알맞은 것을 써넣어 보자.

(1) $6,\ 3+\sqrt{6}$

$$6-(3+\sqrt{6}) = 6-\boxed{}-\sqrt{6}$$
$$= \boxed{}-\sqrt{6}$$
$$= \sqrt{\boxed{}}-\sqrt{6}\bigcirc 0$$
$$\therefore\ 6\bigcirc 3+\sqrt{6}$$

(2) $5-\sqrt{2},\ 4$

$$(5-\sqrt{2})-4 = \boxed{}-\sqrt{2}$$
$$= \sqrt{\boxed{}}-\sqrt{2}\bigcirc 0$$
$$\therefore\ 5-\sqrt{2}\bigcirc 4$$

답 (1) 3, 3, 9, $>$, $>$ (2) 1, 1, $<$, $<$

회색 글씨를 따라 쓰면서 개념을 정리해 보자!

꽉 잡아, 개념!

실수의 대소 관계

(1) 수직선에서 원점을 기준으로 오른쪽에 양의 실수(양수), 왼쪽에 음의 실수(음수)가 있다.

(2) 실수를 수직선 위에 나타낼 때, 오른쪽에 있는 실수가 왼쪽에 있는 실수보다 크다.

(3) 두 실수 a, b의 대소 관계는 $\boxed{a-b \text{의 값의 부호}}$ 에 따라 다음과 같이 판단할 수 있다.

① $a-b>0$이면 $\boxed{a>b}$

② $a-b=0$이면 $a=b$

③ $a-b<0$이면 $\boxed{a<b}$

▶ 정답 및 풀이 4쪽

1 다음 ○ 안에 부등호 >, < 중 알맞은 것을 써넣으시오.

(1) $4 \bigcirc \sqrt{10}+1$　　　　　　(2) $6 \bigcirc 8-\sqrt{5}$

두 수의 차의 부호를 구해 봐.

✎ 풀이　(1) $4-(\sqrt{10}+1)=4-\sqrt{10}-1=3-\sqrt{10}$
　　　　　　　　$=\sqrt{9}-\sqrt{10}<0$
　　　$\therefore 4<\sqrt{10}+1$
　　(2) $6-(8-\sqrt{5})=6-8+\sqrt{5}=-2+\sqrt{5}$
　　　　　　　　$=-\sqrt{4}+\sqrt{5}>0$
　　　$\therefore 6>8-\sqrt{5}$

🔖 (1) <　　(2) >

1-1 다음 두 실수의 대소를 비교하시오.

(1) $\sqrt{8}-2,\ 0$　　　　　　(2) $\sqrt{14}+5,\ 9$

(3) $3-\sqrt{17},\ -1$　　　　　(4) $2+\sqrt{3},\ \sqrt{7}+\sqrt{3}$

1-2 다음 세 수 $a,\ b,\ c$의 대소 관계를 부등호를 사용하여 나타내시오.

$$a=4,\quad b=6-\sqrt{6},\quad c=\sqrt{6}+2$$

제곱근표

무리수는 순환소수가 아닌 무한소수이므로 실생활의 문제를 해결할 때는 어림한 값을 이용한다. 제곱근을 어림한 값은 계산기나 제곱근표를 이용하여 소수로 나타낼 수 있다.

제곱근표는 1.00에서 99.9까지의 수에 대한 양의 제곱근의 값을 반올림하여 소수점 아래 셋째 자리까지 나타낸 것으로, 1.00부터 9.99까지의 수는 0.01 간격으로, 10.0부터 99.9까지의 수는 0.1 간격으로 제시되어 있다.

다음 제곱근표의 일부를 이용하여 $\sqrt{5.84}$의 값을 구해 보자.

수	0	1	2	3	4	⋯
1.0	1.000	1.005	1.010	1.015	1.020	⋯
⋮	⋮	⋮	⋮	⋮	⋮	⋮
5.6	2.366	2.369	2.371	2.373	2.375	⋯
5.7	2.387	2.390	2.392	2.394	2.396	⋯
5.8	2.408	2.410	2.412	2.415	2.417	⋯
⋮	⋮	⋮	⋮	⋮	⋮	⋮

위의 표에서 $\sqrt{5.84}$의 값은 표의 왼쪽의 수 5.8의 가로줄과 위쪽의 수 4의 세로줄이 만나는 곳에 적힌 수인 2.417이다.

이때 제곱근표에 있는 값은 대부분 제곱근을 어림한 값이지만 등호를 사용하여

$$\sqrt{5.84}=2.417$$

과 같이 나타내기로 한다.

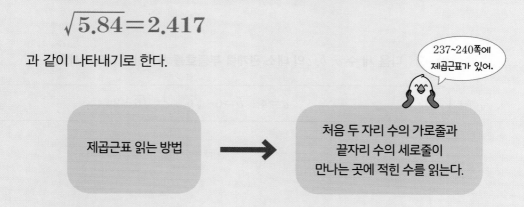

237~240쪽에 제곱근표가 있어.

제곱근표 읽는 방법 → 처음 두 자리 수의 가로줄과 끝자리 수의 세로줄이 만나는 곳에 적힌 수를 읽는다.

개념을
정리해 보자

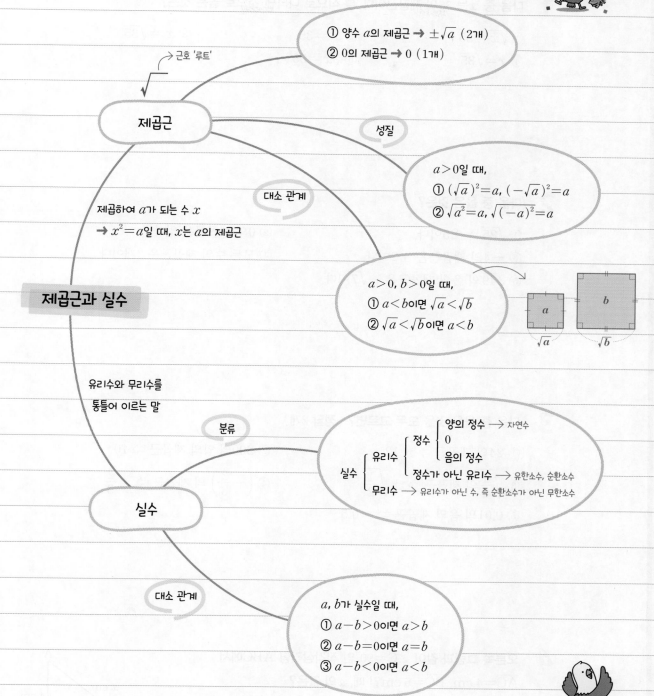

① 양수 a의 제곱근 → $\pm\sqrt{a}$ (2개)

② 0의 제곱근 → 0 (1개)

근호 '루트'

$\sqrt{}$

제곱근

성질

$a>0$일 때,

① $(\sqrt{a})^2=a$, $(-\sqrt{a})^2=a$

② $\sqrt{a^2}=a$, $\sqrt{(-a)^2}=a$

대소 관계

제곱하여 a가 되는 수 x

→ $x^2=a$일 때, x는 a의 제곱근

제곱근과 실수

$a>0$, $b>0$일 때,

① $a<b$이면 $\sqrt{a}<\sqrt{b}$

② $\sqrt{a}<\sqrt{b}$이면 $a<b$

a b

$\sqrt{a}$ $\sqrt{b}$

유리수와 무리수를
통틀어 이르는 말

분류

$$\text{실수}\begin{cases}\text{유리수}\begin{cases}\text{정수}\begin{cases}\text{양의 정수} \to \text{자연수}\\ 0\\ \text{음의 정수}\end{cases}\\ \text{정수가 아닌 유리수} \to \text{유한소수, 순환소수}\end{cases}\\ \text{무리수} \to \text{유리수가 아닌 수, 즉 순환소수가 아닌 무한소수}\end{cases}$$

실수

대소 관계

a, b가 실수일 때,

① $a-b>0$이면 $a>b$

② $a-b=0$이면 $a=b$

③ $a-b<0$이면 $a<b$

1 다음 중 'x는 35의 제곱근이다.'를 식으로 나타낸 것으로 옳은 것은?

① $\sqrt{x}=35$　　　② $x^2=35$　　　③ $x^2=\sqrt{35}$
④ $x=\sqrt{35}$　　　⑤ $\sqrt{x}=35^2$

2 다음 중 옳은 것은?

① $\sqrt{25}$는 ±5이다.　　　② 0의 제곱근은 없다.
③ -4의 제곱근은 ±2이다.　　　④ 모든 수의 제곱근은 2개이다.
⑤ $\sqrt{49}$의 음의 제곱근은 $-\sqrt{7}$이다.

3 다음 중 옳은 것을 모두 고르면? (정답 2개)

① 24의 제곱근 ⇨ ±12　　　② 200의 양의 제곱근 ⇨ 10
③ $\sqrt{\dfrac{1}{4}}$의 제곱근 ⇨ $\pm\sqrt{\dfrac{1}{2}}$　　　④ $\left(-\dfrac{2}{3}\right)^2$의 제곱근 ⇨ $\pm\dfrac{2}{3}$
⑤ 0.01의 음의 제곱근 ⇨ -0.5

4 오른쪽 그림과 같이 $\angle C=90°$인 직각삼각형 ABC에서 $\overline{AC}=4\,cm$, $\overline{BC}=5\,cm$일 때, x의 값은?

① $\sqrt{35}$　　　② $\sqrt{37}$　　　③ $\sqrt{39}$
④ $\sqrt{41}$　　　⑤ $\sqrt{43}$

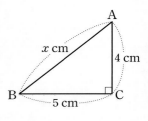

5 다음 수 중 근호를 사용하지 않고 나타낼 수 없는 것은?

① $\sqrt{80}$ ② $\sqrt{0.04}$ ③ $\sqrt{0.25}$

④ $\sqrt{196}$ ⑤ $\sqrt{\dfrac{36}{49}}$

6 다음 중 그 값이 나머지 넷과 다른 하나는?

① $(\sqrt{7})^2$ ② $(-\sqrt{7})^2$ ③ $-\sqrt{7^2}$

④ $\sqrt{(-7)^2}$ ⑤ $\sqrt{7^2}$

7 $(-\sqrt{17})^2+\sqrt{(-2)^2}\times(-\sqrt{4^2})$ 을 계산하시오.

8 $a<0$ 일 때, $\sqrt{(5a)^2}+\sqrt{(-4a)^2}-\sqrt{(-a)^2}$ 을 간단히 하면?

① $-10a$ ② $-8a$ ③ $-2a$

④ $2a$ ⑤ $8a$

9 다음 중 $\sqrt{2^2\times5^3\times x}$ 가 자연수가 되도록 하는 자연수 x의 값이 아닌 것을 모두 고르면?

(정답 2개)

① 5   ② 10   ③ 15

④ 20   ⑤ 45

10 $\sqrt{\dfrac{750}{x}}$ 이 자연수가 되도록 하는 가장 작은 자연수 x의 값은?

① 30   ② 32   ③ 34

④ 36   ⑤ 38

11 다음 중 두 수의 대소 관계가 옳은 것은?

① $\sqrt{23} > \sqrt{24}$ ② $\sqrt{63} < 8$ ③ $-\sqrt{35} < -6$

④ $-\sqrt{\dfrac{1}{26}} < -\dfrac{1}{5}$ ⑤ $\dfrac{3}{4} > \sqrt{\dfrac{3}{4}}$

12 다음 중 순환소수가 아닌 무한소수로 나타내어지는 것을 모두 고르면? (정답 2개)

① $\sqrt{\dfrac{121}{36}}$ ② $\sqrt{2.\dot{7}}$ ③ 제곱근 0.36

④ $5 + \sqrt{3}$ ⑤ $\sqrt{0.4}$

13 다음 보기 중 옳은 것을 모두 고르면?

┤ 보기 ├

ㄱ. 유리수는 모두 유한소수이다.

ㄴ. 소수는 유한소수와 순환소수로 이루어져 있다.

ㄷ. 무한소수는 모두 순환소수이다.

ㄹ. 근호를 포함하는 수 중에 유리수도 있다.

ㅁ. $-\sqrt{6.4}$는 무리수이다.

① ㄱ, ㄷ   ② ㄱ, ㅁ   ③ ㄴ, ㄷ

④ ㄴ, ㅁ   ⑤ ㄹ, ㅁ

14 오른쪽 그림은 넓이가 20인 정사각형 ABCD와 수직선을 그린 것이다. 점 A를 중심으로 하고 $\overline{AB}$를 반지름으로 하는 원을 그려 수직선과 만나는 두 점을 각각 P, Q라 할 때, 두 점 P, Q의 좌표를 각각 구하면?

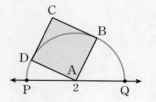

① $P(-2-\sqrt{20})$, $Q(-2+\sqrt{20})$
② $P(-1-\sqrt{20})$, $Q(-1+\sqrt{20})$
③ $P(-\sqrt{20})$, $Q(\sqrt{20})$
④ $P(1-\sqrt{20})$, $Q(1+\sqrt{20})$
⑤ $P(2-\sqrt{20})$, $Q(2+\sqrt{20})$

15 다음 중 옳지 <u>않은</u> 것을 모두 고르면? (정답 2개)

① -1과 $\sqrt{7}$ 사이에는 무수히 많은 무리수가 있다.
② 2에 가장 가까운 무리수는 $\sqrt{3}$이다.
③ 서로 다른 두 무리수 사이에는 무리수만 있다.
④ 수직선은 유리수와 무리수로 완전히 메워져 있다.
⑤ 모든 무리수는 각각 수직선 위의 한 점에 대응시킬 수 있다.

16 다음 세 수 a, b, c의 대소 관계를 부등호를 사용하여 나타내면?

$$a=\sqrt{5}+3, \quad b=5, \quad c=\sqrt{15}+1$$

① $a<b<c$ ② $a<c<b$ ③ $b<a<c$
④ $b<c<a$ ⑤ $c<b<a$

Ⅱ

근호를 포함한
식의 계산

차례~차례~
가 보자!!

♪~

GO!! 시작해 보자~

3

근호를 포함한 식의 곱셈과 나눗셈

#곱셈 #나눗셈

#근호 안의 수끼리

#근호 밖의 수끼리

#분모의 유리화

▶ 정답 및 풀이 5쪽

● 다음에서 설명하는 동물은 무엇일까?

- 육지에 사는 동물 중 몸집이 가장 크다.
- 소설 "어린 왕자"에서 어른들에게는 모자로 보이는 그림을 보고 어린 왕자는 이 동물을 삼킨 보아뱀이라고 말하였다.

아래 문제에서 □ 안에 알맞은 수에 해당하는 칸을 모두 색칠하여 이 동물을 찾아보자.

(1) $\dfrac{1}{3} \times 21 = \square$

(2) $\left(-\dfrac{3}{5}\right) \div \left(-\dfrac{18}{5}\right) = \dfrac{1}{\square}$

(3) $(-8) \times \dfrac{1}{6} \div 2 = -\dfrac{\square}{3}$

(4) $\left(-\dfrac{4}{9}\right) \div \dfrac{8}{15} \times (-6) = \square$

0	1	7	6	2	5	7	9	8	4	4	3	3	1	9	9	8
3	2	6	8	8	4	7	6	2	4	8	9	0	0	1	3	4
4	2	1	0	9	4	3	3	5	5	5	7	6	2	1	0	9
5	5	3	7	1	1	1	0	7	8	4	3	1	5	6	6	8
7	0	0	1	3	4	4	4	6	9	1	0	4	8	0	6	8
6	1	7	4	4	9	9	8	6	3	0	1	3	9	9	2	2
2	3	5	8	9	5	2	2	2	0	1	3	4	8	9	0	5
5	4	5	2	0	1	3	4	8	9	8	8	4	4	9	2	4
5	7	8	6	7	5	0	1	9	3	4	8	1	3	8	6	5
8	7	6	9	9	5	4	3	5	1	9	2	0	0	4	5	3
9	3	6	2	2	2	8	9	5	0	9	6	0	0	4	2	3
0	4	8	8	7	0	1	1	2	2	7	7	3	3	4	6	3
1	4	9	9	6	2	5	7	6	0	0	5	7	7	7	7	1

정답

09
제곱근의 곱셈

*QR코드를 스캔하여 개념 영상을 확인하세요.

•• (제곱근) × (제곱근)은 어떻게 계산할까?

제곱근끼리의 곱셈은 어떻게 계산해야 할까?

제곱근끼리의 곱셈은 근호 안의 수끼리 곱하면 된다.

$\sqrt{a} \times \sqrt{b}$는 곱셈 기호 $\times$를 생략하고 $\sqrt{a}\sqrt{b}$와 같이 나타내기도 해.

$a > 0, b > 0$일 때,
$$\sqrt{a} \times \sqrt{b} = \sqrt{a}\sqrt{b} = \sqrt{ab}$$

➕참고 $a > 0, b > 0, c > 0$일 때, $\sqrt{a}\sqrt{b}\sqrt{c} = \sqrt{abc}$가 성립한다.

$\sqrt{2} \times \sqrt{5}$를 계산해 보자.

$$\sqrt{2} \times \sqrt{5} = \sqrt{2}\sqrt{5} = \sqrt{2 \times 5} = \sqrt{10}$$

근호 안의 수끼리 곱하기

또, 근호 밖에 수가 곱해져 있는 제곱근끼리의 곱셈은 근호 안의 수는 근호 안의 수끼리, 근호 밖의 수는 근호 밖의 수끼리 곱하면 된다.

$$a > 0, b > 0 \text{이고 } m, n \text{이 유리수일 때,}$$

$$m\sqrt{a} \times n\sqrt{b} = mn\sqrt{ab}$$

$2\sqrt{2} \times 3\sqrt{5}$ 를 계산해 보자.

근호 밖의 수끼리 곱하기

$$2\sqrt{2} \times 3\sqrt{5} = (2 \times 3) \times \sqrt{2 \times 5} = 6\sqrt{10}$$

근호 안의 수끼리 곱하기

❤️ 다음을 계산해 보자.

(1) $\sqrt{3}\sqrt{5} = \sqrt{\square \times 5} = \sqrt{\square}$

(2) $\sqrt{\dfrac{1}{2}}\sqrt{\dfrac{4}{7}} = \sqrt{\dfrac{1}{2} \times \square} = \sqrt{\square}$

(3) $2\sqrt{7} \times 4\sqrt{2} = (2 \times \square) \times \sqrt{7 \times \square} = \square\sqrt{\square}$

답 (1) 3, 15 (2) $\dfrac{4}{7}, \dfrac{2}{7}$ (3) 4, 2, 8, 14

●●근호 안의 어떤 수를 근호 밖으로 꺼낼 수 있을까?

$\sqrt{12}$ 에서 근호 안의 수 12를 소인수분해한 후, $\sqrt{a}\sqrt{b} = \sqrt{ab}$ 임을 이용해 보면

$$\sqrt{12} = \sqrt{2^2 \times 3} = \sqrt{2^2}\sqrt{3} = 2\sqrt{3}$$

제곱인 인수는 근호 밖으로

이다. 즉, 근호 안에 제곱인 인수가 있으면 그 수를 근호 밖으로 꺼낼 수 있음을 알 수 있다.

거꾸로, 근호 밖의 양수는 이를 제곱하여 다음과 같이 근호 안으로 넣을 수 있다.

$$2\sqrt{3} = \sqrt{2^2}\sqrt{3} = \sqrt{2^2 \times 3} = \sqrt{12}$$

제곱하여 근호 안으로

일반적으로 $a>0$, $b>0$일 때, 다음이 성립한다.

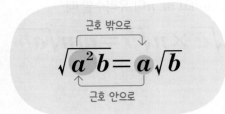

근호 밖으로

$$\sqrt{a^2 b} = a\sqrt{b}$$

근호 안으로

▶ $a\sqrt{b}$ 꼴로 나타낼 때, 보통 근호 안의 수는 가장 작은 자연수가 되도록 한다.

이때 근호 밖의 수를 근호 안으로 넣을 때는 반드시 양수만 제곱하여 넣어야 한다는 것에 주의한다.

$$-2\sqrt{3} = \sqrt{(-2)^2 \times 3}$$
$$= \sqrt{12} \qquad \text{땡~!}$$

$$-2\sqrt{3} = -\sqrt{2^2 \times 3}$$
$$= -\sqrt{12} \qquad \text{딩동댕~}$$

다음 □ 안에 알맞은 수를 써넣어 보자.

(1) $\sqrt{18} = \sqrt{\square^2 \times 2} = \square\sqrt{2}$

(2) $3\sqrt{5} = \sqrt{3^\square \times 5} = \sqrt{\square}$

탑 (1) 3, 3 (2) 2, 45

회색 글씨를 따라 쓰면서 개념을 정리해 보자!

꽉 잡아, 개념!

(1) **제곱근의 곱셈**: $a>0$, $b>0$이고 m, n이 유리수일 때,

① $\sqrt{a} \times \sqrt{b} = \sqrt{a}\sqrt{b} = \boxed{\sqrt{ab}}$

② $m\sqrt{a} \times n\sqrt{b} = \boxed{mn\sqrt{ab}}$

참고 $a>0$, $b>0$, $c>0$일 때, $\sqrt{a}\sqrt{b}\sqrt{c} = \sqrt{abc}$가 성립한다.

(2) **근호가 있는 식의 변형**: $a>0$, $b>0$일 때,

$$\sqrt{a^2 b} = \boxed{a\sqrt{b}}$$

1 다음을 계산하시오.

(1) $\sqrt{3}\sqrt{7}$

(2) $3\sqrt{2} \times 4\sqrt{3}$

✎ 풀이 (1) $\sqrt{3}\sqrt{7} = \sqrt{3 \times 7} = \sqrt{21}$

(2) $3\sqrt{2} \times 4\sqrt{3} = (3 \times 4) \times \sqrt{2 \times 3} = 12\sqrt{6}$

근호 안의 수는 근호 안의 수끼리, 근호 밖의 수는 근호 밖의 수끼리 곱하면 돼.

답 (1) $\sqrt{21}$ (2) $12\sqrt{6}$

1-1 다음을 계산하시오.

(1) $\sqrt{\dfrac{2}{5}}\sqrt{\dfrac{1}{2}}$

(2) $\sqrt{2}\sqrt{3}\sqrt{5}$

(3) $(-5\sqrt{2}) \times 3\sqrt{11}$

(4) $4\sqrt{15} \times 2\sqrt{\dfrac{1}{3}}$

2 다음 수를 $a\sqrt{b}$ 꼴로 나타내시오. (단, b는 가장 작은 자연수이다.)

(1) $\sqrt{20}$

(2) $\sqrt{72}$

(3) $-\sqrt{90}$

✎ 풀이 (1) $\sqrt{20} = \sqrt{2^2 \times 5} = 2\sqrt{5}$

(2) $\sqrt{72} = \sqrt{6^2 \times 2} = 6\sqrt{2}$

(3) $-\sqrt{90} = -\sqrt{3^2 \times 10} = -3\sqrt{10}$

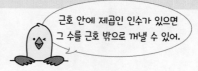

근호 안에 제곱인 인수가 있으면 그 수를 근호 밖으로 꺼낼 수 있어.

답 (1) $2\sqrt{5}$ (2) $6\sqrt{2}$ (3) $-3\sqrt{10}$

2-1 다음 수를 $\sqrt{a}$ 또는 $-\sqrt{a}$ 꼴로 나타내시오.

(1) $4\sqrt{2}$

(2) $-2\sqrt{7}$

(3) $-10\sqrt{3}$

10
제곱근의 나눗셈

•• (제곱근) ÷ (제곱근)은 어떻게 계산할까?

제곱근의 나눗셈도 제곱근의 곱셈과 마찬가지로 근호 안의 수끼리 계산하면 된다.
즉, 제곱근끼리의 나눗셈은 근호 안의 수끼리 나누면 된다.

▶ 제곱근의 나눗셈은 역
수의 곱셈으로 고쳐서 계
산할 수도 있다.

$a > 0, b > 0$일 때,

$$\sqrt{a} \div \sqrt{b} = \frac{\sqrt{a}}{\sqrt{b}} = \sqrt{\frac{a}{b}}$$

$\sqrt{a} \div \sqrt{b}$는
$\dfrac{\sqrt{a}}{\sqrt{b}}$와 같이 분수 꼴로
나타낼 수 있어.

$\sqrt{3} \div \sqrt{5}$를 계산해 보자.

$$\sqrt{3} \div \sqrt{5} = \frac{\sqrt{3}}{\sqrt{5}} = \sqrt{\frac{3}{5}}$$

근호 안의 수끼리 나누기

또, 근호 밖에 수가 곱해져 있는 제곱근끼리의 나눗셈은 근호 안의 수는 근호 안의 수끼리, 근호 밖의 수는 근호 밖의 수끼리 나누면 된다.

$$a > 0, b > 0$$이고 $m, n\,(n \neq 0)$이 유리수일 때,

$$m\sqrt{a} \div n\sqrt{b} = \frac{m}{n}\sqrt{\frac{a}{b}}$$

$8\sqrt{6} \div 2\sqrt{3}$을 계산해 보자.

근호 밖의 수끼리 나누기

$$8\sqrt{6} \div 2\sqrt{3} = \frac{8}{2}\sqrt{\frac{6}{3}} = 4\sqrt{2}$$

근호 안의 수끼리 나누기

약분이 가능할 때는 약분해야 해.

다음을 계산해 보자.

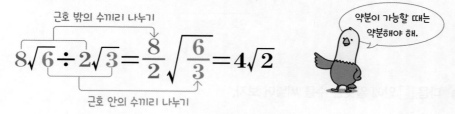

(1) $\sqrt{18} \div \sqrt{6} = \dfrac{\sqrt{18}}{\sqrt{\square}} = \sqrt{\dfrac{18}{\square}} = \sqrt{\square}$

(2) $9\sqrt{15} \div 3\sqrt{3} = \dfrac{\square}{3}\sqrt{\dfrac{15}{\square}} = \square\sqrt{\square}$

답 (1) 6, 6, 3 (2) 9, 3, 3, 5

•• 근호 안의 어떤 수를 근호 밖으로 꺼낼 수 있을까?

제곱근의 곱셈에서와 마찬가지로 제곱근의 나눗셈에서도 다음과 같이 근호 안에 제곱인 인수가 있으면 그 수를 근호 밖으로 꺼낼 수 있다.

$$\sqrt{\frac{3}{4}} = \sqrt{\frac{3}{2^2}} = \frac{\sqrt{3}}{\sqrt{2^2}} = \frac{\sqrt{3}}{2}$$

제곱인 인수는 근호 밖으로

거꾸로, 근호 밖의 양수는 이를 제곱하여 다음과 같이 근호 안으로 넣을 수 있다.

$$\frac{\sqrt{3}}{2} = \frac{\sqrt{3}}{\sqrt{2^2}} = \sqrt{\frac{3}{2^2}} = \sqrt{\frac{3}{4}}$$

제곱하여 근호 안으로

근호 밖의 수를 근호 안으로 넣을 때는 양수만 제곱해서 넣어야 한다는 것, 잊지 마~

일반적으로 $a>0$, $b>0$일 때, 다음이 성립한다.

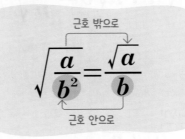

근호 밖으로

$$\sqrt{\frac{a}{b^2}} = \frac{\sqrt{a}}{b}$$

근호 안으로

♥ 다음 □ 안에 알맞은 수를 써넣어 보자.

(1) $\sqrt{\dfrac{5}{36}} = \sqrt{\dfrac{5}{\square^2}} = \dfrac{\sqrt{5}}{\square}$

(2) $\dfrac{\sqrt{7}}{4} = \dfrac{\sqrt{7}}{\sqrt{4^\square}} = \sqrt{\dfrac{7}{\square}}$

🔖 (1) 6, 6　(2) 2, 16

회색 글씨를 따라 쓰면서 개념을 정리해 보자!

꽉 잡아, 개념!

(1) **제곱근의 나눗셈:** $a>0$, $b>0$이고 m, $n\,(n \neq 0)$이 유리수일 때,

① $\sqrt{a} \div \sqrt{b} = \dfrac{\sqrt{a}}{\sqrt{b}} = \boxed{\sqrt{\dfrac{a}{b}}}$

② $m\sqrt{a} \div n\sqrt{b} = \boxed{\dfrac{m}{n}\sqrt{\dfrac{a}{b}}}$

➕참고 제곱근의 나눗셈은 역수의 곱셈으로 고쳐서 계산할 수도 있다.

(2) **근호가 있는 식의 변형:** $a>0$, $b>0$일 때,

$$\sqrt{\frac{a}{b^2}} = \boxed{\frac{\sqrt{a}}{b}}$$

개념을 GoGo! 확인해 보자

▶ 정답 및 풀이 6쪽

1 다음을 계산하시오.

(1) $\sqrt{14} \div \sqrt{7}$

(2) $10\sqrt{12} \div 2\sqrt{2}$

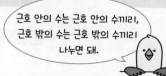

근호 안의 수는 근호 안의 수끼리,
근호 밖의 수는 근호 밖의 수끼리
나누면 돼.

✎ **풀이** (1) $\sqrt{14} \div \sqrt{7} = \dfrac{\sqrt{14}}{\sqrt{7}} = \sqrt{\dfrac{14}{7}} = \sqrt{2}$

(2) $10\sqrt{12} \div 2\sqrt{2} = \dfrac{10}{2}\sqrt{\dfrac{12}{2}} = 5\sqrt{6}$

답 (1) $\sqrt{2}$ (2) $5\sqrt{6}$

1-1 다음을 계산하시오.

(1) $\dfrac{\sqrt{42}}{\sqrt{6}}$

(2) $\sqrt{15} \div \sqrt{21}$

(3) $8\sqrt{65} \div (-4\sqrt{5})$

(4) $\dfrac{\sqrt{22}}{\sqrt{3}} \div \dfrac{\sqrt{11}}{\sqrt{24}}$

2 다음 수를 $\dfrac{\sqrt{a}}{b}$ 꼴로 나타내시오. (단, a는 가장 작은 자연수이다.)

(1) $\sqrt{\dfrac{2}{9}}$

(2) $-\sqrt{\dfrac{13}{25}}$

(3) $\sqrt{0.05}$

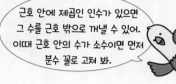

근호 안에 제곱인 인수가 있으면
그 수를 근호 밖으로 꺼낼 수 있어.
이때 근호 안의 수가 소수이면 먼저
분수 꼴로 고쳐 봐.

✎ **풀이** (1) $\sqrt{\dfrac{2}{9}} = \sqrt{\dfrac{2}{3^2}} = \dfrac{\sqrt{2}}{3}$

(2) $-\sqrt{\dfrac{13}{25}} = -\sqrt{\dfrac{13}{5^2}} = -\dfrac{\sqrt{13}}{5}$

(3) $\sqrt{0.05} = \sqrt{\dfrac{5}{100}} = \sqrt{\dfrac{5}{10^2}} = \dfrac{\sqrt{5}}{10}$

답 (1) $\dfrac{\sqrt{2}}{3}$ (2) $-\dfrac{\sqrt{13}}{5}$ (3) $\dfrac{\sqrt{5}}{10}$

2-1 다음 수를 $\sqrt{a}$ 또는 $-\sqrt{a}$ 꼴로 나타내시오.

(1) $\dfrac{\sqrt{3}}{7}$

(2) $\dfrac{2\sqrt{2}}{5}$

(3) $-\dfrac{4\sqrt{5}}{3}$

3. 근호를 포함한 식의 곱셈과 나눗셈 **61**

11

분모의 유리화

* QR코드를 스캔하여 개념 영상을 확인하세요.

●● 분모에 근호가 있을 때, 분모를 유리수로 어떻게 고칠까?

$\dfrac{1}{\sqrt{2}}$의 분모와 분자에 각각 $\sqrt{2}$를 곱하면

▶ 분모와 분자에 0이 아
닌 같은 수를 각각 곱해
도 그 값은 같다.
$\dfrac{1}{2}=\dfrac{1\times2}{2\times2}=\dfrac{1\times3}{2\times3}=\cdots$
→ $\dfrac{1}{2}=\dfrac{2}{4}=\dfrac{3}{6}=\cdots$

$$\underset{\text{무리수}}{\dfrac{1}{\sqrt{2}}}=\dfrac{1\times\sqrt{2}}{\sqrt{2}\times\sqrt{2}}=\underset{\text{유리수}}{\dfrac{\sqrt{2}}{2}}$$

와 같이 분모를 유리수로 고칠 수 있다.

이와 같이 분모에 근호를 포함한 무리수가 있을 때, 분모와 분자에 0이 아닌 같은 수를 각
각 곱하여 분모를 유리수로 고치는 것을 분모의 유리화라 한다.

$a>0$이고 b가 유리수일 때,

분모를 유리화할
때는 반드시 분모와 분자에
같은 수를 곱해야 해!

$$\underset{\text{무리수}}{\dfrac{b}{\sqrt{a}}}=\dfrac{b\times\sqrt{a}}{\sqrt{a}\times\sqrt{a}}=\underset{\text{유리수}}{\dfrac{b\sqrt{a}}{a}}$$

분모의 유리화

분모가 $b\sqrt{a}$ 꼴인 분수는 분모를 어떻게 유리화할 수 있을까?
다음과 같이 분모의 근호 부분만 분모와 분자에 각각 곱하면 된다.

$$a>0\text{이고 } b\,(b\neq0),\, c\text{가 유리수일 때,}$$

$$\frac{c}{b\sqrt{a}}=\frac{c\times\sqrt{a}}{b\sqrt{a}\times\sqrt{a}}=\frac{c\sqrt{a}}{ab}\ \leftarrow\text{유리수}$$

▶ 분모의 근호 안에 제곱인 인수가 있으면 $\sqrt{a^2 b}=a\sqrt{b}$임을 이용하여 근호 안을 가장 작은 자연수로 만든 후 분모를 유리화한다.

$\dfrac{7}{3\sqrt{7}}$의 분모를 유리화해 보자.

$$\frac{7}{3\sqrt{7}}=\frac{7\times\sqrt{7}}{3\sqrt{7}\times\sqrt{7}}=\frac{7\sqrt{7}}{21}=\frac{\sqrt{7}}{3}\ \leftarrow\text{유리수}$$

분모를 유리화한 후에도 약분이 가능하면 약분해야 해.

❤ 다음 수의 분모를 유리화해 보자.

(1) $\dfrac{1}{\sqrt{3}}=\dfrac{1\times\boxed{}}{\sqrt{3}\times\boxed{}}=\dfrac{\sqrt{3}}{\boxed{}}$

(2) $\dfrac{\sqrt{3}}{2\sqrt{5}}=\dfrac{\sqrt{3}\times\boxed{}}{2\sqrt{5}\times\boxed{}}=\dfrac{\sqrt{15}}{\boxed{}}$

답 (1) $\sqrt{3},\sqrt{3},3$　(2) $\sqrt{5},\sqrt{5},10$

꽉 잡아, 개념!

회색 글씨를 따라 쓰면서 개념을 정리해 보자!

(1) **분모의 유리화**: 분모에 근호를 포함한 무리수가 있을 때, 분모와 분자에 0이 아닌 같은 수를 각각 곱하여 분모를 유리수로 고치는 것

(2) **분모를 유리화하는 방법**: $a>0$이고 b,c가 유리수일 때,

① $\dfrac{b}{\sqrt{a}}=\dfrac{b\times\sqrt{a}}{\sqrt{a}\times\sqrt{a}}=\boxed{\dfrac{b\sqrt{a}}{a}}$　② $\dfrac{c}{b\sqrt{a}}=\dfrac{c\times\sqrt{a}}{b\sqrt{a}\times\sqrt{a}}=\boxed{\dfrac{c\sqrt{a}}{ab}}$ (단, $b\neq0$)

1 다음 수의 분모를 유리화하시오.

(1) $\dfrac{\sqrt{7}}{\sqrt{6}}$

(2) $\dfrac{4}{3\sqrt{2}}$

분모를 유리화하기 위해 분모, 분자에 곱해야 하는 수를 생각해 봐.

✏️ 풀이   (1) $\dfrac{\sqrt{7}}{\sqrt{6}}=\dfrac{\sqrt{7}\times\sqrt{6}}{\sqrt{6}\times\sqrt{6}}=\dfrac{\sqrt{42}}{6}$

(2) $\dfrac{4}{3\sqrt{2}}=\dfrac{4\times\sqrt{2}}{3\sqrt{2}\times\sqrt{2}}=\dfrac{4\sqrt{2}}{6}=\dfrac{2\sqrt{2}}{3}$

답 (1) $\dfrac{\sqrt{42}}{6}$ (2) $\dfrac{2\sqrt{2}}{3}$

1-1 다음 수의 분모를 유리화하시오.

(1) $\dfrac{2}{\sqrt{7}}$

(2) $-\dfrac{5}{2\sqrt{5}}$

(3) $\dfrac{\sqrt{5}}{\sqrt{24}}$

(4) $-\dfrac{9\sqrt{2}}{2\sqrt{3}}$

2 $\sqrt{3}\times\sqrt{15}\div\dfrac{\sqrt{7}}{\sqrt{2}}$ 을 계산하시오.

곱셈과 나눗셈이 섞여 있는 경우에는 나눗셈을 역수의 곱셈으로 고쳐서 계산해.

✏️ 풀이 $\sqrt{3}\times\sqrt{15}\div\dfrac{\sqrt{7}}{\sqrt{2}}=\sqrt{3}\times\sqrt{15}\times\dfrac{\sqrt{2}}{\sqrt{7}}=\dfrac{3\sqrt{10}}{\sqrt{7}}$

$=\dfrac{3\sqrt{10}\times\sqrt{7}}{\sqrt{7}\times\sqrt{7}}=\dfrac{3\sqrt{70}}{7}$

답 $\dfrac{3\sqrt{70}}{7}$

2-1 다음을 계산하시오.

(1) $4\sqrt{2}\div\sqrt{6}\times\sqrt{10}$

(2) $\sqrt{21}\times\dfrac{5\sqrt{7}}{\sqrt{3}}\div\sqrt{14}$

제곱근표에 없는 수의 제곱근의 값

1보다 작거나 100보다 큰 양수에 대한 제곱근의 값은 제곱근표에 없다.
하지만, $\sqrt{a^2 b}=a\sqrt{b}\ (a>0,\ b>0)$임을 이용하여 근호 안의 수를 제곱근표에 있는 수로
고치면 그 값을 구할 수 있다.

(1) 100보다 큰 수의 제곱근의 값은 다음과 같은 방법으로 구한다.

> ❶ 근호 안의 수를 $100a,\ 10000a,\ \cdots\ (a$는 제곱근표에 있는 수) 꼴로 고친다.
> ❷ $\sqrt{100a}=10\sqrt{a},\ \sqrt{10000a}=100\sqrt{a},\ \cdots$임을 이용하여 제곱근의 값을 구한다.

$\sqrt{1.05}=1.025$일 때, $\sqrt{105}$의 값을 구해 보자.

$$\sqrt{105}=\sqrt{1.05\times100}=10\sqrt{1.05}=10\times1.025=10.25$$

소수점을 왼쪽으로 두 자리씩 이동

(2) 0보다 크고 1보다 작은 수의 제곱근의 값은 다음과 같은 방법으로 구한다.

> ❶ 근호 안의 수를 $\dfrac{a}{100},\ \dfrac{a}{10000},\ \cdots\ (a$는 제곱근표에 있는 수) 꼴로 고친다.
> ❷ $\sqrt{\dfrac{a}{100}}=\dfrac{\sqrt{a}}{10},\ \sqrt{\dfrac{a}{10000}}=\dfrac{\sqrt{a}}{100},\ \cdots$임을 이용하여 제곱근의 값을 구한다.

$\sqrt{1.05}=1.025$일 때, $\sqrt{0.0105}$의 값을 구해 보자.

$$\sqrt{0.0105}=\sqrt{\dfrac{1.05}{100}}=\dfrac{\sqrt{1.05}}{10}=\dfrac{1.025}{10}=0.1025$$

소수점을 오른쪽으로 두 자리씩 이동

제곱근표에 없는 수의
제곱근의 값

→

제곱근표에 있는 수가 나오도록
근호 안의 수의 소수점을
왼쪽 또는 오른쪽으로 두 자리씩
이동하여 본다.

4
근호를 포함한 식의 덧셈과 뺄셈

#덧셈 #뺄셈

#근호 안의 수가 같은 것끼리

#혼합 계산 #괄호 풀기

#곱셈, 나눗셈 먼저

● 다음에서 설명하는 용어는 무엇일까?

> 현실 세계와 같은 사회, 경제, 문화 활동이 이루어지는 3차원 가상세계를 일컫는 말로, 아바타를 활용하여 실제 현실과 같은 사회, 문화적 활동을 할 수 있다는 특징이 있다.

주어진 등식이 옳으면 ○, 옳지 않으면 ×에 있는 글자를 골라 용어를 완성해 보자.

(1)
$$(4x-5)+(-x+7)=3x+2$$

○	×
메	인

(2)
$$-2(a+3b)-(-4a-5b)=2a+b$$

○	×
공	타

(3)
$$4x+\frac{4}{3}y-\left(5x-\frac{5}{3}y\right)=x+3y$$

○	×
지	버

(4)
$$-a+8b-\{3a-(a+b)\}=-3a+9b$$

○	×
스	능

(1)	(2)	(3)	(4)

12

제곱근의 덧셈과 뺄셈

* QR코드를 스캔하여 개념 영상을 확인하세요.

●● 제곱근끼리는 어떻게 더하고 뺄까?

제곱근끼리의 덧셈과 뺄셈은 어떻게 계산해야 할까?

제곱근끼리의 덧셈과 뺄셈은 다항식의 덧셈과 뺄셈에서 동류항끼리 모아서 계산한 것과
같이 근호 안의 수가 같은 것끼리 모아서 계산하면 된다.

$\sqrt{3}$을 하나의 문자로
생각해서 계산하면
되는 거네.

$$2a + 4a = (2+4)a = 6a$$ ← 다항식에서 동류항의 덧셈

$$2\sqrt{3} + 4\sqrt{3} = (2+4)\sqrt{3} = 6\sqrt{3}$$ ← 제곱근의 덧셈

따라서 m, n은 유리수이고 $a>0$일 때, 다음이 성립한다.

$$m\sqrt{a}+n\sqrt{a}=(m+n)\sqrt{a}$$
$$m\sqrt{a}-n\sqrt{a}=(m-n)\sqrt{a}$$

▶ 유리수에서와 마찬가지로 실수에서도 덧셈의 교환법칙과 결합법칙, 분배법칙이 성립한다.

➕참고 l, m, n은 유리수이고 $a>0$일 때,
$$l\sqrt{a}+m\sqrt{a}-n\sqrt{a}=(l+m-n)\sqrt{a}$$

직접 계산해 보자.

$$3\sqrt{2}+6\sqrt{2}=(3+6)\sqrt{2}=9\sqrt{2}$$

근호 안의 수가 같은 것끼리 모으기

▶ 근호 안의 수끼리 덧셈, 뺄셈을 할 수는 없다.
• $\sqrt{a}+\sqrt{b}\neq\sqrt{a+b}$
• $\sqrt{a}-\sqrt{b}\neq\sqrt{a-b}$

$$7\sqrt{5}-5\sqrt{5}=(7-5)\sqrt{5}=2\sqrt{5}$$

근호 안의 수가 같은 것끼리 모으기

이번에는 $\sqrt{3}+\sqrt{27}$을 계산해 볼까?

우리는 '개념 **09~10**'에서 근호 안에 제곱인 인수가 있으면 그 수를 근호 밖으로 꺼낼 수 있음을 배웠다.

즉, $\sqrt{a^2b}\ (a>0,\ b>0)$ 꼴은 $a\sqrt{b}$ 꼴로 변형할 수 있다.

따라서 $\sqrt{27}$을 $a\sqrt{b}$ 꼴로 변형하여 계산하면 다음과 같다.

$$\sqrt{3}+\sqrt{27}=\sqrt{3}+3\sqrt{3}$$ ← $\sqrt{27}=\sqrt{3^2\times3}=3\sqrt{3}$
$$=(1+3)\sqrt{3}$$ ← 근호 안의 수가 같은 것끼리 모으기
$$=4\sqrt{3}$$

근호 안의 수가 달라서 계산이 안 될 줄 알았는데, 되네~!

또, 분모에 무리수가 있으면 다음과 같이 분모를 유리화한 후 계산하면 된다.

$$\sqrt{6} - \frac{\sqrt{2}}{\sqrt{3}} = \sqrt{6} - \frac{\sqrt{6}}{3} \qquad \leftarrow \frac{\sqrt{2}}{\sqrt{3}} = \frac{\sqrt{2} \times \sqrt{3}}{\sqrt{3} \times \sqrt{3}} = \frac{\sqrt{6}}{3}$$

$$= \left(1 - \frac{1}{3} \right)\sqrt{6} \qquad \leftarrow \text{근호 안의 수가 같은 것끼리 모으기}$$

$$= \frac{2\sqrt{6}}{3}$$

✔️ **다음을 계산해 보자.**

(1) $3\sqrt{7} + 5\sqrt{7} = (3 + \boxed{})\sqrt{7} = \boxed{}$

(2) $10\sqrt{6} - 4\sqrt{6} = (10 - \boxed{})\sqrt{6} = \boxed{}$

(3) $6\sqrt{3} - \sqrt{3} + 8\sqrt{5} + 2\sqrt{5} = (6 - \boxed{})\sqrt{3} + (8 + \boxed{})\sqrt{5} = \boxed{}\sqrt{3} + \boxed{}\sqrt{5}$

(4) $\sqrt{18} - \sqrt{2} = \boxed{}\sqrt{2} - \sqrt{2} = (\boxed{} - 1)\sqrt{2} = \boxed{}$

(5) $\sqrt{10} + \frac{\sqrt{5}}{\sqrt{2}} = \sqrt{10} + \frac{\sqrt{5} \times \boxed{}}{\sqrt{2} \times \boxed{}} = \sqrt{10} + \frac{\sqrt{10}}{\boxed{}} = \left(1 + \frac{1}{\boxed{}} \right)\sqrt{10} = \boxed{}$

$\sqrt{}$ 안의 수가 같은 것끼리만 모아서 계산할 수 있어.

📋 (1) 5, $8\sqrt{7}$　(2) 4, $6\sqrt{6}$　(3) 1, 2, 5, 10　(4) 3, 3, $2\sqrt{2}$　(5) $\sqrt{2}$, $\sqrt{2}$, 2, 2, $\frac{3\sqrt{10}}{2}$

회색 글씨를 따라 쓰면서 개념을 정리해 보자!

꼭 잡아, 개념!

제곱근의 덧셈과 뺄셈

m, n은 유리수이고 $a > 0$일 때,

(1) $m\sqrt{a} + n\sqrt{a} = \boxed{(m+n)\sqrt{a}}$

(2) $m\sqrt{a} - n\sqrt{a} = \boxed{(m-n)\sqrt{a}}$

➕참고 ① $\sqrt{a^2 b}$ $(a > 0, b > 0)$ 꼴이 있으면 $a\sqrt{b}$ 꼴로 변형하여 계산한다.
　　　② 분모에 무리수가 있으면 분모를 유리화한 후 계산한다.

1 다음을 계산하시오.

(1) $4\sqrt{7}-9\sqrt{7}$

(2) $2\sqrt{6}+8\sqrt{11}+7\sqrt{6}-5\sqrt{11}$

(3) $\sqrt{75}+\sqrt{12}$

(4) $3\sqrt{5}-\dfrac{10}{\sqrt{5}}$

✎ **풀이**

(1) $4\sqrt{7}-9\sqrt{7}=(4-9)\sqrt{7}=-5\sqrt{7}$

(2) $2\sqrt{6}+8\sqrt{11}+7\sqrt{6}-5\sqrt{11}=(2+7)\sqrt{6}+(8-5)\sqrt{11}$
$\qquad\qquad\qquad\qquad\qquad\quad =9\sqrt{6}+3\sqrt{11}$

(3) $\sqrt{75}+\sqrt{12}=5\sqrt{3}+2\sqrt{3}=(5+2)\sqrt{3}=7\sqrt{3}$

(4) $3\sqrt{5}-\dfrac{10}{\sqrt{5}}=3\sqrt{5}-\dfrac{10\times\sqrt{5}}{\sqrt{5}\times\sqrt{5}}=3\sqrt{5}-2\sqrt{5}$
$\qquad\qquad =(3-2)\sqrt{5}=\sqrt{5}$

> $\sqrt{a^2 b}$ 꼴이 있으면 $a\sqrt{b}$ 꼴로 변형하고, 분모에 무리수가 있으면 분모를 유리화해야 해.

답 (1) $-5\sqrt{7}$ (2) $9\sqrt{6}+3\sqrt{11}$ (3) $7\sqrt{3}$ (4) $\sqrt{5}$

1-1 다음을 계산하시오.

(1) $6\sqrt{3}+2\sqrt{3}$

(2) $7\sqrt{10}-3\sqrt{10}$

(3) $4\sqrt{5}+\sqrt{5}-10\sqrt{5}$

(4) $5\sqrt{2}-8\sqrt{2}+4\sqrt{2}$

(5) $9\sqrt{3}-5\sqrt{7}-7\sqrt{3}+8\sqrt{7}$

(6) $-\sqrt{5}+3\sqrt{13}-6\sqrt{13}+9\sqrt{5}$

(7) $\sqrt{96}+\sqrt{24}$

(8) $\sqrt{28}-\sqrt{63}$

(9) $\sqrt{8}+\sqrt{32}-\sqrt{2}$

(10) $\sqrt{54}-\dfrac{\sqrt{3}}{\sqrt{2}}-\dfrac{9}{\sqrt{6}}$

13 근호를 포함한 식의 혼합 계산

* QR코드를 스캔하여 개념 영상을 확인하세요.

개념 영상

●● 근호를 포함한 식이 복잡한 경우에는 어떻게 계산할까?

근호를 포함한 식이 복잡한 경우에는 지금까지 배운 내용을 토대로 차근차근 계산하면 된다.

각각의 경우에 대해 그 방법을 정리하면 다음과 같다.

▶ 분배법칙
• $a(b+c)=ab+ac$
• $(a+b)c=ac+bc$

▶ 분배법칙을 이용한 분모의 유리화
$a>0$, $b>0$, $c>0$일 때,
$$\frac{\sqrt{b}+\sqrt{c}}{\sqrt{a}}$$
$$=\frac{(\sqrt{b}+\sqrt{c})\times\sqrt{a}}{\sqrt{a}\times\sqrt{a}}$$
$$=\frac{\sqrt{ab}+\sqrt{ac}}{a}$$

괄호가 있으면	→	분배법칙을 이용하여 괄호를 푼다.
$\sqrt{a^2 b}$ 꼴이 있으면	→	$a\sqrt{b}$ 꼴로 변형한다.
분모에 무리수가 있으면	→	분모를 유리화한다.
덧셈, 뺄셈, 곱셈, 나눗셈이 섞여 있으면	→	곱셈, 나눗셈을 먼저 계산한 후 덧셈, 뺄셈을 계산한다.

예를 통해 자세히 알아보자.

$$\sqrt{5}(\sqrt{15}+3)-\frac{9}{\sqrt{3}}$$

분배법칙을 이용하여 괄호를 푼다.

$$=\sqrt{75}+3\sqrt{5}-\frac{9}{\sqrt{3}}$$

$\sqrt{a^2 b}$ 꼴을 $a\sqrt{b}$ 꼴로 변형한다.

$$=5\sqrt{3}+3\sqrt{5}-\frac{9}{\sqrt{3}}$$

분모를 유리화한다.

$$=5\sqrt{3}+3\sqrt{5}-3\sqrt{3}$$

덧셈, 뺄셈을 계산한다.

$$=2\sqrt{3}+3\sqrt{5}$$

각각의 경우에 대한 방법을 잘 기억해야겠어!

✔ 다음을 계산해 보자.

(1) $\sqrt{2}(\sqrt{3}-\sqrt{5})=\sqrt{2}\times\boxed{}-\sqrt{2}\times\boxed{}=\boxed{}$

(2) $\sqrt{3}\times\sqrt{6}+\sqrt{5}\div\sqrt{10}=\sqrt{\boxed{}}+\dfrac{1}{\sqrt{2}}=\boxed{}\sqrt{\boxed{}}+\dfrac{\boxed{}}{2}=\dfrac{\boxed{}}{2}$

답 (1) $\sqrt{3}, \sqrt{5}, \sqrt{6}-\sqrt{10}$ (2) $18, 3, 2, \sqrt{2}, 7\sqrt{2}$

회색 글씨를 따라 쓰면서 개념을 정리해 보자!

꽉 잡아, 개념!

근호를 포함한 식의 혼합 계산

(1) 괄호가 있으면 분배법칙을 이용하여 괄호를 푼다.

(2) $\sqrt{a^2 b}$ ($a>0$, $b>0$) 꼴이 있으면 $a\sqrt{b}$ 꼴로 변형 한다.

(3) 분모에 무리수가 있으면 분모를 유리화 한다.

(4) 덧셈, 뺄셈, 곱셈, 나눗셈이 섞여 있으면 곱셈, 나눗셈을 먼저 계산한 후 덧셈, 뺄셈을 계산한다.

 다음을 계산하시오.

(1) $\sqrt{6}(2\sqrt{2}+\sqrt{15})$

(2) $\sqrt{2}\times\sqrt{10}-5\sqrt{7}\div\sqrt{35}$

(3) $\sqrt{3}(\sqrt{2}-\sqrt{6})+\dfrac{\sqrt{48}-8}{\sqrt{2}}$

✎ 풀이 (1) $\sqrt{6}(2\sqrt{2}+\sqrt{15})=2\sqrt{12}+\sqrt{90}=4\sqrt{3}+3\sqrt{10}$

(2) $\sqrt{2}\times\sqrt{10}-5\sqrt{7}\div\sqrt{35}=\sqrt{20}-\dfrac{5\sqrt{7}}{\sqrt{35}}=2\sqrt{5}-\dfrac{5}{\sqrt{5}}$

$\qquad\qquad\qquad\qquad\qquad =2\sqrt{5}-\sqrt{5}=\sqrt{5}$

(3) $\sqrt{3}(\sqrt{2}-\sqrt{6})+\dfrac{\sqrt{48}-8}{\sqrt{2}}=\sqrt{6}-\sqrt{18}+\dfrac{4\sqrt{3}-8}{\sqrt{2}}$

$\qquad\qquad\qquad\qquad\qquad =\sqrt{6}-3\sqrt{2}+\dfrac{4\sqrt{6}-8\sqrt{2}}{2}$

$\qquad\qquad\qquad\qquad\qquad =\sqrt{6}-3\sqrt{2}+2\sqrt{6}-4\sqrt{2}$

$\qquad\qquad\qquad\qquad\qquad =3\sqrt{6}-7\sqrt{2}$

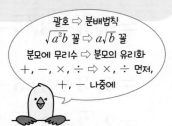

괄호 ⇨ 분배법칙
$\sqrt{a^2b}$ 꼴 ⇨ $a\sqrt{b}$ 꼴
분모에 무리수 ⇨ 분모의 유리화
$+,\ -,\ \times,\ \div$ ⇨ $\times,\ \div$ 먼저,
$+,\ -$ 나중에

圕 (1) $4\sqrt{3}+3\sqrt{10}$ (2) $\sqrt{5}$ (3) $3\sqrt{6}-7\sqrt{2}$

1-1 다음을 계산하시오.

(1) $2\sqrt{5}(\sqrt{10}-\sqrt{5})$

(2) $(\sqrt{14}+\sqrt{18})\times(-\sqrt{2})$

(3) $\sqrt{54}\div 3-\sqrt{6}\times 7$

(4) $\sqrt{80}+\sqrt{15}(1-\sqrt{3})$

(5) $\sqrt{32}-2\sqrt{3}\div\sqrt{24}$

(6) $3\sqrt{11}\times\dfrac{1}{\sqrt{33}}+\sqrt{60}\div\sqrt{5}$

(7) $\dfrac{5\sqrt{2}-\sqrt{5}}{\sqrt{5}}+(4\sqrt{2}+3\sqrt{5})\times\sqrt{2}$

(8) $3\sqrt{3}(\sqrt{7}+\sqrt{21})-(\sqrt{84}+9\sqrt{7})\div\sqrt{3}$

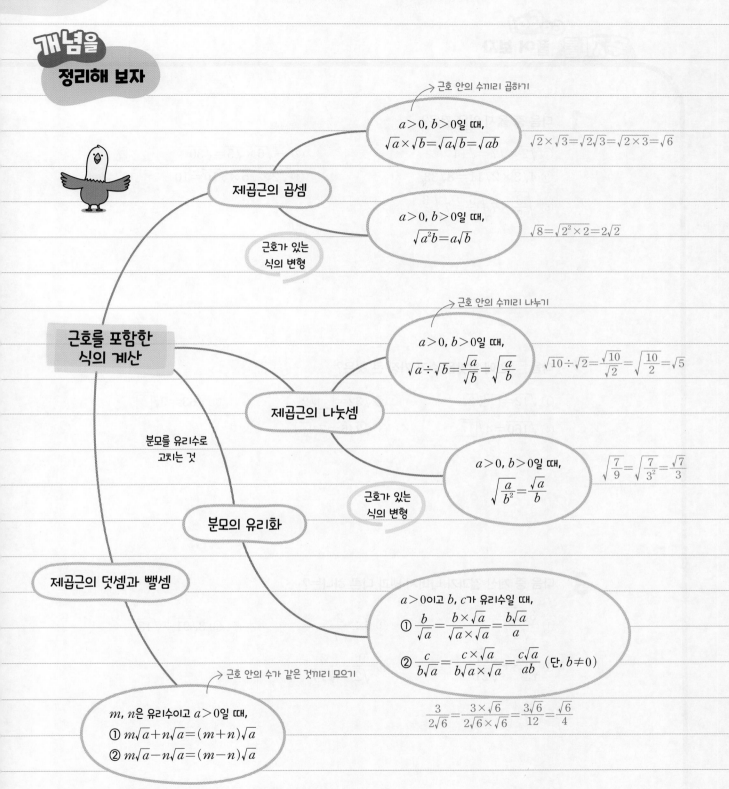

근호 안의 수끼리 곱하기

$a>0$, $b>0$일 때,
$\sqrt{a}\times\sqrt{b}=\sqrt{a}\sqrt{b}=\sqrt{ab}$

$\sqrt{2}\times\sqrt{3}=\sqrt{2}\sqrt{3}=\sqrt{2\times3}=\sqrt{6}$

제곱근의 곱셈

근호가 있는
식의 변형

$a>0$, $b>0$일 때,
$\sqrt{a^2b}=a\sqrt{b}$

$\sqrt{8}=\sqrt{2^2\times2}=2\sqrt{2}$

근호를 포함한
식의 계산

근호 안의 수끼리 나누기

$a>0$, $b>0$일 때,
$\sqrt{a}\div\sqrt{b}=\dfrac{\sqrt{a}}{\sqrt{b}}=\sqrt{\dfrac{a}{b}}$

$\sqrt{10}\div\sqrt{2}=\dfrac{\sqrt{10}}{\sqrt{2}}=\sqrt{\dfrac{10}{2}}=\sqrt{5}$

제곱근의 나눗셈

분모를 유리수로
고치는 것

$a>0$, $b>0$일 때,
$\sqrt{\dfrac{a}{b^2}}=\dfrac{\sqrt{a}}{b}$

$\sqrt{\dfrac{7}{9}}=\sqrt{\dfrac{7}{3^2}}=\dfrac{\sqrt{7}}{3}$

근호가 있는
식의 변형

분모의 유리화

제곱근의 덧셈과 뺄셈

$a>0$이고 b, c가 유리수일 때,
① $\dfrac{b}{\sqrt{a}}=\dfrac{b\times\sqrt{a}}{\sqrt{a}\times\sqrt{a}}=\dfrac{b\sqrt{a}}{a}$
② $\dfrac{c}{b\sqrt{a}}=\dfrac{c\times\sqrt{a}}{b\sqrt{a}\times\sqrt{a}}=\dfrac{c\sqrt{a}}{ab}$ (단, $b\neq0$)

근호 안의 수가 같은 것끼리 모으기

m, n은 유리수이고 $a>0$일 때,
① $m\sqrt{a}+n\sqrt{a}=(m+n)\sqrt{a}$
② $m\sqrt{a}-n\sqrt{a}=(m-n)\sqrt{a}$

$\dfrac{3}{2\sqrt{6}}=\dfrac{3\times\sqrt{6}}{2\sqrt{6}\times\sqrt{6}}=\dfrac{3\sqrt{6}}{12}=\dfrac{\sqrt{6}}{4}$

$2\sqrt{3}+5\sqrt{3}+7\sqrt{5}-3\sqrt{5}=(2+5)\sqrt{3}+(7-3)\sqrt{5}$
$\phantom{2\sqrt{3}+5\sqrt{3}+7\sqrt{5}-3\sqrt{5}}=7\sqrt{3}+4\sqrt{5}$

1 다음 중 옳지 <u>않은</u> 것은?

① $\sqrt{2} \times \sqrt{7} = \sqrt{14}$

② $-\sqrt{6} \times \sqrt{5} = \sqrt{30}$

③ $4\sqrt{3} \times 2\sqrt{11} = 8\sqrt{33}$

④ $\sqrt{2} \times \sqrt{5} \times \sqrt{10} = 10$

⑤ $\sqrt{\dfrac{3}{5}} \times 7\sqrt{\dfrac{5}{7}} = 7\sqrt{\dfrac{3}{7}}$

2 다음 □ 안에 알맞은 수가 가장 큰 것은?

① $\sqrt{12} = \boxed{}\sqrt{3}$

② $\sqrt{32} = \boxed{}\sqrt{2}$

③ $\sqrt{63} = 3\sqrt{\boxed{}}$

④ $\sqrt{160} = 4\sqrt{\boxed{}}$

⑤ $\sqrt{245} = 7\sqrt{\boxed{}}$

3 다음 중 계산 결과가 나머지 넷과 <u>다른</u> 하나는?

① $\dfrac{3\sqrt{14}}{\sqrt{2}}$

② $6 \div \dfrac{2}{\sqrt{7}}$

③ $3\sqrt{91} \div \sqrt{13}$

④ $\sqrt{\dfrac{3}{7}} \div \dfrac{3\sqrt{7}}{\sqrt{21}}$

⑤ $\dfrac{9}{\sqrt{2}} \div \dfrac{3}{\sqrt{14}}$

4 $\sqrt{\dfrac{75}{20}}$ 를 근호 안의 수가 가장 작은 자연수가 되도록 $\dfrac{\sqrt{a}}{b}$ 꼴로 나타내었을 때, 자연수 a, b에 대하여 $a+b$의 값을 구하시오.

5 $\sqrt{3}=a$, $\sqrt{5}=b$일 때, $\sqrt{48}-\sqrt{320}$을 a, b를 이용하여 나타내면?

① $8a-4b$ ② $8a-8b$ ③ $4a-4b$

④ $4a-8b$ ⑤ $4a-12b$

6 다음 중 분모를 유리화한 것으로 옳은 것은?

① $\dfrac{5}{\sqrt{5}}=\dfrac{\sqrt{5}}{5}$ ② $\sqrt{\dfrac{1}{11}}=\sqrt{11}$ ③ $\dfrac{\sqrt{2}}{3\sqrt{7}}=\dfrac{\sqrt{14}}{21}$

④ $\dfrac{2}{\sqrt{13}}=\dfrac{\sqrt{13}}{13}$ ⑤ $\dfrac{3}{\sqrt{12}}=\dfrac{1}{2}$

7 $\dfrac{7}{\sqrt{6}}\times\dfrac{\sqrt{24}}{\sqrt{30}}\div\dfrac{\sqrt{2}}{\sqrt{3}}$ 를 계산하면?

① $\dfrac{5\sqrt{5}}{7}$ ② $\sqrt{6}$ ③ $\dfrac{7\sqrt{5}}{5}$

④ $2\sqrt{5}$ ⑤ $\sqrt{30}$

8 오른쪽 그림과 같이 부피가 $168\ \text{cm}^3$인 직육면체의 가로의 길이와 세로의 길이가 각각 $\sqrt{42}\ \text{cm}$, $\sqrt{6}\ \text{cm}$일 때, 이 직육면체의 높이는?

① $8\ \text{cm}$ ② $4\sqrt{5}\ \text{cm}$ ③ $4\sqrt{6}\ \text{cm}$

④ $4\sqrt{7}\ \text{cm}$ ⑤ $8\sqrt{2}\ \text{cm}$

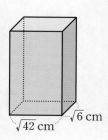

$\sqrt{42}\ \text{cm}$ $\sqrt{6}\ \text{cm}$

9 $A=\sqrt{3}+5\sqrt{3}-3\sqrt{3}$, $B=4\sqrt{2}-3\sqrt{2}+2\sqrt{2}$일 때, $A-B$의 값은?

① $2\sqrt{3}-3\sqrt{2}$ ② $2\sqrt{3}-4\sqrt{2}$ ③ $3\sqrt{3}-3\sqrt{2}$

④ $4\sqrt{3}-3\sqrt{2}$ ⑤ $5\sqrt{3}-4\sqrt{2}$

10 $\sqrt{112}-\sqrt{50}-2\sqrt{8}+2\sqrt{63}$을 계산하면?

① $-9\sqrt{2}+10\sqrt{7}$ ② $-9\sqrt{2}+6\sqrt{2}$ ③ $-7\sqrt{7}+6\sqrt{2}$

④ $-7\sqrt{7}+7\sqrt{2}$ ⑤ $-9\sqrt{7}+7\sqrt{2}$

11 $\dfrac{4}{\sqrt{2}}+\dfrac{6}{\sqrt{72}}-\dfrac{\sqrt{18}}{2}=k\sqrt{2}$일 때, 유리수 k의 값은?

① 0 ② $\dfrac{1}{2}$ ③ 1

④ $\dfrac{3}{2}$ ⑤ 2

12 $\sqrt{2}(\sqrt{18}-1)+(3\sqrt{14}+4\sqrt{7})\sqrt{7}=p\sqrt{2}+q$일 때, 유리수 p, q에 대하여 $p+q$의 값을 구하시오.

13 $\dfrac{\sqrt{98}+7}{\sqrt{7}}-\sqrt{14}$ 를 계산하면?

① $-\sqrt{14}$ ② $-\sqrt{7}$ ③ $\sqrt{7}$

④ $\sqrt{14}$ ⑤ $2\sqrt{14}$

14 다음 중 옳지 <u>않은</u> 것은?

① $3\times\sqrt{5}-6\div\sqrt{5}=-3\sqrt{5}$ ② $\sqrt{189}\times\dfrac{6}{\sqrt{7}}+3\sqrt{3}=21\sqrt{3}$

③ $\sqrt{\dfrac{24}{9}}+\sqrt{\dfrac{2}{3}}-\sqrt{54}=-2\sqrt{6}$ ④ $\dfrac{5}{\sqrt{2}}+\sqrt{2}(2-\sqrt{2})=\dfrac{9\sqrt{2}}{2}-2$

⑤ $\dfrac{\sqrt{18}-\sqrt{10}}{\sqrt{2}}+\sqrt{5}=3$

15 $\sqrt{5}(4-\sqrt{5})+\dfrac{k(\sqrt{5}-4)}{2\sqrt{5}}$ 를 계산한 결과가 유리수가 되도록 하는 유리수 k의 값은?

① -14 ② -10 ③ 10

④ 12 ⑤ 14

16 오른쪽 그림과 같은 사다리꼴 ABCD의 넓이는?

① $2+\sqrt{6}$ ② $4+\sqrt{6}$

③ 4 ④ $2+5\sqrt{6}$

⑤ $4+5\sqrt{6}$

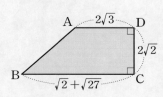

Ⅲ
다항식의 곱셈과
인수분해

GO!!
시작해 보자~

5
곱셈 공식

#전개

#두 다항식의 곱

#분배법칙 #곱셈 공식

#곱셈 공식의 변형

● 꽃말은 꽃의 특징에 따라 상징적인 의미를 부여한 말을 뜻한다.
다음 카드에 주어진 식을 전개하여 각 꽃에 해당하는 꽃말을 찾아보자.

빨간 장미

$x(x-6)$

x^2-6x	x^2-6
기쁨	질투

해바라기

$-9a(a+2)$

$-9a^2+18a$	$-9a^2-18a$
겸손	숭배

라일락

$8x(3x+5y)$

$24x^2+40xy$	$24x+40xy$
첫사랑	순결

무궁화

$\left(7a-\dfrac{b}{2}\right)\times(-4b)$

$-28ab+2b^2$	$-28ab+8b^2$
일편단심	청춘

14

다항식과 다항식의 곱셈

●● (다항식) × (다항식)은 어떻게 전개할까?

오른쪽 그림과 같이 작은 직사각형 4개로 이루어진 전체 직사각형의 넓이는 어떻게 구할 수 있을까?

전체 직사각형의 가로의 길이는 $a+b$이고 세로의 길이는 $c+d$이므로 그 넓이는

$$(a+b)(c+d)$$

이다.

또, 전체 직사각형의 넓이는 4개의 작은 직사각형 ①, ②, ③, ④의 넓이의 합과 같으므로

$$\underset{\text{①의 넓이}}{ac} + \underset{\text{②의 넓이}}{ad} + \underset{\text{③의 넓이}}{bc} + \underset{\text{④의 넓이}}{bd}$$

이다. 따라서

$$(a+b)(c+d)=ac+ad+bc+bd$$

임을 알 수 있다.

이것은 $(a+b)(c+d)$에서 $c+d$를 하나의 문자 M으로 놓고 다음과 같이 분배법칙을 이용하여 전개한 것과 같다.

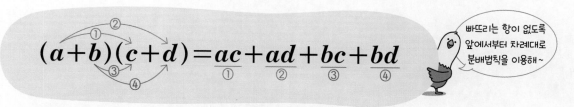

▶ 분배법칙
• $a(b+c)=ab+ac$
• $(a+b)c=ac+bc$

$$
\begin{aligned}
(a+b)&(c+d) \\
&=(a+b)M \qquad\quad \text{$(c+d)$를 M으로 놓는다.} \\
&=aM+bM \qquad\quad \text{전개한다.} \\
&=a(c+d)+b(c+d) \quad \text{M을 다시 $(c+d)$로 바꾼다.} \\
&=ac+ad+bc+bd \quad\ \text{전개한다.}
\end{aligned}
$$

따라서 두 다항식의 곱은 분배법칙을 이용하여 다음과 같이 전개할 수 있다.

$$(a+b)(c+d)=\underset{①}{ac}+\underset{②}{ad}+\underset{③}{bc}+\underset{④}{bd}$$

빠뜨리는 항이 없도록 앞에서부터 차례대로 분배법칙을 이용해~

이때 전개한 식에 동류항이 있으면 동류항끼리 모아서 간단히 한다.

$(a+1)(a+2)$를 전개해 보자.

$$
\begin{aligned}
(a+1)(a+2)&=a\times a+a\times 2+1\times a+1\times 2 \\
&=a^2+2a+a+2 \\
&\qquad\qquad \text{동류항끼리 모아서 간단히 한다.} \\
&=a^2+3a+2
\end{aligned}
$$

분배법칙을 이용하여 전개하는 방법은 다항식의 항이 3개 이상이어도 그대로 적용된다.

이때도 전개한 식에 동류항이 있으면 동류항끼리 모아서 간단히 해야 해.

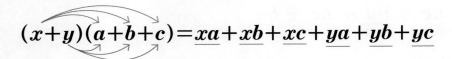

$$(x+y)(a+b+c)=\underline{xa}+\underline{xb}+\underline{xc}+\underline{ya}+\underline{yb}+\underline{yc}$$

이때 빠뜨리는 항이 없도록 앞에서부터 차례대로 분배법칙을 이용하여 전개한다.

✔ 다음 식을 전개해 보자.

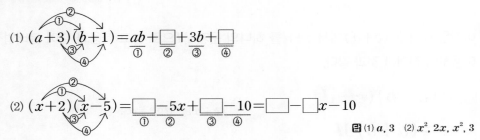

(1) $(a+3)(b+1)=\underset{①}{\underline{ab}}+\underset{②}{\underline{\square}}+\underset{③}{\underline{3b}}+\underset{④}{\underline{\square}}$

(2) $(x+2)(x-5)=\underset{①}{\underline{\square}}-\underset{②}{\underline{5x}}+\underset{③}{\underline{\square}}-\underset{④}{\underline{10}}=\underline{\square}-\underline{\square}x-10$

답 (1) a, 3 (2) x^2, $2x$, x^2, 3

회색 글씨를 따라 쓰면서 개념을 정리해 보자!

꽉 잡아, 개념!

다항식과 다항식의 곱셈

(다항식) × (다항식)은 다음과 같은 순서로 계산한다.

❶ 분배법칙을 이용하여 전개 한다.

❷ 동류항이 있으면 동류항끼리 모아서 간단히 한다.

$$(a+b)(c+d)=\underset{①}{\underline{ac}}+\underset{②}{\underline{ad}}+\underset{③}{\underline{bc}}+\underset{④}{\underline{bd}}$$

▶ 정답 및 풀이 9쪽

1 다음 식을 전개하시오.

(1) $(2a+3)(a+5)$

(2) $(x-2y)(3x+y)$

분배법칙을 이용해서 전개한 후에 동류항끼리 모아서 간단히 하면 돼.

✏ **풀이** (1) $(2a+3)(a+5)=2a\times a+2a\times5+3\times a+3\times5$
$$=2a^2+10a+3a+15$$
$$=2a^2+13a+15$$

(2) $(x-2y)(3x+y)=x\times3x+x\times y+(-2y)\times3x+(-2y)\times y$
$$=3x^2+xy-6xy-2y^2$$
$$=3x^2-5xy-2y^2$$

답 (1) $2a^2+13a+15$ (2) $3x^2-5xy-2y^2$

1-1 다음 식을 전개하시오.

(1) $(a-7)(b+1)$

(2) $(3x+1)(x+4)$

(3) $(a+3b)(2a-b)$

(4) $(5x-6y)(x-y)$

2 $(x+y+1)(2x-y)$를 전개하였을 때, xy의 계수를 구하시오.

식을 모두 전개해서 구해도 되지만 xy항이 나오는 부분만 전개하는 게 더 간단해.

✏ **풀이** xy항이 나오는 부분만 전개하면
$$x\times(-y)+y\times2x=-xy+2xy=xy$$
따라서 xy의 계수는 1이다.

다른 풀이 $(x+y+1)(2x-y)$
$$=x\times2x+x\times(-y)+y\times2x+y\times(-y)+1\times2x+1\times(-y)$$
$$=2x^2-xy+2xy-y^2+2x-y$$
$$=2x^2+xy-y^2+2x-y$$
따라서 xy의 계수는 1이다.

답 1

2-1 $(a-4b+5)(a+8b)$를 전개하였을 때, ab의 계수를 구하시오.

15 곱셈 공식

•• $(a+b)^2$, $(a-b)^2$을 전개하면 어떻게 될까?

우리는 '개념 14'에서 (다항식)×(다항식)은 분배법칙을 이용하여 전개할 수 있음을 배웠다.

$(a+b)^2$과 $(a-b)^2$도 분배법칙을 이용하여 각각 전개해 보자.

▶ 도형으로 이해하는 곱셈 공식

$\rightarrow (a+b)^2$
$= a^2 + ab + ab + b^2$
$= a^2 + 2ab + b^2$

$\rightarrow (a-b)^2$
$= a^2 - ① - ② - ③$
$= a^2 - (①+③)$
$\quad - (②+③) + ③$
$= a^2 - ab - ab + b^2$
$= a^2 - 2ab + b^2$

$$(a+b)^2 = (a+b)(a+b)$$
$$= a^2 + ab + ba + b^2$$
동류항끼리 모으기
$$= a^2 + 2ab + b^2$$

$$(a-b)^2 = (a-b)(a-b)$$
$$= a^2 - ab - ba + b^2$$
동류항끼리 모으기
$$= a^2 - 2ab + b^2$$

이를 통해 다음과 같은 곱셈 공식을 얻을 수 있다.

2ab의 부호를 잘 봐 둬~

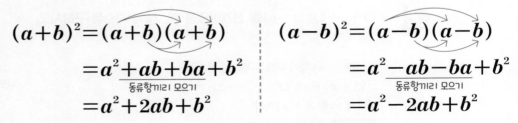

$$(a+b)^2 = a^2 + 2ab + b^2, \quad (a-b)^2 = a^2 - 2ab + b^2$$

곱의 2배 　　　곱의 2배

앞의 공식을 이용하여 $(x+1)^2$과 $(x-2)^2$을 각각 전개해 보면 다음과 같다.

$$(x+1)^2 = x^2 + \underline{2 \times x \times 1} + 1^2 = x^2 + 2x + 1$$

곱의 2배

$$(x-2)^2 = x^2 - \underline{2 \times x \times 2} + 2^2 = x^2 - 4x + 4$$

곱의 2배

다음 식을 전개해 보자.

(1) $(x+6)^2 = x^2 + \square \times x \times 6 + \square^2 = x^2 + \square x + \square$

(2) $(a-3)^2 = a^2 - \square \times a \times 3 + \square^2 = a^2 - \square a + \square$

답 (1) 2, 6, 12, 36 (2) 2, 3, 6, 9

•• $(a+b)(a-b)$를 전개하면 어떻게 될까?

분배법칙을 이용하여 $(a+b)(a-b)$를 전개해 보자.

$$(a+b)(a-b) = a^2 \underline{-ab+ba} - b^2 = a^2 - b^2$$

동류항끼리 모으기

따라서 다음과 같은 곱셈 공식을 얻을 수 있다.

$$(a+b)(a-b) = a^2 - b^2$$

합   차   제곱의 차

위의 공식을 이용하여 $(x+2)(x-2)$를 전개해 보면 다음과 같다.

$$(x+2)(x-2) = x^2 - 2^2 = x^2 - 4$$

합   차   제곱의 차

▶ 도형으로 이해하는
곱셈 공식

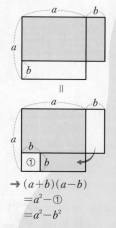

$\rightarrow (a+b)(a-b)$
$= a^2 - ①$
$= a^2 - b^2$

다음 식을 전개해 보자.

(1) $(x+4)(x-4) = x^2 - \square^2 = x^2 - \square$

(2) $(2a+1)(2a-1) = (\square)^2 - 1^2 = \square - 1$

답 (1) 4, 16 (2) 2a, 4a²

•• $(x+a)(x+b)$를 전개하면 어떻게 될까?

분배법칙을 이용하여 $(x+a)(x+b)$를 전개해 보자.

$$(x+a)(x+b)=x^2+bx+ax+ab$$
동류항끼리 모으기
$$=x^2+(a+b)x+ab$$

따라서 다음과 같은 곱셈 공식을 얻을 수 있다.

▶ 도형으로 이해하는
곱셈 공식

→ $(x+a)(x+b)$
$=x^2+ax+bx+ab$
$=x^2+(a+b)x+ab$

$$(x+a)(x+b)=x^2+\underset{\text{합}}{(a+b)}x+\underset{\text{곱}}{ab}$$

위의 공식을 이용하여 $(x+1)(x+2)$를 전개해 보면 다음과 같다.

$$(x+1)(x+2)=x^2+\underset{\text{합}}{(1+2)}x+\underset{\text{곱}}{1\times2}$$
$$=x^2+3x+2$$

❤ 다음 식을 전개해 보자.

(1) $(x+5)(x+3)=x^2+(\square+3)x+5\times\square=x^2+\square x+\square$

(2) $(a-1)(a+6)=a^2+(-1+\square)a+(\square)\times6=a^2+\square a-\square$

답 (1) 5, 3, 8, 15 (2) 6, -1, 5, 6

•• $(ax+b)(cx+d)$를 전개하면 어떻게 될까?

분배법칙을 이용하여 $(ax+b)(cx+d)$를 전개해 보자.

헉! 문자가
너무 많아..

$$(ax+b)(cx+d)=acx^2+adx+bcx+bd$$
동류항끼리 모으기
$$=acx^2+(ad+bc)x+bd$$

따라서 다음과 같은 곱셈 공식을 얻을 수 있다.

$$(ax+b)(cx+d)=acx^2+(ad+bc)x+bd$$

x의 계수의 곱 　　　곱의 합 　　　상수항의 곱

▶ 도형으로 이해하는
곱셈 공식

$\rightarrow (ax+b)(cx+d)$
$=acx^2+adx+bcx$
　　　　　$+bd$
$=acx^2+(ad+bc)x$
　　　　　$+bd$

위의 공식을 이용하여 $(2x+1)(3x+4)$를 전개해 보면 다음과 같다.

$$(2x+1)(3x+4)=(2\times3)x^2+(2\times4+1\times3)x+1\times4$$

x의 계수의 곱 　　　곱의 합 　　　상수항의 곱

$$=6x^2+11x+4$$

다음 식을 전개해 보자.

(1) $(4x+5)(2x+3)=(4\times\square)x^2+(4\times\square+5\times\square)x+5\times\square$

$\quad\quad\quad\quad\quad\quad\quad=\square x^2+\square x+\square$

(2) $(3a+2)(7a-1)=(\square\times7)a^2+\{\square\times(-1)+2\times\square\}a+\square\times(-1)$

$\quad\quad\quad\quad\quad\quad\quad=\square a^2+\square a-\square$

답 (1) 2, 3, 2, 3, 8, 22, 15 (2) 3, 3, 7, 2, 21, 11, 2

공식이 생각나지
않을 때는 분배법칙을
이용해서 전개한 후에
정리하면 돼~

회색 글씨를
따라 쓰면서
개념을 정리해 보자!

꽉 잡아, 개념!

곱셈 공식

(1) $(a+b)^2=\boxed{a^2+2ab+b^2}$ ⟵ 합의 제곱

$\quad\ (a-b)^2=\boxed{a^2-2ab+b^2}$ ⟵ 차의 제곱

(2) $(a+b)(a-b)=\boxed{a^2-b^2}$ ⟵ 합과 차의 곱

(3) $(x+a)(x+b)=\boxed{x^2+(a+b)x+ab}$ ⟵ x의 계수가 1인 두 일차식의 곱

(4) $(ax+b)(cx+d)=\boxed{acx^2+(ad+bc)x+bd}$ ⟵ x의 계수가 1이 아닌 두 일차식의 곱

1 다음 식을 전개하시오.

(1) $(a+5)^2$ (2) $(2x-y)^2$

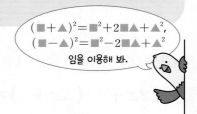

$(\blacksquare+\blacktriangle)^2=\blacksquare^2+2\blacksquare\blacktriangle+\blacktriangle^2$,
$(\blacksquare-\blacktriangle)^2=\blacksquare^2-2\blacksquare\blacktriangle+\blacktriangle^2$
임을 이용해 봐.

풀이 (1) $(a+5)^2=a^2+2\times a\times5+5^2$
$\qquad\qquad=a^2+10a+25$
(2) $(2x-y)^2=(2x)^2-2\times2x\times y+y^2$
$\qquad\qquad=4x^2-4xy+y^2$

답 (1) $a^2+10a+25$ (2) $4x^2-4xy+y^2$

1-1 다음 식을 전개하시오.

(1) $(a+8)^2$ (2) $(4x-1)^2$

(3) $(3a+2b)^2$ (4) $(-x+6y)^2$

2 다음 식을 전개하시오.

(1) $(3a+1)(3a-1)$ (2) $(-x+2y)(-x-2y)$

$(\blacksquare+\blacktriangle)(\blacksquare-\blacktriangle)=\blacksquare^2-\blacktriangle^2$
임을 이용해 봐.

풀이 (1) $(3a+1)(3a-1)=(3a)^2-1^2$
$\qquad\qquad\qquad=9a^2-1$
(2) $(-x+2y)(-x-2y)=(-x)^2-(2y)^2$
$\qquad\qquad\qquad\qquad=x^2-4y^2$

답 (1) $9a^2-1$ (2) x^2-4y^2

2-1 다음 식을 전개하시오.

(1) $(a+9)(a-9)$ (2) $\left(x+\dfrac{4}{5}\right)\left(x-\dfrac{4}{5}\right)$

(3) $(-7a+b)(-7a-b)$ (4) $(2x+3y)(-2x+3y)$

다음 식을 전개하시오.

(1) $(x+4)(x-6)$ (2) $(a+b)(a+5b)$

$(x+\blacksquare)(x+\blacktriangle)$
$=x^2+(\blacksquare+\blacktriangle)x+\blacksquare\blacktriangle$
임을 이용해 봐.

✎ 풀이 (1) $(x+4)(x-6)=x^2+\{4+(-6)\}x+4\times(-6)$
$=x^2-2x-24$

(2) $(a+b)(a+5b)=a^2+(b+5b)a+b\times5b$
$=a^2+6ab+5b^2$

📖 (1) $x^2-2x-24$ (2) $a^2+6ab+5b^2$

3-1 다음 식을 전개하시오.

(1) $(x+7)(x+1)$ (2) $(a-2)(a+9)$

(3) $(x+2y)(x-3y)$ (4) $\left(a-\dfrac{1}{8}b\right)\left(a-\dfrac{1}{4}b\right)$

 다음 식을 전개하시오.

(1) $(2x-5)(3x+2)$ (2) $(3a-b)(a-4b)$

✎ 풀이 (1) $(2x-5)(3x+2)=(2\times3)x^2+\{2\times2+(-5)\times3\}x+(-5)\times2$
$=6x^2-11x-10$

(2) $(3a-b)(a-4b)=(3\times1)a^2+\{3\times(-4b)+(-b)\times1\}a+(-b)\times(-4b)$
$=3a^2-13ab+4b^2$

$(\bullet x+\blacksquare)(\blacklozenge x+\blacktriangle)$
$=\bullet\blacklozenge x^2+(\bullet\blacktriangle+\blacksquare\blacklozenge)x+\blacksquare\blacktriangle$
임을 이용해 봐.

📖 (1) $6x^2-11x-10$ (2) $3a^2-13ab+4b^2$

4-1 다음 식을 전개하시오.

(1) $(5x+1)(4x+3)$ (2) $(a+6)(2a-7)$

(3) $(4x-9y)(x+2y)$ (4) $(5a-3b)(3a-2b)$

16

곱셈 공식의 응용

•• 곱셈 공식을 이용하여 수를 계산해 볼까?

수의 계산을 할 때, 곱셈 공식을 이용하면 편리한 경우가 있다.
다음을 통해 그 경우를 확인해 보자.

(1) **수의 제곱의 계산**

곱셈 공식 $(a+b)^2=a^2+2ab+b^2$ 또는 $(a-b)^2=a^2-2ab+b^2$을 이용한다.

▶ 곱셈 공식의 문자에 들어갈 값은 계산이 편리한 수로 정한다.

$$51^2=(50+1)^2=50^2+2\times50\times1+1^2=2601$$

$$49^2=(50-1)^2=50^2-2\times50\times1+1^2=2401$$

(2) **두 수의 곱의 계산**

곱셈 공식 $(a+b)(a-b)=a^2-b^2$ 또는 $(x+a)(x+b)=x^2+(a+b)x+ab$를
이용한다.

$$51\times49=(50+1)(50-1)=50^2-1^2=2499$$

$$51\times53=(50+1)(50+3)$$
$$=50^2+(1+3)\times50+1\times3=2703$$

💙 곱셈 공식을 이용하여 다음을 계산해 보자.

(1) $99^2 = (100 - \boxed{})^2 = 100^2 - 2 \times \boxed{} \times 1 + \boxed{}^2 = \boxed{}$

(2) $101 \times 102 = (100 + \boxed{})(100 + 2)$

$= 100^2 + (\boxed{} + 2) \times 100 + 1 \times \boxed{} = \boxed{}$

답 (1) 1, 100, 1, 9801 (2) 1, 1, 2, 10302

●● 곱셈 공식을 이용하여 근호를 포함한 식을 계산해 볼까?

근호를 포함한 식을 계산할 때도 곱셈 공식을 이용하면 편리한 경우가 있다.

(1) **근호를 포함한 식의 계산**

제곱근을 문자로 생각하고 곱셈 공식을 이용한다.

$$\underset{(a+b)^2}{(\sqrt{2}+\sqrt{3})^2} \underset{=}{=} \underset{a^2}{(\sqrt{2})^2} + \underset{2ab}{2 \times \sqrt{2} \times \sqrt{3}} + \underset{b^2}{(\sqrt{3})^2} = 5 + 2\sqrt{6}$$

$$\underset{(a+b)(a-b)}{(\sqrt{2}+\sqrt{3})(\sqrt{2}-\sqrt{3})} \underset{=}{=} \underset{a^2}{(\sqrt{2})^2} - \underset{b^2}{(\sqrt{3})^2} = -1$$

> $\sqrt{2}$를 a, $\sqrt{3}$을 b로 놓으면 어떤 곱셈 공식을 이용해야 할지 더 잘 보일 거야~

(2) **분모의 유리화**

$\dfrac{1}{\sqrt{3}+\sqrt{2}}$, $\dfrac{2}{\sqrt{5}-\sqrt{3}}$와 같이 분모에 근호를 포함한 식이 있으면서 그 식이 $a+b$ 또는 $a-b$ 꼴인 경우에는 곱셈 공식 $(a+b)(a-b) = a^2 - b^2$을 이용하여 분모를 유리화한다.

▶ **분모의 유리화**
분모에 근호를 포함한 무리수가 있을 때, 분모와 분자에 0이 아닌 같은 수를 각각 곱하여 분모를 유리수로 고치는 것

$$\dfrac{1}{\sqrt{3}+\sqrt{2}} = \dfrac{1 \times (\sqrt{3}-\sqrt{2})}{(\sqrt{3}+\sqrt{2})(\sqrt{3}-\sqrt{2})}$$
← 분모와 분자에 각각 $\sqrt{3}-\sqrt{2}$를 곱한다.

부호 반대

$$= \dfrac{\sqrt{3}-\sqrt{2}}{(\sqrt{3})^2 - (\sqrt{2})^2}$$
← 곱셈 공식 $(a+b)(a-b) = a^2 - b^2$을 이용한다.

$$= \dfrac{\sqrt{3}-\sqrt{2}}{3-2}$$
← 유리수

$$= \sqrt{3}-\sqrt{2}$$

▶ 분모를 유리화할 때, 분모에 따라 분모와 분자에 곱해야 할 수를 표로 나타내면 다음과 같다.

분모	분모, 분자에 곱해야 할 수
$a+\sqrt{b}$	$a-\sqrt{b}$
$a-\sqrt{b}$	$a+\sqrt{b}$
$\sqrt{a}+\sqrt{b}$	$\sqrt{a}-\sqrt{b}$
$\sqrt{a}-\sqrt{b}$	$\sqrt{a}+\sqrt{b}$

부호 반대

따라서 a, b $(a \neq b)$는 양의 유리수이고 c는 실수일 때, 다음과 같이 분모를 유리화할 수 있다.

$$\frac{c}{\sqrt{a}+\sqrt{b}} = \frac{c(\sqrt{a}-\sqrt{b})}{(\sqrt{a}+\sqrt{b})(\sqrt{a}-\sqrt{b})} = \frac{c\sqrt{a}-c\sqrt{b}}{a-b}$$

부호 반대

💙 곱셈 공식을 이용하여 다음 ☐ 안에 알맞은 수를 써넣어 보자.

(1) $(4+\sqrt{5})(4-\sqrt{5}) = \boxed{}^2 - (\boxed{})^2 = \boxed{}$

(2) $\dfrac{1}{\sqrt{7}-\sqrt{2}} = \dfrac{1 \times (\sqrt{7} + \boxed{❶})}{(\sqrt{7}-\sqrt{2})(\sqrt{7}+\boxed{❷})} = \dfrac{\sqrt{7}+\boxed{❸}}{7-\boxed{❹}} = \dfrac{\sqrt{7}+\boxed{❺}}{\boxed{❻}}$

답 (1) $4, \sqrt{5}, 11$　(2) ❶ $\sqrt{2}$　❷ $\sqrt{2}$　❸ $\sqrt{2}$　❹ 2　❺ $\sqrt{2}$　❻ 5

•• 곱셈 공식을 변형하여 식의 값을 구해 볼까?

곱셈 공식 $(a+b)^2 = a^2 + 2ab + b^2$, $(a-b)^2 = a^2 - 2ab + b^2$을 이용하여 $a^2 + b^2$의 값을 구해 보자.

각 식의 우변에 있는 $+2ab$, $-2ab$를 각각 이항하면 다음과 같은 식을 얻을 수 있다.

$$(a+b)^2 = a^2 + 2ab + b^2 \qquad (a-b)^2 = a^2 - 2ab + b^2$$

↓ $+2ab$를 이항하면　　　↓ $-2ab$를 이항하면

$$a^2 + b^2 = (a+b)^2 - 2ab \qquad a^2 + b^2 = (a-b)^2 + 2ab$$

▶ 두 수의 합과 곱 또는 두 수의 차와 곱이 주어지면 두 수의 제곱의 합을 구할 수 있다.

따라서 $a+b$와 ab의 값 또는 $a-b$와 ab의 값을 안다면 위의 식을 이용하여 $a^2 + b^2$의 값을 구할 수 있다.

또한, 위의 두 식 $a^2 + b^2 = (a+b)^2 - 2ab$, $a^2 + b^2 = (a-b)^2 + 2ab$에서

$$(a+b)^2 - 2ab = (a-b)^2 + 2ab$$

이므로 각 변에 있는 $-2ab$, $+2ab$를 이항하면 다음과 같은 식도 얻을 수 있다.

$$(a+b)^2 - 2ab = (a-b)^2 + 2ab$$

$-2ab$를 이항하면 $+2ab$를 이항하면

$$(a+b)^2 = (a-b)^2 + 4ab$$ $$(a-b)^2 = (a+b)^2 - 4ab$$

변형한 식에서
또 다른 식이
나오다니...

따라서 $a+b$, $a-b$, ab 중 어느 두 값을 안다면 위의 식을 이용하여 나머지 한 값도 구할 수 있다.

▶ 두 수의 합, 차, 곱 중 어느 두 값이 주어지면 나머지 한 값도 구할 수 있다.

$a+b=3$, $ab=1$일 때, a^2+b^2, $(a-b)^2$의 값을 각각 구해 보자.

$$a^2+b^2 = (a+b)^2 - 2ab = 3^2 - 2 \times 1 = 7$$
$$(a-b)^2 = (a+b)^2 - 4ab = 3^2 - 4 \times 1 = 5$$

 $a-b=2$, $ab=5$일 때, 다음 식의 값을 구해 보자.

(1) $a^2+b^2 = (a-b)^2 + \square\,ab = 2^2 + \square \times 5 = \square$

(2) $(a+b)^2 = (a-b)^2 + \square\,ab = 2^2 + \square \times 5 = \square$

답 (1) 2, 2, 14   (2) 4, 4, 24

회색 글씨를
따라 쓰면서
개념을 정리해 보자!

꽉 잡아, 개념!

(1) 곱셈 공식을 이용한 수의 계산

① 수의 제곱의 계산: 곱셈 공식 $(a+b)^2 = a^2 + 2ab + b^2$ 또는 $(a-b)^2 = a^2 - 2ab + b^2$을 이용한다.

② 두 수의 곱의 계산: 곱셈 공식 $(a+b)(a-b) = a^2 - b^2$ 또는 $(x+a)(x+b) = x^2 + (a+b)x + ab$를 이용한다.

(2) 곱셈 공식을 이용한 근호를 포함한 식의 계산

① 근호를 포함한 식의 계산: 제곱근을 문자로 생각 하고 곱셈 공식을 이용한다.

② 분모의 유리화: a, b $(a \neq b)$는 양의 유리수이고 c는 실수일 때,

$$\frac{c}{\sqrt{a}+\sqrt{b}} = \frac{c(\sqrt{a}-\sqrt{b})}{(\sqrt{a}+\sqrt{b})(\sqrt{a}-\sqrt{b})} = \frac{c\sqrt{a}-c\sqrt{b}}{a-b}$$

(3) 곱셈 공식의 변형

① $a^2+b^2 = \boxed{(a+b)^2 - 2ab}$, $a^2+b^2 = \boxed{(a-b)^2 + 2ab}$

② $(a+b)^2 = \boxed{(a-b)^2 + 4ab}$, $(a-b)^2 = \boxed{(a+b)^2 - 4ab}$

 곱셈 공식을 이용하여 다음을 계산하시오.

(1) 102^2

(2) 9.8^2

(3) 52×48

(4) 99×97

먼저 주어진 수를 곱셈 공식을 이용하기 편한 형태로 바꿔 봐.

✏️ 풀이   (1) $102^2 = (100+2)^2 = 100^2 + 2 \times 100 \times 2 + 2^2 = 10404$

(2) $9.8^2 = (10-0.2)^2 = 10^2 - 2 \times 10 \times 0.2 + 0.2^2 = 96.04$

(3) $52 \times 48 = (50+2)(50-2) = 50^2 - 2^2 = 2496$

(4) $99 \times 97 = (100-1)(100-3)$

$= 100^2 + \{-1 + (-3)\} \times 100 + (-1) \times (-3)$

$= 9603$

📋 (1) **10404**   (2) **96.04**   (3) **2496**   (4) **9603**

1-1 곱셈 공식을 이용하여 다음을 계산하시오.

(1) 105^2

(2) 199^2

(3) 9.7×10.3

(4) 65×56

2 곱셈 공식을 이용하여 다음을 계산하시오.

(1) $(\sqrt{6}+\sqrt{5})^2$

(2) $(\sqrt{7}+3)(\sqrt{7}-3)$

제곱근을 문자로 생각해 봐.

✏️ 풀이   (1) $(\sqrt{6}+\sqrt{5})^2 = (\sqrt{6})^2 + 2 \times \sqrt{6} \times \sqrt{5} + (\sqrt{5})^2 = 11 + 2\sqrt{30}$

(2) $(\sqrt{7}+3)(\sqrt{7}-3) = (\sqrt{7})^2 - 3^2 = -2$

📋 (1) $11 + 2\sqrt{30}$ (2) -2

2-1 곱셈 공식을 이용하여 다음을 계산하시오.

(1) $(\sqrt{3}+5)^2$

(2) $(\sqrt{5}-\sqrt{2})^2$

(3) $(2\sqrt{5}+\sqrt{11})(2\sqrt{5}-\sqrt{11})$

(4) $(\sqrt{6}+1)(\sqrt{6}+4)$

3 다음 수의 분모를 유리화하시오.

(1) $\dfrac{1}{4+\sqrt{3}}$

(2) $\dfrac{2}{3-\sqrt{2}}$

분모에서 곱셈 공식 $(a+b)(a-b)=a^2-b^2$ 을 이용할 수 있도록 분모와 분자에 0이 아닌 적당한 수를 각각 곱해 봐.

✏️ 풀이 (1) $\dfrac{1}{4+\sqrt{3}}=\dfrac{4-\sqrt{3}}{(4+\sqrt{3})(4-\sqrt{3})}=\dfrac{4-\sqrt{3}}{16-3}=\dfrac{4-\sqrt{3}}{13}$

(2) $\dfrac{2}{3-\sqrt{2}}=\dfrac{2(3+\sqrt{2})}{(3-\sqrt{2})(3+\sqrt{2})}=\dfrac{6+2\sqrt{2}}{9-2}=\dfrac{6+2\sqrt{2}}{7}$

답 (1) $\dfrac{4-\sqrt{3}}{13}$ (2) $\dfrac{6+2\sqrt{2}}{7}$

3-1 다음 수의 분모를 유리화하시오.

(1) $\dfrac{1}{\sqrt{2}+1}$

(2) $\dfrac{3}{2\sqrt{2}-\sqrt{5}}$

(3) $\dfrac{\sqrt{7}-2}{\sqrt{7}+2}$

(4) $\dfrac{\sqrt{5}+\sqrt{3}}{\sqrt{5}-\sqrt{3}}$

4 $x+y=7$, $xy=11$일 때, 다음 식의 값을 구하시오.

(1) x^2+y^2

(2) $(x-y)^2$

곱셈 공식을 변형해서 계산해 봐.

✏️ 풀이 (1) $x^2+y^2=(x+y)^2-2xy=7^2-2\times11=27$

(2) $(x-y)^2=(x+y)^2-4xy=7^2-4\times11=5$

답 (1) 27 (2) 5

4-1 $a-b=-2$, $ab=9$일 때, 다음 식의 값을 구하시오.

(1) a^2+b^2

(2) $(a+b)^2$

GO!!
시작해 보자~

6
인수분해

#인수분해

#인수의 곱 #공통인수

#완전제곱식 #인수분해 공식

#곱셈 공식 반대

▶ 정답 및 풀이 11쪽

● 다음 그림이 의미하는 단어는 무엇일까?

아래의 문제에서 □ 안에 들어갈 알맞은 수를 출발점으로 하고 사다리 타기를 하여 그림이 나타내는 단어를 찾아보자.

(1) $70 = 2 \times \square \times 7$　　(2) $54 = 2 \times 3^{\square}$　　(3) $450 = 2 \times 3^2 \times 5^{\square}$

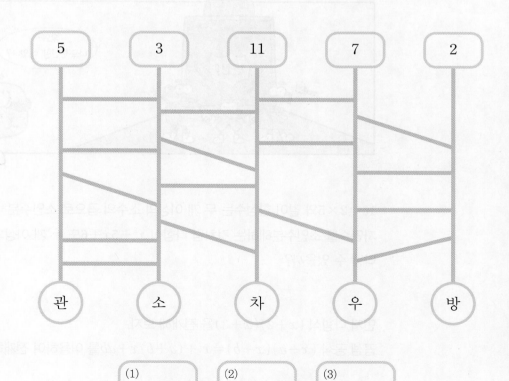

(1)　　(2)　　(3)

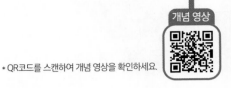
17
인수분해

•• 하나의 다항식을 여러 개의 다항식의 곱으로 나타낼 수 있을까?

$10=2\times5$와 같이 합성수는 두 개 이상의 소수의 곱으로 소인수분해할 수 있다.

자연수를 소인수분해하는 것처럼 다항식 x^2+5x+6도 두 개 이상의 다항식의 곱으로 나타낼 수 있을까?

먼저 다항식 $(x+2)(x+3)$을 전개해 보자.

곱셈 공식 $(x+a)(x+b)=x^2+(a+b)x+ab$를 이용하여 전개하면 다음과 같다.

$$(x+2)(x+3)=x^2+5x+6$$

이때 등식의 좌변과 우변을 서로 바꾸면

$$x^2+5x+6=(x+2)(x+3)$$

이 된다.

즉, 다항식 x^2+5x+6은 두 다항식 $x+2$와 $x+3$의 곱으로 나타낼 수 있다.

이와 같이 하나의 다항식을 두 개 이상의 다항식의 곱으로 나타낼 때, 각각의 식을 처음 다항식의 **인수**라 한다.

예를 들면 위의 식에서 $x+2$와 $x+3$은 다항식 x^2+5x+6의 인수이다.

또, 하나의 다항식을 두 개 이상의 인수의 곱으로 나타내는 것을 **인수분해**한다고 한다.

▶ 모든 다항식에서 1과 자기 자신은 그 다항식의 인수이다.
→ 다항식 x^2+5x+6의 인수는 1, $x+2$, $x+3$, $(x+2)(x+3)$이다.

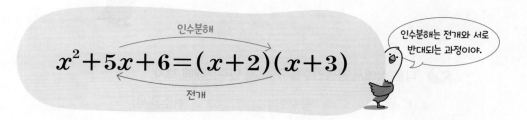

인수분해는 전개와 서로 반대되는 과정이야.

다음 식은 어떤 다항식을 인수분해한 것인지 구해 보자.

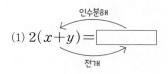

(1) $2(x+y)=$

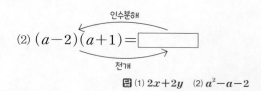

(2) $(a-2)(a+1)=$

답 (1) $2x+2y$ (2) a^2-a-2

●● 공통으로 들어 있는 인수를 이용하여 인수분해해 볼까?

다항식의 각 항에 공통으로 들어 있는 인수를 공통인수라 한다. 다항식에 공통인수가 있으면 분배법칙을 이용하여 공통인수로 묶어 내어 인수분해한다.

예를 들어, 다항식 $ma+mb$는 다음과 같이 인수분해할 수 있다.

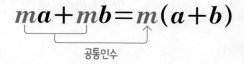

$$ma+mb=m(a+b)$$

공통인수

공통인수 m으로 묶어내면 돼.

참고로, 다항식을 인수분해할 때는 괄호 안에 공통인수가 남지 않도록 모두 묶어 내야 한다.

$$2x^2 + 2x = 2(x^2 + x)$$

공통인수 x가 남아 있어.

$$2x^2 + 2x = x(2x + 2)$$

공통인수 2가 남아 있어.

$$2x^2 + 2x = 2x(x + 1)$$

공통인수가 남아 있지 않아.

✔ 다음 식에서 공통인수를 구하고, 인수분해해 보자.

(1) $a^2 + 7a$ ⇨ 공통인수: _____, 인수분해: _____

(2) $3xy - 6y$ ⇨ 공통인수: _____, 인수분해: _____

🔖 (1) a, $a(a+7)$ (2) $3y$, $3y(x-2)$

회색 글씨를 따라 쓰면서 개념을 정리해 보자!

꽉 잡아, 개념!

(1) **인수분해**

① 인수: 하나의 다항식을 두 개 이상의 다항식의 곱으로 나타낼 때, 각각의 식을 처음 다항식의 인수 라 한다.

② 인수분해: 하나의 다항식을 두 개 이상의 인수의 곱 으로 나타내는 것을 인수분해 한다고 한다.

(2) **공통인수를 이용한 인수분해**

① 공통인수: 다항식의 각 항에 공통으로 들어 있는 인수

② 다항식에 공통인수가 있으면 분배법칙을 이용하여 공통인수로 묶어 내어 인수분해한다.

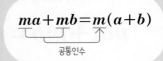

$$ma + mb = m(a + b)$$

공통인수

▶ 정답 및 풀이 11쪽

1 다음 중 다항식 $x(x-y)$의 인수가 <u>아닌</u> 것을 모두 고르면? (정답 2개)

① x ② y ③ x^2

④ $x-y$ ⑤ $x(x-y)$

✎ **풀이** 다항식 $x(x-y)$의 인수는 1, x, $x-y$, $x(x-y)$이다.
따라서 인수가 아닌 것은 ② y, ③ x^2이다.

답 ②, ③

1-1 다음 보기 중 다항식 $a(b+1)(b+3)$의 인수를 모두 고르시오.

┤ 보기 ├
a, b, $a(b+1)$, $b(b+3)$, $(b+1)(b+3)$

2 다음 식을 인수분해하시오.

(1) $4x^2 - 12xy$ (2) $ab - 2ac + 5a$

✎ **풀이** (1) $4x^2 - 12xy = 4x \times x + 4x \times (-3y)$
$\qquad\qquad\qquad\quad = 4x(x-3y)$
(2) $ab - 2ac + 5a = a \times b + a \times (-2c) + a \times 5$
$\qquad\qquad\qquad\quad = a(b-2c+5)$

공통인수로 묶어 봐.

답 (1) $4x(x-3y)$ (2) $a(b-2c+5)$

2-1 다음 식을 인수분해하시오.

(1) $3x^2 + 10x$ (2) $2ab^2 - 8b^2$

(3) $xy + 7x^2y - xy^2$ (4) $9a^2b - 15ab^2 - 6ab$

18
인수분해 공식 (1)

*QR코드를 스캔하여 개념 영상을 확인하세요.

•• $a^2+2ab+b^2$, $a^2-2ab+b^2$은 어떻게 인수분해할까?

우리는 '개념 **17**'에서 인수분해는 전개와 서로 반대되는 과정임을 배웠다.

따라서 '개념 **15**'에서 배운 곱셈 공식의 좌변과 우변을 서로 바꾸면 인수분해 공식을 얻을 수 있음을 생각할 수 있다.

그렇다면 두 다항식 $a^2+2ab+b^2$, $a^2-2ab+b^2$을 인수분해하면 어떻게 될까?

곱셈 공식

$$(a+b)^2 = a^2+2ab+b^2,$$
$$(a-b)^2 = a^2-2ab+b^2$$

에서 좌변과 우변을 서로 바꾸면 다음과 같은 인수분해 공식을 얻을 수 있다.

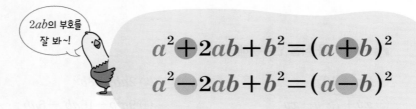

$$a^2+2ab+b^2=(a+b)^2$$
$$a^2-2ab+b^2=(a-b)^2$$

앞의 공식을 이용하여 두 다항식 x^2+2x+1, x^2-6x+9를 각각 인수분해해 보면 다음과 같다.

$$x^2 \boldsymbol{+} 2x+1 = x^2 \boldsymbol{+} 2 \times x \times 1 + 1^2 = (x \boldsymbol{+} 1)^2$$

$$x^2 \boldsymbol{-} 6x+9 = x^2 \boldsymbol{-} 2 \times x \times 3 + 3^2 = (x \boldsymbol{-} 3)^2$$

한편, $(x+1)^2$, $(5a-b)^2$, $2(3x+4y)^2$과 같이 **다항식의 제곱으로 된 식 또는 이 식에 수를 곱한 식을 완전제곱식**이라 한다.

이때 이차식 x^2+Ax+B $(B>0)$가 완전제곱식이 되기 위해서는 어떠한 조건이 필요하다. 인수분해 공식 $a^2+2ab+b^2=(a+b)^2$, $a^2-2ab+b^2=(a-b)^2$을 이용하여 이차식 x^2+Ax+B $(B>0)$가 완전제곱식이 되기 위해서 필요한 조건은 무엇인지 알아보자.

좋아~ 알려줘 봐.

x^2+Ax+B가 완전제곱식이 될 조건

$$\cdot\, x^2+Ax+B = x^2 + 2 \times \underset{제곱}{x} \times \underset{제곱}{\frac{A}{2}} + B$$

$$\therefore B = \left(\frac{A}{2}\right)^2$$

$$\cdot\, x^2+Ax+B = x^2 + \underset{곱의 2배}{Ax} + (\pm\sqrt{B})^2$$

$$\therefore A = 2 \times (\pm\sqrt{B}) = \pm 2\sqrt{B}$$

예로 확인하기

$$x^2+4x+B = x^2 + 2 \times \underset{제곱}{x} \times \underset{제곱}{2} + B$$

$$\therefore B = 2^2 = 4 \rightarrow (x+2)^2 : \text{완전제곱식}$$

$$x^2+Ax+16 = x^2 + \underset{곱의 2배}{Ax} + (\pm 4)^2$$

$$\therefore A = 2 \times (\pm 4) = \pm 8$$

$$\rightarrow (x\pm 4)^2 : \text{완전제곱식}$$

x의 계수를 구할 때는 양수인 경우와 음수인 경우를 모두 생각해야 해.

💙 **다음 식을 인수분해해 보자.**

(1) $x^2+10x+25 = x^2 + 2 \times x \times \square + \square^2 = (x+\square)^2$

(2) $a^2-12a+36 = a^2 - 2 \times a \times \square + \square^2 = (a-\square)^2$

📋 (1) 5, 5, 5　(2) 6, 6, 6

•• $a^2 - b^2$은 어떻게 인수분해할까?

곱셈 공식

$$(a+b)(a-b) = a^2 - b^2$$

에서 좌변과 우변을 서로 바꾸면 다음과 같은 인수분해 공식을 얻을 수 있다.

항이 2개이면서 제곱의 차 꼴인 이차식을 인수분해할 때 이용해.

$$\underset{\text{제곱의 차}}{a^2 - b^2} = \underset{\text{합}}{(a+b)}\underset{\text{차}}{(a-b)}$$

위의 공식을 이용하여 다항식 $x^2 - 16$을 인수분해해 보면 다음과 같다.

$$x^2 - 16 = x^2 - 4^2 = (x+4)(x-4)$$

❤️ 다음 식을 인수분해해 보자.

(1) $x^2 - 9 = x^2 - \Box^2 = (x + \Box)(x - \Box)$

(2) $a^2 - \dfrac{1}{4} = a^2 - \left(\Box\right)^2 = \left(a + \Box\right)\left(a - \Box\right)$

답 (1) 3, 3, 3 (2) $\dfrac{1}{2}, \dfrac{1}{2}, \dfrac{1}{2}$

회색 글씨를 따라 쓰면서 개념을 정리해 보자!

꽉 잡아, 개념!

(1) $a^2 + 2ab + b^2$, $a^2 - 2ab + b^2$의 인수분해

① $a^2 + 2ab + b^2 = \boxed{(a+b)^2}$

② $a^2 - 2ab + b^2 = \boxed{(a-b)^2}$

(2) **완전제곱식:** 다항식의 제곱으로 된 식 또는 이 식에 수를 곱한 식

➕참고 $x^2 + ax + b$가 완전제곱식이 되기 위한 조건

① b의 조건: $b = \left(\dfrac{a}{2}\right)^2$ ② a의 조건: $a = \pm 2\sqrt{b}$ (단, $b > 0$)

(3) $a^2 - b^2$의 인수분해

$$a^2 - b^2 = \boxed{(a+b)(a-b)}$$

 다음 식을 인수분해하시오.

(1) $x^2+16x+64$

(2) $a^2-\dfrac{1}{2}a+\dfrac{1}{16}$

(3) $x^2+6xy+9y^2$

(4) $12a^2-12ab+3b^2$

✏️ **풀이** (1) $x^2+16x+64=x^2+2\times x\times 8+8^2$
$=(x+8)^2$

> $\blacksquare^2+2\blacksquare\blacktriangle+\blacktriangle^2=(\blacksquare+\blacktriangle)^2$,
> $\blacksquare^2-2\blacksquare\blacktriangle+\blacktriangle^2=(\blacksquare-\blacktriangle)^2$
> 임을 이용해 봐. 이때 공통인수가 있으면 먼저 공통인수로 묶어낸 후에 인수분해 공식을 이용하면 돼.

(2) $a^2-\dfrac{1}{2}a+\dfrac{1}{16}=a^2-2\times a\times\dfrac{1}{4}+\left(\dfrac{1}{4}\right)^2$
$=\left(a-\dfrac{1}{4}\right)^2$

(3) $x^2+6xy+9y^2=x^2+2\times x\times 3y+(3y)^2$
$=(x+3y)^2$

(4) $12a^2-12ab+3b^2=3(4a^2-4ab+b^2)$
$=3\{(2a)^2-2\times 2a\times b+b^2\}$
$=3(2a-b)^2$

답 (1) $(x+8)^2$ (2) $\left(a-\dfrac{1}{4}\right)^2$ (3) $(x+3y)^2$ (4) $3(2a-b)^2$

①-1 다음 식을 인수분해하시오.

(1) $x^2+14x+49$

(2) $a^2-18a+81$

(3) $x^2+x+\dfrac{1}{4}$

(4) $a^2-\dfrac{8}{3}a+\dfrac{16}{9}$

(5) $x^2+12xy+36y^2$

(6) $a^2-20ab+100b^2$

(7) $81x^2+18x+1$

(8) $64a^2-80a+25$

(9) $32x^2+16xy+2y^2$

(10) $-9a^2+12ab-4b^2$

2 다음 식이 완전제곱식이 되도록 ☐ 안에 알맞은 수를 써넣으시오.

(1) $x^2+18x+\boxed{}$

(2) $a^2+\boxed{}ab+36b^2$

✏️ **풀이** (1) $x^2+18x+\boxed{}=x^2+2\times x\times 9+\boxed{}$ 이므로

$\boxed{}=9^2=81$

(2) $a^2+\boxed{}ab+36b^2=a^2+\boxed{}ab+(6b)^2=(a\pm 6b)^2$ 이므로

$\boxed{}=\pm 2\times 1\times 6=\pm 12$

답 (1) 81 (2) ±12

2-1 다음 식이 완전제곱식이 되도록 ☐ 안에 알맞은 수를 써넣으시오.

(1) $x^2-14x+\boxed{}$

(2) $a^2+6ab+\boxed{}b^2$

(3) $x^2+\boxed{}xy+64y^2$

(4) $25a^2+\boxed{}a+1$

3 다음 식을 인수분해하시오.

(1) x^2-4y^2

(2) $-a^2+\dfrac{1}{36}$

✏️ **풀이** (1) $x^2-4y^2=x^2-(2y)^2=(x+2y)(x-2y)$

(2) $-a^2+\dfrac{1}{36}=\dfrac{1}{36}-a^2=\left(\dfrac{1}{6}\right)^2-a^2=\left(\dfrac{1}{6}+a\right)\left(\dfrac{1}{6}-a\right)$

답 (1) $(x+2y)(x-2y)$ (2) $\left(\dfrac{1}{6}+a\right)\left(\dfrac{1}{6}-a\right)$

3-1 다음 식을 인수분해하시오.

(1) x^2-81

(2) $a^2-\dfrac{9}{25}$

(3) $16x^2-49y^2$

(4) $-64a^2+b^2$

19

* QR코드를 스캔하여 개념 영상을 확인하세요.

인수분해 공식 (2)

•• $x^2+(a+b)x+ab$는 어떻게 인수분해할까?

'개념 18'에서와 같이 곱셈 공식

$$(x+a)(x+b)=x^2+(a+b)x+ab$$

에서 좌변과 우변을 서로 바꾸면 다음과 같은 인수분해 공식을 얻을 수 있다.

$$x^2+\underset{합}{(\underline{a+b})}x+\underset{곱}{\underline{ab}}=(x+a)(x+b)$$

항이 3개이면서 x^2의 계수가 1인 이차식을 인수분해할 때 이용해.

위의 공식을 이용하여 다항식 x^2+3x+2를 인수분해해 보자.

이 다항식은 위의 인수분해 공식에서

$$x^2+(a+b)x+ab$$
$$x^2+\quad 3x\quad +2 \quad \rightarrow \quad a+b=3,\ ab=2$$

인 경우이므로 합이 3이고 곱이 2인 두 정수 a와 b를 찾으면 된다.

오른쪽 표와 같이 곱이 2인 두 정수는

　　1과 2,　－1과 －2

이고, 이 중에서 합이 3인 두 정수는

　　1과 **2**

이다.

곱이 2인 두 정수	두 정수의 합
1, 2	3
－1, －2	－3

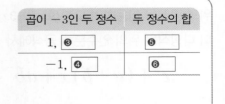

곱부터 찾는 것이 합부터 찾는 것보다 쉬워.

따라서 x^2+3x+2는 다음과 같이 인수분해할 수 있다.

$$x^2+3x+2=(x+\mathbf{1})(x+\mathbf{2})$$

이에 따라 다항식 $x^2+(a+b)x+ab$를 인수분해하는 방법을 정리하면 다음과 같다.

> ❶ 곱해서 상수항 ab가 되는 두 정수를 찾는다.
> ❷ ❶의 두 수 중 합이 x의 계수 $a+b$가 되는 두 정수 a, b를 찾는다.
> ❸ $(x+a)(x+b)$ 꼴로 나타낸다.

＋참고 $x^2+(a+b)x+ab$는 다음과 같은 방법으로 인수분해할 수도 있다.

이 방법은 다음 인수분해 공식을 공부하고 나면 이해하기 더 쉬울 거야.

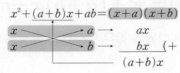

이 다항식 x^2-2x-3을 인수분해해 보자.

곱이 －3인 두 정수는

　　1과 ❶ ⬚ ,　－1과 ❷ ⬚

이고, 이 중에서 합이 －2인 두 정수는

1과 ❼ ⬚ 이다.

⇨ $x^2-2x-3=(x+\boxed{❽})(x-\boxed{❾})$

곱이 －3인 두 정수	두 정수의 합
1, ❸ ⬚	❺ ⬚
－1, ❹ ⬚	❻ ⬚

답 ❶ －3　❷ 3　❸ －3　❹ 3　❺ －2　❻ 2　❼ －3　❽ 1　❾ 3

•• $acx^2+(ad+bc)x+bd$는 어떻게 인수분해할까?

곱셈 공식

$$(ax+b)(cx+d)=acx^2+(ad+bc)x+bd$$

에서 좌변과 우변을 서로 바꾸면 다음과 같은 인수분해 공식을 얻을 수 있다.

$$acx^2+(ad+bc)x+bd=(ax+b)(cx+d)$$

> 항이 3개이면서 x^2의 계수가 1이 아닌 이차식을 인수분해할 때 이용해.

위의 공식을 이용하여 다항식 $2x^2+7x+3$을 인수분해해 보자.

이 다항식은 위의 인수분해 공식에서

$$
\begin{array}{ccc}
acx^2 & +(ad+bc)x & +bd \\
\downarrow & \downarrow & \downarrow \\
2x^2 & +7x & +3
\end{array}
\quad \rightarrow \quad ac=2,\ ad+bc=7,\ bd=3
$$

인 경우이므로 이를 만족하는 네 정수 a, b, c, d를 찾으면 된다.

먼저 $ac=2$인 두 양의 정수 a, c와 $bd=3$인 두 정수 b, d를 찾아 오른쪽 그림과 같이 나타내어 보자.

$$
\begin{array}{ccc}
a & \diagdown b & \longrightarrow bc \\
c & \diagup d & \longrightarrow \underline{ad} \\
& & ad+bc
\end{array}
$$

▶ $ac>0$이면 보통 a, c는 양의 정수로 생각하고, $ac<0$이면 -1로 묶어 낸 후 인수분해한다.

ㄱ)
$$
\begin{array}{ccc}
1 & \diagdown 1 & \longrightarrow 2 \\
2 & \diagup 3 & \longrightarrow \underline{3} \\
& & 5
\end{array}
$$

ㄴ)
$$
\begin{array}{ccc}
1 & \diagdown -1 & \longrightarrow -2 \\
2 & \diagup -3 & \longrightarrow \underline{-3} \\
& & -5
\end{array}
$$

ㄷ)
$$
\begin{array}{ccc}
1 & \diagdown 3 & \longrightarrow 6 \\
2 & \diagup 1 & \longrightarrow \underline{1} \\
& & 7
\end{array}
$$

ㄹ)
$$
\begin{array}{ccc}
1 & \diagdown -3 & \longrightarrow -6 \\
2 & \diagup -1 & \longrightarrow \underline{-1} \\
& & -7
\end{array}
$$

위의 4가지 경우 중에서 $ad+bc=7$을 만족하는 것은 ㄷ)이므로 주어진 조건을 만족하는 네 정수는

$$a=1, \quad b=3, \quad c=2, \quad d=1$$

임을 알 수 있다.

따라서 $2x^2+7x+3$은 다음과 같이 인수분해할 수 있다.

$$2x^2+7x+3=(x+3)(2x+1)$$

$a=1$은 생략

이에 따라 다항식 $acx^2+(ad+bc)x+bd$를 인수분해하는 방법을 정리하면 다음과 같다.

❶ 곱해서 이차항 acx^2이 되는 두 식 ax, cx (a, c는 양의 정수)를 세로로 나열한다.

❷ 곱해서 상수항 bd가 되는 두 정수 b, d를 세로로 나열한다.

❸ ❶, ❷를 대각선 방향으로 곱해서 더한 값이 일차항 $(ad+bc)x$가 되는 네 정수 a, b, c, d를 찾는다.

❹ $(ax+b)(cx+d)$ 꼴로 나타낸다.

식을 쓸 때는 대각선 방향이 아니라 가로 방향으로 쓰는 거구나!

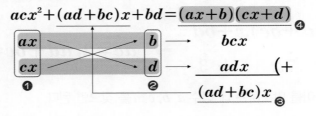

다항식 $2x^2+9x+10$을 인수분해해 보자.

$$2x^2+9x+10=(x+\boxed{❸})(2x+\boxed{❹})$$

x 2 $4x$

$2x$ $\boxed{❶}$ $\boxed{❷}$ (+

           $9x$

답 ❶ 5 ❷ 5x ❸ 2 ❹ 5

회색 글씨를 따라 쓰면서 개념을 정리해 보자!

꽉 잡아, 개념!

(1) $x^2+(a+b)x+ab$의 인수분해

$$x^2+(a+b)x+ab=\boxed{(x+a)(x+b)}$$

(2) $acx^2+(ad+bc)x+bd$의 인수분해

$$acx^2+(ad+bc)x+bd=\boxed{(ax+b)(cx+d)}$$

▶ 정답 및 풀이 12쪽

1 다음 식을 인수분해하시오.

(1) $x^2 + 2x - 8$　　　　　　(2) $x^2 - 6xy + 5y^2$

✎ 풀이 　(1) 곱이 -8이고, 합이 2인 두 정수는 -2, 4이므로

$$x^2 + 2x - 8 = (x-2)(x+4)$$

(2) 곱이 5이고, 합이 -6인 두 정수는 -1, -5이므로

$$x^2 - 6xy + 5y^2 = (x-y)(x-5y)$$

$x^2 + (\blacksquare + \blacktriangle)x + \blacksquare\blacktriangle$
$= (x+\blacksquare)(x+\blacktriangle)$
임을 이용해 봐.

답 (1) $(x-2)(x+4)$　(2) $(x-y)(x-5y)$

1-1 다음 식을 인수분해하시오.

(1) $x^2 + 10x + 9$　　　　　(2) $x^2 - 5x - 14$

(3) $x^2 + 3xy - 18y^2$　　　　(4) $x^2 - 12xy + 32y^2$

2 다음 식을 인수분해하시오.

(1) $6x^2 - 5x - 4$　　　　　　(2) $7x^2 - 9xy + 2y^2$

✎ 풀이 　(1) $6x^2 - 5x - 4 = (2x+1)(3x-4)$

$2x \diagdown 1 \longrightarrow 3x$
$3x \diagup -4 \longrightarrow -8x \ (+$
$\overline{\hphantom{-8x} -5x}$

(2) $7x^2 - 9xy + 2y^2 = (x-y)(7x-2y)$

$x \diagdown -y \longrightarrow -7xy$
$7x \diagup -2y \longrightarrow -2xy \ (+$
$\overline{\hphantom{-2xy} -9xy}$

$\bullet\blacklozenge x^2 + (\bullet\blacktriangle + \blacksquare\blacklozenge)x + \blacksquare\blacktriangle$
$= (\bullet x + \blacksquare)(\blacklozenge x + \blacktriangle)$
임을 이용해 봐.

답 (1) $(2x+1)(3x-4)$　(2) $(x-y)(7x-2y)$

2-1 다음 식을 인수분해하시오.

(1) $15x^2 + 13x + 2$　　　　　(2) $4x^2 + 7x - 36$

(3) $2x^2 - 11xy - 21y^2$　　　　(4) $24x^2 - 26xy + 5y^2$

20 인수분해 공식의 응용

●● 공통부분이 있는 다항식의 인수분해는 어떻게 할까?

> 다음 조에서 인수분해로 릴레이 사행시를 해 보자~!

> \ 인! /
> 인수분해를 배우니까

> \ 쉬! /
> 수학이 더 재미있어!

> \ 오~ 그래? 분! /
> 분위기를 살려서 문제 하나 풀어 볼까? $(x+2)^2+2(x+2)+1$ 을 인수분해하면?

> \ 해! /
> 해답을 알려줘...

우리는 '개념 **18, 19**'에서 인수분해 공식을 이용하여 다항식을 인수분해할 수 있었다.
그렇다면 $(x+2)^2+2(x+2)+1$과 같이 인수분해 공식을 바로 적용하기 어려워 보이는 다항식은 어떻게 인수분해해야 할까?

위의 식에는 $x+2$가 공통으로 들어 있으므로 $x+2$를 한 문자로 놓으면 다음과 같이 인수분해할 수 있다.

> 공통부분

$$(x+2)^2+2(x+2)+1$$

$x+2=A$로 놓기

$$=A^2+2A+1$$

인수분해하기

$$=(A+1)^2$$

A에 $x+2$를 대입하기

$$=(x+2+1)^2$$

정리하기

$$=(x+3)^2$$

> $(A+1)^2$이 인수분해한 결과라고 생각하면 안 돼~!

이때 위와 같이 공통부분을 한 문자 A로 놓고 인수분해한 후에는 반드시 A 대신 원래의 식을 대입하여 정리해 주어야 한다.

따라서 공통부분이 있는 다항식은 다음과 같은 순서로 인수분해하면 된다.

공통부분을 A로 놓기 → 인수분해하기 → A에 원래의 식 대입하기 → 정리하기

▶ 공통부분이 2가지이면 각각을 서로 다른 문자로 놓고 인수분해한다.

💙 다음 식을 인수분해해 보자.

(1) $(\underset{A}{\underline{x+4}})^2+10(\underset{A}{\underline{x+4}})+25=A^2+10A+25=(A+\square)^2=(x+\square)^2$

(2) $(\underset{A}{\underline{a-3}})^2-8(\underset{A}{\underline{a-3}})+16=A^2-8A+16=(A-\square)^2=(a-\square)^2$

답 (1) 5, 9 (2) 4, 7

●● 인수분해 공식을 이용하여 수를 계산해 볼까?

'개념 16'에서 곱셈 공식을 이용하여 수의 계산을 간단히 한 것과 같이 인수분해 공식을 이용해서도 수의 계산을 간단히 할 수 있는 경우가 있다.
다음을 통해 그 경우를 확인해 보자.

어디 한번 확인해 볼까?

공통인수로 묶어 내기

공통인수

$24\times52+24\times48$
$\underset{ma}{}+\underset{mb}{}$

$=24(52+48)$
$\underset{m(a+b)}{=}$

$=24\times100$

$=2400$

완전제곱식 이용하기

$36^2+2\times36\times14+14^2$
$\underset{a^2}{}+\underset{2ab}{}+\underset{b^2}{}$

$=(36+14)^2$
$\underset{(a+b)^2}{=}$

$=50^2$

$=2500$

제곱의 차 이용하기

30^2-29^2
$\underset{a^2}{}-\underset{b^2}{}$

$=(30+29)(30-29)$
$\underset{(a+b)(a-b)}{=}$

$=59\times1$

$=59$

💙 인수분해 공식을 이용하여 다음을 계산해 보자.

(1) $73\times52-73\times51=73(\square-51)=73\times\square=\square$

(2) $104^2-2\times104\times4+4^2=(104-\square)^2=\square^2=\square$

(3) $53^2-47^2=(\square+47)(53-\square)=100\times\square=\square$

답 (1) 52, 1, 73 (2) 4, 100, 10000 (3) 53, 47, 6, 600

●● 인수분해 공식을 이용하여 식의 값을 구해 볼까?

$x=98$일 때, x^2+4x+4의 값은 어떻게 구할 수 있을까?

x^2+4x+4에 x 대신 98을 직접 대입하여 구할 수도 있지만 계산이 복잡하다.

이럴 때는 다음과 같이 먼저 주어진 식을 인수분해한 후 $x=98$을 대입하여 계산하는 것이 더 편리하다.

$$x^2+4x+4=(x+2)^2 \quad \leftarrow \text{인수분해하기}$$
$$=(98+2)^2 \quad \leftarrow x=98\text{을 대입하기}$$
$$=100^2$$
$$=10000$$

주어진 식을 인수분해한 후에 문자의 값을 대입하면 되는 거구나!

♥ 인수분해 공식을 이용하여 다음을 구해 보자.

(1) $x=26$일 때, $x^2-12x+36$의 값

➡ $x^2-12x+36=(x-\boxed{})^2=(26-\boxed{})^2=\boxed{}^2=\boxed{}$

(2) $a=32$, $b=28$일 때, a^2-b^2의 값

➡ $a^2-b^2=(a+b)(\boxed{})=(32+\boxed{})(\boxed{}-28)=\boxed{}\times4=\boxed{}$

답 (1) 6, 6, 20, 400 (2) $a-b$, 28, 32, 60, 240

회색 글씨를 따라 쓰면서 개념을 정리해 보자!

꽉 잡아, 개념!

(1) **공통부분이 있는 다항식의 인수분해**

  공통부분을 한 문자로 놓고 인수분해한 후 그 문자에 원래의 식을 대입하여
  정리한다.

(2) **인수분해 공식을 이용한 수의 계산**

  인수분해 공식을 이용할 수 있도록 수의 모양을 변형하여 계산한다.

(3) **인수분해 공식을 이용하여 식의 값 구하기**

  주어진 식을 인수분해한 후 문자에 수나 식을 대입하여 식의 값을 구한다.

1 다음 식을 인수분해하시오.

(1) $(x-6)^2+16(x-6)+64$ (2) $(a+1)^2+5(a+1)+6$

✎ **풀이**   (1) $x-6=A$로 놓으면

$$(x-6)^2+16(x-6)+64=A^2+16A+64$$
$$=(A+8)^2$$
$$=(x-6+8)^2$$
$$=(x+2)^2$$

(2) $a+1=A$로 놓으면

$$(a+1)^2+5(a+1)+6=A^2+5A+6$$
$$=(A+2)(A+3)$$
$$=(a+1+2)(a+1+3)$$
$$=(a+3)(a+4)$$

공통부분을 한 문자로 놓아 봐.

📋 (1) $(x+2)^2$ (2) $(a+3)(a+4)$

1-1 다음 식을 인수분해하시오.

(1) $(x+3)^2+14(x+3)+49$ (2) $(a+7)^2-4(a+7)+4$

(3) $(x-1)^2+8(x-1)-9$ (4) $(a-b)(a-b-1)-20$

1-2 다음 식을 인수분해하시오.

$$(4x+3)^2+2(4x+3)(y-3)+(y-3)^2$$

2 인수분해 공식을 이용하여 다음을 계산하시오.

(1) $31 \times 37 + 31 \times 43$ (2) $52^2 + 2 \times 52 \times 8 + 8^2$ (3) $66^2 - 34^2$

✏️ **풀이**   (1) $31 \times 37 + 31 \times 43 = 31(37 + 43) = 31 \times 80 = 2480$

(2) $52^2 + 2 \times 52 \times 8 + 8^2 = (52 + 8)^2 = 60^2 = 3600$

(3) $66^2 - 34^2 = (66 + 34)(66 - 34) = 100 \times 32 = 3200$

📋 **(1)** 2480   **(2)** 3600   **(3)** 3200

2-1 인수분해 공식을 이용하여 다음을 계산하시오.

(1) $55 \times 96 - 55 \times 92$ (2) $21^2 + 2 \times 21 \times 69 + 69^2$

(3) $57^2 - 2 \times 57 \times 17 + 17^2$ (4) $8.5^2 - 1.5^2$

3 인수분해 공식을 이용하여 다음을 구하시오.

(1) $x = 45$일 때, $x^2 + 10x + 25$의 값

(2) $a = \sqrt{2} + 1$, $b = \sqrt{2} - 1$일 때, $a^2 - b^2$의 값

> 주어진 식을 인수분해한 후에 문자의 값을 대입해.

✏️ **풀이**   (1) $x^2 + 10x + 25 = (x + 5)^2 = (45 + 5)^2 = 50^2 = 2500$

(2) $a^2 - b^2 = (a + b)(a - b) = \{(\sqrt{2} + 1) + (\sqrt{2} - 1)\}\{(\sqrt{2} + 1) - (\sqrt{2} - 1)\}$
       $= 2\sqrt{2} \times 2 = 4\sqrt{2}$

📋 **(1)** 2500   **(2)** $4\sqrt{2}$

3-1 인수분해 공식을 이용하여 다음을 구하시오.

(1) $x = 61$일 때, $x^2 + 18x + 81$의 값

(2) $a = \sqrt{3} + 4$일 때, $a^2 - 8a + 16$의 값

(3) $x = 2 + \sqrt{5}$, $y = 2 - \sqrt{5}$일 때, $x^2 - y^2$의 값

(4) $a = \sqrt{7} + \sqrt{6}$, $b = \sqrt{7} - \sqrt{6}$일 때, $a^2 + 2ab + b^2$의 값

개념을 정리해 보자

$$(a+b)(c+d) = \underset{①}{\underline{ac}} + \underset{②}{\underline{ad}} + \underset{③}{\underline{bc}} + \underset{④}{\underline{bd}}$$

다항식의 곱셈

곱셈 공식

① $(a+b)^2 = a^2 + 2ab + b^2$,
   $(a-b)^2 = a^2 - 2ab + b^2$
② $(a+b)(a-b) = a^2 - b^2$
③ $(x+a)(x+b) = x^2 + (a+b)x + ab$
④ $(ax+b)(cx+d) = acx^2 + (ad+bc)x + bd$

다항식의 곱셈과 인수분해

하나의 다항식을 두 개 이상의
인수의 곱으로 나타내는 것

인수분해
$$x^2 + 5x + 6 = (x+2)(x+3)$$
전개

인수분해

공통인수를 이용한
인수분해

$$ma + mb = m(a+b)$$
공통인수

인수분해 공식

① $a^2 + 2ab + b^2 = (a+b)^2$,
   $a^2 - 2ab + b^2 = (a-b)^2$
② $a^2 - b^2 = (a+b)(a-b)$
③ $x^2 + (a+b)x + ab = (x+a)(x+b)$
④ $acx^2 + (ad+bc)x + bd = (ax+b)(cx+d)$

* 완전제곱식: $(a+b)^2$, $(a-b)^2$, $2(3a+b)^2$과 같이
   다항식의 제곱으로 된 식 또는 이 식에 수를 곱한 식

1 $(2x+6)(4-5x)$를 전개하면 x^2의 계수는 a, x의 계수는 b, 상수항은 c이다. 이때 $a+b+c$ 의 값을 구하시오.

2 $(4x+3y)^2=ax^2+bxy+cy^2$일 때, 수 a, b, c에 대하여 $a-b+c$의 값은?

① 0   ② 1   ③ 2

④ 3   ⑤ 4

3 $\left(A+\dfrac{1}{2}x\right)\left(\dfrac{1}{2}x-A\right)=\dfrac{1}{4}x^2-81$일 때, 양수 A의 값을 구하시오.

4 다음 □ 안에 알맞은 수가 나머지 넷과 다른 하나는?

① $(a-9)(a+1)=a^2-8a-\square$

② $(x+3)(x+7)=x^2+\square x+21$

③ $\left(a-\dfrac{2}{3}\right)(a-15)=a^2-\dfrac{47}{3}a+\square$

④ $(x+4y)(x-14y)=x^2-\square xy-56y^2$

⑤ $\left(a+\dfrac{5}{2}b\right)\left(a+\dfrac{15}{2}b\right)=a^2+\square ab+\dfrac{75}{4}b^2$

5 $(4x+5)(6x+a)$의 전개식에서 x의 계수가 상수항의 2배일 때, 수 a의 값을 구하시오.

6 다음 중 곱셈 공식 $(x+a)(x+b)=x^2+(a+b)x+ab$를 이용하여 계산하면 편리한 수의 계산을 모두 고르면? (정답 2개)

① 1002^2　　　　② 10.9×11.1　　　　③ 5.3×5.6

④ 520×480　　　　⑤ 18×15

7 $\dfrac{3+\sqrt{3}}{4-2\sqrt{3}}$ 의 분모를 유리화하면 $a+b\sqrt{3}$일 때, 유리수 a, b에 대하여 $a+b$의 값을 구하시오.

8 $x+y=5\sqrt{2}$, $xy=3$일 때, x^2+y^2의 값은?

① 38　　　　② 41　　　　③ 44

④ 47　　　　⑤ 50

9 다음 중 $-27a^3x+3a^2y$의 인수가 <u>아닌</u> 것은?

① 1 ② $-3a$ ③ $9ax-y$

④ $3a^2$ ⑤ $9a^2x-y$

10 다음은 이차식을 완전제곱식으로 나타낸 것이다. □ 안에 알맞은 수를 차례대로 구한 것은?

$$x^2+5x+\square=(x+\square)^2$$

① $\dfrac{25}{4},\ \dfrac{5}{2}$ ② $25,\ 5$ ③ $\dfrac{25}{2},\ 5$

④ $100,\ 10$ ⑤ $50,\ 5$

11 $9x^2-64=(ax+b)(ax-b)$일 때, 자연수 a, b에 대하여 $a+b$의 값을 구하시오.

12 x의 계수가 1인 두 일차식의 곱이 $x^2+3x-28$일 때, 이 두 일차식의 합은?

① $2x+3$ ② $2x+5$ ③ $2x+7$

④ $2x+15$ ⑤ $2x+17$

13 다음 중 인수분해한 것이 옳지 <u>않은</u> 것은?

① $x^2-12x+36=(x-6)^2$　　　② $4x^2-16y^2=4(x+2y)(x-2y)$

③ $x^2-5x+6=(x-1)(x-5)$　　　④ $15x^2-8x+1=(3x-1)(5x-1)$

⑤ $10x^2-3xy-4y^2=(2x+y)(5x-4y)$

14 $(2a+b)^2-8(2a+b-1)+8$을 인수분해한 것은?

① $(2a+b-8)^2$　　　② $(2a+b-6)^2$　　　③ $(2a+b-4)^2$

④ $(2a+b-2)^2$　　　⑤ $(2a+b)^2$

15 인수분해 공식을 이용하여 다음 두 수 A, B를 계산할 때, $A-B$의 값을 구하시오.

$$A=13^2+4\times13+4 \qquad B=5.5^2\times6-4.5^2\times6$$

16 $x=4.25$, $y=3.75$일 때, $x^2+2xy+y^2$의 값은?

① 9　　　② 11　　　③ 16

④ 26　　　⑤ 64

IV

이차방정식

차례~차례~
가 보자!!

GO!!
시작해 보자~

7

이차방정식의
풀이 (1)

#이차방정식

#해 #근 #인수분해

#중근 #제곱근

#완전제곱식

준비 해 보자

▶ 정답 및 풀이 14쪽

● 다음 식을 인수분해한 결과에 해당하는 문장을 보고, 공통적으로 연상되는 것을 주어진 그림 중에서 찾아보자.

(1) $x^2 + 12x + 36$

(2) $9x^2 - 1$

(3) $2x^2 + 10x + 8$

(1)

$(x+6)^2$	접었다 펼칠 수 있어요.
$(x+6)(x-6)$	긴 것도 있고 짧은 것도 있어요.

(2)

$(3x-1)^2$	비 오는 날에 주로 사용해요.
$(3x+1)(3x-1)$	더운 날에 주로 사용해요.

(3)

$2(x+1)(x+4)$	이것을 이용한 우리나라 전통춤이 있어요.
$2(x-1)(x-4)$	이것이 제목인 우리나라 동요가 있어요.

우산　　　　　장화　　　　　부채　　　　　선글라스

정답

21
이차방정식과 그 해

* QR코드를 스캔하여 개념 영상을 확인하세요.

•• 이차방정식이란 무엇일까?

▶ n각형의 대각선의 개수는 $\dfrac{n(n-3)}{2}$개이다.

대각선의 개수가 14개인 다각형을 x각형이라 할 때, 이를 등식으로 나타내면

$$\frac{x(x-3)}{2}=14$$

이고, 이 등식을 정리하면

$$\underline{x^2-3x-28=0}$$
x에 대한 이차식

이다. 즉, 좌변이 x에 대한 이차식으로 나타내어진다.

이와 같이 등식의 우변의 모든 항을 좌변으로 이항하여 정리할 때, (x에 대한 이차식)$=0$ 꼴이 되는 방정식을 x에 대한 **이차방정식**이라 한다.

$$x^2+2x-3=0, \quad 2x^2+1=0, \quad -4x^2+x=0$$

→ (x에 대한 이차식)$=0$ 꼴

→ x에 대한 이차방정식

일반적으로 x에 대한 이차방정식은 다음과 같은 꼴로 나타낼 수 있다.

$$\underline{ax^2 + bx + c = 0}_{\text{x에 대한 이차식}} \text{(단, } a, b, c \text{는 수, } a \neq 0 \text{)}$$

▶ $ax^2 + bx + c = 0$은 $b = 0$ 또는 $c = 0$이어도 이차방정식이지만 $a = 0$이면 이차방정식이 아니다.

그렇다면 $x(x-1) = x^2 - 2$는 x에 대한 이차방정식일까?

x^2을 포함하고 있어서 x에 대한 이차방정식으로 보일 수 있지만 우변의 모든 항을 좌변으로 이항하여 정리해 보면

$$x(x-1) = x^2 - 2 \xrightarrow[x^2 - x - x^2 + 2 = 0]{\text{정리}} \underline{-x + 2 = 0}_{\text{x에 대한 일차식}}$$

x^2이 있었는데, 사라졌어!

이므로 x에 대한 일차방정식이다. 즉, x에 대한 이차방정식이 아니다.

따라서 주어진 식이 이차방정식인지 확인할 때는 우변의 모든 항을 좌변으로 이항하여 정리한 식이 (이차식) $= 0$ 꼴인지를 확인해야 한다.

💙 다음 ☐ 안에 알맞은 식을 써넣고, 옳은 것에 ○표를 해 보자.

(1) $x^2 = -x + 3$에서 ☐ $= 0$이므로 (이차방정식이다, 이차방정식이 아니다).

(2) $(x+1)^2 = x^2$에서 ☐ $= 0$이므로 (이차방정식이다, 이차방정식이 아니다).

答 (1) $x^2 + x - 3$, 이차방정식이다 (2) $2x + 1$, 이차방정식이 아니다

●● 이차방정식이 참이 되게 하는 x의 값을 찾아볼까?

우리는 1학년 때 방정식이 참이 되게 하는 미지수의 값을 그 방정식의 해 또는 근이라 함을 배웠다. 따라서 자연스럽게 x에 대한 이차방정식이 참이 되게 하는 x의 값을 그 이차방정식의 해 또는 근이라 함을 알 수 있다.

또, 이차방정식의 해를 모두 구하는 것을 '이차방정식을 푼다'고 한다.

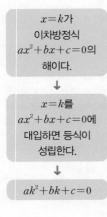

$x=k$가
이차방정식
$ax^2+bx+c=0$의
해이다.

↓

$x=k$를
$ax^2+bx+c=0$에
대입하면 등식이
성립한다.

↓

$ak^2+bk+c=0$

x의 값이 1, 2, 3일 때, 이차방정식 $x^2-4x+3=0$을 풀어 보자.

$x^2-4x+3=0$의 좌변에 x 대신 1, 2, 3을 각각 대입하여 우변의 값과 비교해 보면 다음과 같다.

x의 값	좌변의 값		우변의 값	참/거짓
1	$1^2-4\times1+3=0$	$=$	0	참
2	$2^2-4\times2+3=-1$	$\neq$	0	거짓
3	$3^2-4\times3+3=0$	$=$	0	참

위의 표에서 $x=1$ 또는 $x=3$일 때, 이차방정식 $x^2-4x+3=0$은 참이 됨을 알 수 있다. 따라서 이차방정식 $x^2-4x+3=0$의 해는 $x=1$ 또는 $x=3$이다.

해가 2개네!

💗 이차방정식 $x^2-5x+6=0$에 대하여 x의 값이 2, 3, 4일 때, 다음 표를 완성하고 방정식을 풀어 보자.

x의 값	좌변의 값	우변의 값	참/거짓
2	$2^2-5\times2+6=0$	0	참
3	❶	0	❷
4	❸	0	❹

⇨ 이차방정식 $x^2-5x+6=0$의 해: ❺ _____

답 ❶ $3^2-5\times3+6=0$ ❷ 참 ❸ $4^2-5\times4+6=2$ ❹ 거짓 ❺ $x=2$ 또는 $x=3$

회색 글씨를
따라 쓰면서
개념을 정리해 보자!

꽉 잡아, 개념!

(1) **이차방정식**: 등식의 우변의 모든 항을 좌변으로 이항하여 정리할 때,

(x에 대한 이차식)=0 꼴이 되는 방정식을 x에 대한 이차방정식 이라 한다.

➡ $ax^2+bx+c=0$ (단, a, b, c는 수, $a\neq0$)

(2) **이차방정식의 해(근)**: x에 대한 이차방정식이 참이 되게 하는 x의 값

(3) **이차방정식을 푼다**: 이차방정식의 해를 모두 구하는 것

1 다음 중 x에 대한 이차방정식인 것은 ○표, 이차방정식이 아닌 것은 ×표를 하시오.

(1) $2x^2-x=7-x$ (   ) (2) $5x^2+3x-1$ (   )

(3) $x(x+4)=x^2$ (   ) (4) $3x^2+1=(x-2)^2$ (   )

✏️ 풀이 (1) $2x^2-x=7-x$에서 $2x^2-7=0$ ⇨ 이차방정식

(2) $5x^2+3x-1$ ⇨ 이차식

(3) $x(x+4)=x^2$에서 $x^2+4x=x^2$

∴ $4x=0$ ⇨ 일차방정식

(4) $3x^2+1=(x-2)^2$에서 $3x^2+1=x^2-4x+4$

∴ $2x^2+4x-3=0$ ⇨ 이차방정식

우변의 모든 항을 좌변으로 이항하여 정리한 후 좌변이 이차식인지 확인해 봐.

답 (1) ○ (2) × (3) × (4) ○

1-1 다음 중 x에 대한 이차방정식이 <u>아닌</u> 것을 모두 고르면? (정답 2개)

① $2x^2+x-3$ ② $\frac{1}{4}x^2+2x=x$ ③ $x^2+3x=6x^2-x$

④ $x^2(x+2)=x^3+5$ ⑤ $(x+1)(x-1)=x^2-x$

1-2 $(a-8)x^2-x+3=0$이 x에 대한 이차방정식일 때, 다음 중 수 a의 값이 될 수 <u>없는</u> 것은?

① -8 ② -4 ③ 0

④ 4 ⑤ 8

2 다음 [ ] 안의 수가 주어진 이차방정식의 해인 것은 ○표, 해가 아닌 것은 ×표를 하시오.

(1) $x^2-x-6=0$ [3] (   )

(2) $x^2+2x+3=0$ [-2] (   )

(3) $2x^2+5x-3=0$ [-3] (   )

(4) $3x^2-4x+2=0$ [1] (   )

✏️ **풀이** (1) $3^2-3-6=0$ (참)

(2) $(-2)^2+2\times(-2)+3\neq 0$ (거짓)

(3) $2\times(-3)^2+5\times(-3)-3=0$ (참)

(4) $3\times 1^2-4\times 1+2\neq 0$ (거짓)

 [ ] 안의 수를 이차방정식에 대입해서 등식이 성립하는지 확인해 봐.

답 (1) ○ (2) × (3) ○ (4) ×

2-1 다음 중 $x=-1$을 해로 갖는 이차방정식을 모두 고르면? (정답 2개)

① $x^2-1=0$

② $x^2-6x+5=0$

③ $2x^2-x-1=0$

④ $3x^2+x-2=0$

⑤ $4x^2+3x=0$

3 이차방정식 $3x^2+ax-8=0$의 한 근이 2일 때, 수 a의 값을 구하시오.

✏️ **풀이** $x=2$를 $3x^2+ax-8=0$에 대입하면

$3\times 2^2+a\times 2-8=0$, $12+2a-8=0$

$2a+4=0$ ∴ $a=-2$

주어진 근을 이차방정식에 대입하면 등식이 성립함을 이용해.

답 -2

3-1 이차방정식 $x^2+ax+a-1=0$의 한 근이 -4일 때, 수 a의 값을 구하시오.

22

인수분해를 이용한 이차방정식의 풀이

개념 영상

* QR코드를 스캔하여 개념 영상을 확인하세요.

•• $AB=0$에 대하여 알아볼까?

두 수를 곱해서 0이 되는 경우를 말해 볼까요?

0×0이요!

0×2요!

4×0이요!

다양한 경우들이 있죠? 그럼 이 모든 경우를 한 번에 나타내는 표현이 있을까요?

두 수 중 하나만 0이면 된다?

둘 다 0일 때도 있잖아~

어떻게 한 번에 나타내지?

두 수의 곱이 0이면 $\underset{\text{둘 다 0인 경우}}{0\times0}$, $\underset{\text{둘 중 하나는 0인 경우}}{0\times2,\ 4\times0}$과 같이 두 수 모두 0이거나 두 수 중 하나는 0이다. 이는 두 식의 곱이 0일 때도 동일하게 적용되므로 두 수 또는 두 식 A, B에 대하여 $AB=0$이면 다음 3가지 경우 중 반드시 하나가 성립한다.

   ① $\underset{\text{둘 다 0인 경우}}{A=0,\ B=0}$ ② $A=0,\ B\neq0$ ③ $A\neq0,\ B=0$

                                                      둘 중 하나는 0인 경우

이때 위의 3가지 경우를 통틀어 $A=0$ 또는 $B=0$이라 한다.

따라서 두 수 또는 두 식 A, B에 대하여 다음이 성립한다.

거꾸로, '$A=0$ 또는 $B=0$이면 $AB=0$'도 성립해.

$$AB=0\text{이면 } A=0 \text{ 또는 } B=0$$

앞의 성질을 이용하여 이차방정식 $(x+2)(x-1)=0$을 풀어 보면 다음과 같다.

(일차식)×(일차식)=0
꼴의 이차방정식의 해를
쉽게 구할 수 있네~

$$\underset{AB=0}{\underline{(x+2)(x-1)=0}}\text{에서}$$

$$\underset{A=0}{\underline{x+2=0}} \text{ 또는 } \underset{B=0}{\underline{x-1=0}}$$

$$\therefore x=-2 \text{ 또는 } x=1$$

❤ 다음 이차방정식을 풀어 보자.

(1) $(x+1)(x+6)=0$

$(x+1)(x+6)=0$에서
$x+1=0$ 또는 $\boxed{}=0$
$\therefore x=-1$ 또는 $x=\boxed{}$

(2) $(3x+1)(x-2)=0$

$(3x+1)(x-2)=0$에서
$\boxed{}=0$ 또는 $x-2=0$
$\therefore x=\boxed{}$ 또는 $x=2$

답 (1) $x+6$, -6 (2) $3x+1$, $-\dfrac{1}{3}$

●● 인수분해를 이용하여 이차방정식을 어떻게 풀까?

주어진 이차방정식을 $ax^2+bx+c=0$ 꼴로 정리한 식에서 좌변을 두 일차식의 곱으로 인수분해할 수 있을 때, $AB=0$의 성질을 이용하여 이차방정식을 풀 수 있다.

인수분해를 이용하여 이차방정식 $x^2-6x=-8$을 풀어 보자.

$$x^2-6x=-8$$

$ax^2+bx+c=0$ 꼴로 정리하기

$$x^2-6x+8=0$$

좌변을 인수분해하기

$$(x-2)(x-4)=0$$

$AB=0$의 성질 이용하기

$$x-2=0 \text{ 또는 } x-4=0$$

해 구하기

$$\therefore x=2 \text{ 또는 } x=4$$

따라서 이차방정식 $ax^2+bx+c=0$의 좌변을 인수분해할 수 있을 때는 다음과 같이 해를 구할 수 있다.

$$ax^2+bx+c=0$$

$$\xrightarrow{\text{좌변 인수분해}} a(x-\alpha)(x-\beta)=0$$

$$\xrightarrow{\text{해}} x=\alpha \text{ 또는 } x=\beta$$

▶ $ax^2+bx+c=0$ 꼴이 아닌 이차방정식은 우변이 0이 되도록 우변에 있는 모든 항을 좌변으로 이항하여 정리한 후에 인수분해한다.

☁️ 인수분해를 이용하여 다음 이차방정식을 풀어 보자.

(1) $x^2+3x-10=0$

$x^2+3x-10=0$에서

$(\boxed{})(x-2)=0$

$\boxed{}=0$ 또는 $x-2=0$

$\therefore x=\boxed{}$ 또는 $x=2$

(2) $x^2+8x=-7$

$x^2+8x=-7$에서

$x^2+8x+\boxed{}=0$

$(x+7)(\boxed{})=0$

$x+7=0$ 또는 $\boxed{}=0$

$\therefore x=-7$ 또는 $x=\boxed{}$

📖 (1) $x+5$, $x+5$, -5 (2) 7, $x+1$, $x+1$, -1

•• 중근이란 무엇일까?

이번에는 이차방정식 $x^2-4x+4=0$을 풀어 보자.

$x^2-4x+4=0$의 좌변을 인수분해하면

$$(x-2)^2=0, \text{ 즉 } (x-2)(x-2)=0 \rightarrow x-2=0 \text{ 또는 } x-2=0$$

이므로 이 이차방정식의 해는

$$x=2 \text{ 또는 } x=2$$

? ! 해가 중복되네?!

로 서로 같다.

이와 같이 이차방정식의 두 해가 중복될 때, 이 해를 주어진 이차방정식의 **중근**이라 한다.

이를테면, $x=2$는 이차방정식 $x^2-4x+4=0$의 중근이다.

▶ 이차방정식 $x^2+ax+b=0$이 중근을 가지려면 좌변이 완전제곱식이어야 하므로 $b=\left(\dfrac{a}{2}\right)^2$이어야 한다.

또한, 앞에서 이차방정식을 정리하여 인수분해하였을 때, $($완전제곱식$)=0$ 꼴로 나타나면 이 이차방정식은 중근을 가짐을 알 수 있다.
따라서 다음과 같이 정리할 수 있다.

중복되는 근

$$\underbrace{a(x-\alpha)^2=0}_{\text{완전제곱식}} \quad \rightarrow \quad x=\alpha$$

중근

✌ **인수분해를 이용하여 다음 이차방정식을 풀어 보자.**

(1) $x^2+8x+16=0$

$x^2+8x+16=0$에서
$(\boxed{})^2=0,\ \boxed{}=0$
$\therefore x=\boxed{}$

(2) $9x^2-6x+1=0$

$9x^2-6x+1=0$에서
$(\boxed{})^2=0,\ \boxed{}=0$
$\therefore x=\boxed{}$

📗 (1) $x+4,\ x+4,\ -4$ (2) $3x-1,\ 3x-1,\ \dfrac{1}{3}$

회색 글씨를 따라 쓰면서 개념을 정리해 보자!

꽉 잡아, 개념!

(1) 인수분해를 이용한 이차방정식의 풀이

　① $AB=0$의 성질: 두 수 또는 두 식 A, B에 대하여

　　$AB=0$이면 $\boxed{A=0 \text{ 또는 } B=0}$

　② 인수분해를 이용하여 이차방정식의 해를 구할 때는 다음과 같은 순서로 푼다.

　　❶ 주어진 이차방정식을 정리한다. ➡ $ax^2+bx+c=0$

　　❷ 좌변을 인수분해한다. ➡ $a(x-\alpha)(x-\beta)=0$

　　❸ $AB=0$의 성질을 이용한다. ➡ $x-\alpha=0 \text{ 또는 } x-\beta=0$

　　❹ 해를 구한다. ➡ $x=\alpha \text{ 또는 } x=\beta$

(2) 이차방정식의 중근: 이차방정식의 두 해가 중복될 때, 이 해를 주어진 이차방정식의

　$\boxed{\text{중근}}$이라 한다.

➕참고 이차방정식이 $($완전제곱식$)=0$ 꼴로 나타나면 이 이차방정식은 중근을 갖는다.

 개념을 Go.Go! 확인해 보자

▶ 정답 및 풀이 14쪽

 인수분해를 이용하여 다음 이차방정식을 푸시오.

(1) $x^2-6x=0$

(2) $2x^2+7x+5=0$

(3) $x^2-x=12$

(4) $3x^2+8=10x$

✏️ 풀이 (1) $x^2-6x=0$에서 $x(x-6)=0$

$x=0$ 또는 $x-6=0$ ∴ $x=0$ 또는 $x=6$

(2) $2x^2+7x+5=0$에서 $(2x+5)(x+1)=0$

$2x+5=0$ 또는 $x+1=0$ ∴ $x=-\dfrac{5}{2}$ 또는 $x=-1$

(3) $x^2-x=12$에서 $x^2-x-12=0$, $(x+3)(x-4)=0$

$x+3=0$ 또는 $x-4=0$ ∴ $x=-3$ 또는 $x=4$

(4) $3x^2+8=10x$에서 $3x^2-10x+8=0$, $(3x-4)(x-2)=0$

$3x-4=0$ 또는 $x-2=0$ ∴ $x=\dfrac{4}{3}$ 또는 $x=2$

 우변을 0으로 만든 후 좌변을 인수분해해 봐.

📋 (1) $x=0$ 또는 $x=6$ (2) $x=-\dfrac{5}{2}$ 또는 $x=-1$

(3) $x=-3$ 또는 $x=4$ (4) $x=\dfrac{4}{3}$ 또는 $x=2$

1-1 인수분해를 이용하여 다음 이차방정식을 푸시오.

(1) $(x-1)(x-4)=0$

(2) $(3x+5)(2x-1)=0$

(3) $2x^2-6x=0$

(4) $x^2-25=0$

(5) $x^2+10x+9=0$

(6) $3x^2-5x+2=0$

(7) $x^2=9x-18$

(8) $2x^2+15=-11x$

(9) $4x^2-3=8x-6$

(10) $6x^2+7x=x^2+6$

2 인수분해를 이용하여 다음 이차방정식을 푸시오.

(1) $x^2+10x+25=0$ (2) $4x^2+1=4x$

 이차방정식이 $a(x-\alpha)^2=0$ 꼴로 나타나면 중근 $x=\alpha$를 가져.

✏️ **풀이** (1) $x^2+10x+25=0$에서 $(x+5)^2=0$
$x+5=0$ ∴ $x=-5$
(2) $4x^2+1=4x$에서 $4x^2-4x+1=0$, $(2x-1)^2=0$
$2x-1=0$ ∴ $x=\dfrac{1}{2}$

답 (1) $x=-5$ (2) $x=\dfrac{1}{2}$

2-1 인수분해를 이용하여 다음 이차방정식을 푸시오.

(1) $9x^2-12x+4=0$ (2) $x^2-3=-2x-4$

3 다음 이차방정식이 중근을 가질 때, 수 k의 값을 구하시오.

(1) $x^2+6x+k=0$ (2) $x^2+kx+49=0$

✏️ **풀이** (1) $x^2+6x+k=0$이 중근을 가지므로
$k=\left(\dfrac{6}{2}\right)^2=9$
(2) $x^2+kx+49=0$이 중근을 가지므로
$49=\left(\dfrac{k}{2}\right)^2$, $k^2=196$ ∴ $k=\pm14$

 이차방정식 $x^2+ax+b=0$이 중근을 가지려면 $b=\left(\dfrac{a}{2}\right)^2$이어야 해.

답 (1) 9 (2) ±14

3-1 이차방정식 $x^2-12x+k-4=0$이 중근을 가질 때, 수 k의 값을 구하시오.

23

제곱근을 이용한 이차방정식의 풀이

* QR코드를 스캔하여 개념 영상을 확인하세요.

•• 제곱근을 이용하여 이차방정식을 어떻게 풀까?

이차방정식 $x^2=10$은 어떻게 풀 수 있을까?

'개념 **01, 02**'에서 배운 제곱근을 이용하면 된다.

$$x^2=10 \quad \rightarrow \quad x\text{는 10의 제곱근}$$
$$\rightarrow \quad x=\sqrt{10} \ \text{또는} \ x=-\sqrt{10}$$
$$\rightarrow \quad x=\pm\sqrt{10}$$

▶ 어떤 수 x를 제곱하여 a가 될 때, 즉 $x^2=a$일 때, x를 a의 제곱근이라 한다.

▶ '$x=\sqrt{10}$ 또는 $x=-\sqrt{10}$'을 한꺼번에 '$x=\pm\sqrt{10}$'으로 나타내기도 한다.

따라서 이차방정식 $x^2=q \ (q>0)$의 해는 다음과 같음을 알 수 있다.

$$x^2=q \quad \rightarrow \quad x=\pm\sqrt{q}$$

이번에는 제곱근을 이용하여 이차방정식 $(x+1)^2=3$을 풀어 보자.

$$(x+1)^2=3 \quad \rightarrow \quad x+1 \text{은 } 3 \text{의 제곱근}$$
$$\rightarrow \quad x+1=\pm\sqrt{3}$$
$$\rightarrow \quad x=-1\pm\sqrt{3}$$

따라서 이차방정식 $(x+p)^2=q \; (q>0)$의 해는 다음과 같음을 알 수 있다.

$$(x+p)^2=q \quad \rightarrow \quad x=-p\pm\sqrt{q}$$

💙 제곱근을 이용하여 다음 이차방정식을 풀어 보자.

(1) $x^2=6 \qquad \Rightarrow \quad x=\pm\boxed{}$

(2) $2x^2-4=0 \qquad \Rightarrow \quad 2x^2=\boxed{}, \; x^2=\boxed{} \qquad \therefore x=\pm\boxed{}$

(3) $(x+3)^2=7 \qquad \Rightarrow \quad x+3=\pm\boxed{} \qquad \therefore x=\boxed{}$

답 (1) $\sqrt{6}$ (2) $4, 2, \sqrt{2}$ (3) $\sqrt{7}, -3\pm\sqrt{7}$

▶ 이차방정식
$ax^2+c=0\,(ac<0)$ 꼴
은 $x^2=q\,(q>0)$ 꼴로
고쳐서 푼다.

꽉 잡아, 개념!

회색 글씨를 따라 쓰면서 개념을 정리해 보자!

(1) 이차방정식 $x^2=q\,(q>0)$의 해

$$x^2=q \;\Rightarrow\; x=\boxed{\pm\sqrt{q}}$$

(2) 이차방정식 $(x+p)^2=q\,(q>0)$의 해

$$(x+p)^2=q \;\Rightarrow\; x+p=\pm\sqrt{q} \qquad \therefore x=\boxed{-p\pm\sqrt{q}}$$

142 Ⅳ. 이차방정식

▶ 정답 및 풀이 15쪽

1 제곱근을 이용하여 다음 이차방정식을 푸시오.

(1) $x^2-8=0$ (2) $4x^2-3=0$

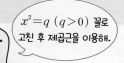

$x^2=q \ (q>0)$ 꼴로 고친 후 제곱근을 이용해.

✏️ **풀이** (1) $x^2-8=0$에서 $x^2=8$ ∴ $x=\pm2\sqrt{2}$

(2) $4x^2-3=0$에서 $4x^2=3$, $x^2=\dfrac{3}{4}$ ∴ $x=\pm\dfrac{\sqrt{3}}{2}$

답 (1) $x=\pm2\sqrt{2}$ (2) $x=\pm\dfrac{\sqrt{3}}{2}$

1-1 제곱근을 이용하여 다음 이차방정식을 푸시오.

(1) $3x^2=21$ (2) $9x^2-8=17$

2 제곱근을 이용하여 다음 이차방정식을 푸시오.

(1) $(x+2)^2-4=0$ (2) $2(x-5)^2=10$

✏️ **풀이** (1) $(x+2)^2-4=0$에서 $(x+2)^2=4$

$x+2=\pm2$ ∴ $x=-4$ 또는 $x=0$

(2) $2(x-5)^2=10$에서 $(x-5)^2=5$

$x-5=\pm\sqrt{5}$ ∴ $x=5\pm\sqrt{5}$

$(x+p)^2=q \ (q>0)$ 꼴로 고친 후 제곱근을 이용해.

답 (1) $x=-4$ 또는 $x=0$ (2) $x=5\pm\sqrt{5}$

2-1 제곱근을 이용하여 다음 이차방정식을 푸시오.

(1) $4(x+1)^2=36$ (2) $18-3(x-3)^2=0$

24

완전제곱식을 이용한 이차방정식의 풀이

●● 완전제곱식을 이용하여 이차방정식을 어떻게 풀까?

우리는 '개념 **22**'에서 이차방정식 $ax^2+bx+c=0$의 좌변을 인수분해할 수 있을 때 해를 구하는 방법에 대해서 배웠다.

그렇다면 $2x^2+8x-2=0$과 같이 좌변을 인수분해하기 어려운 이차방정식은 어떻게 풀수 있을까?

바로, '개념 **23**'에서 배운 제곱근을 이용하는 방법으로 풀 수 있다.

$$(x+p)^2=q \ (q>0) \ \rightarrow \ x=-p\pm\sqrt{q}$$

하지만 이차방정식 $2x^2+8x-2=0$은 $(x+p)^2=q \ (q>0)$ 꼴이 아니므로 제곱근을 이용하는 방법을 바로 적용할 수 없다.

따라서 제곱근을 이용하기 위해 먼저 주어진 이차방정식을

$$\underset{\text{완전제곱식}}{\underline{(x+p)^2}}=q\,(q>0)$$

꼴로 만들어야 한다. 즉, 좌변을 완전제곱식으로 만들어야 한다.

그럼 이차방정식 $2x^2+8x-2=0$의 좌변을 완전제곱식으로 만들어 풀어 보자.

❶ x^2의 계수 2로 양변을 나누어 x^2의 계수를 1로 만든다.

$$1x^2+4x-1=0$$

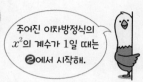

주어진 이차방정식의 x^2의 계수가 1일 때는 ❷에서 시작해.

❷ 좌변의 상수항 -1을 우변으로 이항한다.

$$x^2+4x=1$$

❸ 좌변을 완전제곱식으로 만들기 위해 양변에 $\left(\dfrac{x\text{의 계수}}{2}\right)^2$을 더한다.

절반의 제곱

$$x^2+4x+\left(\frac{4}{2}\right)^2=1+\left(\frac{4}{2}\right)^2$$
$$\underline{x^2+4x+4=1+4}$$

▶ 완전제곱식이 되기 위한 조건
x^2+ax+b가 완전제곱식이 되려면 $b=\left(\dfrac{a}{2}\right)^2$이어야 한다.

❹ 좌변을 완전제곱식으로 고쳐 $(x+p)^2=q\,(q>0)$ 꼴로 만든다.

$$(x+2)^2=5$$

완전제곱식

❺ 제곱근을 이용하여 해를 구한다.

$$(x+2)^2=5 \quad\xrightarrow{\ x+2\text{는 5의 제곱근}\ }\quad x+2=\pm\sqrt{5}$$
$$\xrightarrow{\ \text{해}\ }\quad x=-2\pm\sqrt{5}$$

인수분해하기 어려워도 해를 구할 수 있구나!

이와 같이 이차방정식 $ax^2+bx+c=0$의 좌변을 인수분해하기 어려울 때는 좌변을 완전제곱식으로 만든 후 제곱근을 이용하여 풀면 된다.

$$ax^2+bx+c=0 \xrightarrow[\text{어려우면}]{\text{인수분해하기}} (x+p)^2=q$$
꼴로 변형

완전제곱식을 이용하여 다음 이차방정식을 풀어 보자.

(1) $x^2+6x+7=0$

(2) $2x^2-4x-8=0$

$x^2+6x+7=0$에서
$x^2+6x=\boxed{}$
$x^2+6x+\boxed{}=-7+\boxed{}$
$(x+\boxed{})^2=\boxed{}, \ x+\boxed{}=\boxed{}$
$\therefore x=\boxed{}$

$2x^2-4x-8=0$에서
$x^2-2x-\boxed{}=0, \ x^2-2x=\boxed{}$
$x^2-2x+\boxed{}=4+\boxed{}$
$(x-\boxed{})^2=\boxed{}, \ x-\boxed{}=\boxed{}$
$\therefore x=\boxed{}$

답 (1) $-7, 9, 9, 3, 2, 3, \pm\sqrt{2}, -3\pm\sqrt{2}$ (2) $4, 4, 1, 1, 1, 5, 1, \pm\sqrt{5}, 1\pm\sqrt{5}$

회색 글씨를 따라 쓰면서 개념을 정리해 보자!

꽉 잡아, 개념!

완전제곱식을 이용한 이차방정식의 풀이

이차방정식 $ax^2+bx+c=0$의 좌변을 인수분해하기 어려울 때는 다음과 같은 순서로 좌변을 완전제곱식으로 만든 후 제곱근을 이용하여 푼다.

❶ x^2의 계수로 양변을 나누어 x^2의 계수를 $\boxed{1}$로 만든다.

❷ 좌변의 상수항을 우변으로 이항한다.

❸ 양변에 $\left(\dfrac{x\text{의 계수}}{2}\right)^2$을 더한다.

❹ 좌변을 $\boxed{\text{완전제곱식}}$으로 고쳐 $(x+p)^2=q \ (q>0)$ 꼴로 만든다.

❺ 제곱근을 이용하여 해를 구한다.

▶ 정답 및 풀이 15쪽

1 다음 이차방정식을 $(x+p)^2=q$ 꼴로 나타내시오. (단, p, q는 수)

(1) $x^2-2x-5=0$ (2) $3x^2+12x+4=0$

✏️ **풀이**   (1) $x^2-2x-5=0$에서 $x^2-2x=5$

$x^2-2x+1=5+1$ $\therefore (x-1)^2=6$

(2) $3x^2+12x+4=0$에서 $x^2+4x+\dfrac{4}{3}=0$

$x^2+4x=-\dfrac{4}{3}$, $x^2+4x+4=-\dfrac{4}{3}+4$ $\therefore (x+2)^2=\dfrac{8}{3}$

> $x^2+ax+b=0$ 꼴에서 상수항을 우변으로 이항한 후 양변에 $\left(\dfrac{x의\ 계수}{2}\right)^2$을 더하면 $(x+p)^2=q$ 꼴로 나타낼 수 있어.

답 (1) $(x-1)^2=6$ (2) $(x+2)^2=\dfrac{8}{3}$

1-1 다음 이차방정식을 $(x+p)^2=q$ 꼴로 나타내시오. (단, p, q는 수)

(1) $x^2+3x-3=0$ (2) $2x^2-16x-1=0$

2 완전제곱식을 이용하여 다음 이차방정식을 푸시오.

(1) $x^2-10x+15=0$ (2) $4x^2+8x-3=0$

✏️ **풀이**   (1) $x^2-10x+15=0$에서 $x^2-10x=-15$

$x^2-10x+25=-15+25$, $(x-5)^2=10$

$x-5=\pm\sqrt{10}$ $\therefore x=5\pm\sqrt{10}$

(2) $4x^2+8x-3=0$에서 $x^2+2x-\dfrac{3}{4}=0$, $x^2+2x=\dfrac{3}{4}$

$x^2+2x+1=\dfrac{3}{4}+1$, $(x+1)^2=\dfrac{7}{4}$

$x+1=\pm\dfrac{\sqrt{7}}{2}$ $\therefore x=-1\pm\dfrac{\sqrt{7}}{2}$

> 좌변을 완전제곱식으로 만든 후 제곱근을 이용해.

답 (1) $x=5\pm\sqrt{10}$ (2) $x=-1\pm\dfrac{\sqrt{7}}{2}$

2-1 완전제곱식을 이용하여 다음 이차방정식을 푸시오.

(1) $x^2-5x+2=0$ (2) $-3x^2+18x-18=0$

GO!! 시작해 보자~

8
이차방정식의 풀이 (2)

#근의 공식

#괄호 풀기 #소수 #분수

#계수를 정수로

#공통부분을 한 문자로

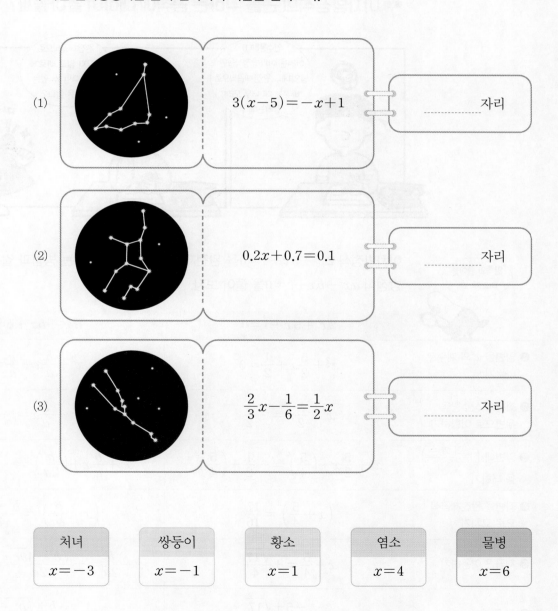

준비해 보자

▶ 정답 및 풀이 16쪽

● 별자리는 하늘의 별들을 찾아내기 쉽게 몇 개씩 이어서 그 형태에 동물, 물건, 신화 속의 인물 등의 이름을 붙여 놓은 것으로, 약 5000년 전 바빌로니아 지역의 유목민들이 양 떼를 지키면서 밤하늘의 별들의 형태에 특별한 관심을 가진 데서 유래하였다고 한다.

주어진 일차방정식을 풀어 별자리의 이름을 알아보자.

(1) $3(x-5)=-x+1$ _____ 자리

(2) $0.2x+0.7=0.1$ _____ 자리

(3) $\dfrac{2}{3}x-\dfrac{1}{6}=\dfrac{1}{2}x$ _____ 자리

처녀	쌍둥이	황소	염소	물병
$x=-3$	$x=-1$	$x=1$	$x=4$	$x=6$

25 이차방정식의 근의 공식

* QR코드를 스캔하여 개념 영상을 확인하세요.

•• 이차방정식의 근을 구하는 공식에 대하여 알아볼까?

이차방정식 $2x^2+5x+1=0$을 완전제곱식을 이용하여 푸는 방법과 같은 방법으로 이차방정식 $ax^2+bx+c=0$을 풀어 보자.

양쪽의 풀이를 비교해 봐.

	$2x^2+5x+1=0$	$ax^2+bx+c=0$
❶ 양변을 x^2의 계수로 나누기	$x^2+\dfrac{5}{2}x+\dfrac{1}{2}=0$	$x^2+\dfrac{b}{a}x+\dfrac{c}{a}=0$
❷ 좌변의 상수항을 우변으로 이항하기	$x^2+\dfrac{5}{2}x=-\dfrac{1}{2}$	$x^2+\dfrac{b}{a}x=-\dfrac{c}{a}$
❸ 양변에 $\left(\dfrac{x\text{의 계수}}{2}\right)^2$을 더하기	$x^2+\dfrac{5}{2}x+\left(\dfrac{5}{4}\right)^2=-\dfrac{1}{2}+\left(\dfrac{5}{4}\right)^2$	$x^2+\dfrac{b}{a}x+\left(\dfrac{b}{2a}\right)^2=-\dfrac{c}{a}+\left(\dfrac{b}{2a}\right)^2$
❹ 좌변을 완전제곱식으로 고치기	$\left(x+\dfrac{5}{4}\right)^2=\dfrac{17}{16}$	$\left(x+\dfrac{b}{2a}\right)^2=\dfrac{b^2-4ac}{4a^2}$
❺ 제곱근 이용하기	$x+\dfrac{5}{4}=\pm\dfrac{\sqrt{17}}{4}$	$x+\dfrac{b}{2a}=\pm\dfrac{\sqrt{b^2-4ac}}{2a}$ (단, $b^2-4ac\geq0$)
❻ 해 구하기	$x=\dfrac{-5\pm\sqrt{17}}{4}$	$x=\dfrac{-b\pm\sqrt{b^2-4ac}}{2a}$

앞의 결과를 통해 다음과 같이 이차방정식 $ax^2+bx+c=0$의 근을 구하는 식을 얻을 수 있다. 이 식을 이차방정식의 **근의 공식**이라 한다.

근의 공식은 꼭 외워 두자!

이차방정식 $ax^2+bx+c=0$의 해는

근의 공식

$$x=\frac{-b\pm\sqrt{b^2-4ac}}{2a}\ \text{(단, }b^2-4ac\geq0\text{)}$$

▶ 음수의 제곱근은 없으므로 $b^2-4ac<0$이면 해가 없다.

주의 $b<0$인 경우, 근의 공식을 이용할 때 − 부호를 빠뜨리지 않도록 주의한다.

근의 공식을 이용하여 이차방정식 $x^2+5x+3=0$을 풀어 보자.
$x^2+5x+3=0$에서 $a=1$, $b=5$, $c=3$이므로 이를 근의 공식에 대입하면 해는 다음과 같다.

$$x=\frac{-5\pm\sqrt{5^2-4\times1\times3}}{2\times1}=\frac{-5\pm\sqrt{13}}{2}$$

▶ 이차방정식 $ax^2+bx+c=0$의 해 구하기

$ax^2+bx+c=0$
의 좌변이

인수분해가 된다. → 인수분해 이용

인수분해하기 어렵다. → 근의 공식 이용

한편, 이차방정식 $ax^2+bx+c=0$에서 일차항의 계수가 짝수, 즉 $b=2b'$인 경우는 위에서 배운 근의 공식 $x=\dfrac{-b\pm\sqrt{b^2-4ac}}{2a}$에 b 대신 $2b'$을 대입하면 해가 다음과 같음을 알 수 있다.

$$x=\frac{-2b'\pm\sqrt{(2b')^2-4ac}}{2a}=\frac{-2b'\pm\sqrt{4b'^2-4ac}}{2a}$$

$$=\frac{-2b'\pm2\sqrt{b'^2-ac}}{2a}=\frac{-b'\pm\sqrt{b'^2-ac}}{a}\ \text{(단, }b'^2-ac\geq0\text{)}$$

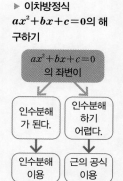
중간에 약분이 돼서 식이 더 간단해졌어!

따라서 일차항의 계수가 짝수인 이차방정식 $ax^2+2b'x+c=0$을 풀 때는 다음과 같은 좀 더 간단한 근의 공식을 이용할 수 있다.

일차항의 계수가 짝수일 때의 근의 공식!

이차방정식 $ax^2+2b'x+c=0$의 해는

$$x=\frac{-b'\pm\sqrt{b'^2-ac}}{a}\ (\text{단},\ b'^2-ac\geq0)$$

근의 공식을 이용하여 다음 이차방정식을 풀어 보자.

(1) $x^2-7x+4=0$

근의 공식에 $a=$ ❶ , $b=$ ❷ , $c=$ ❸ 를 대입하면

$$x=\frac{-(\text{❹})\pm\sqrt{(\text{❺})^2-4\times1\times\text{❻}}}{2\times\text{❼}}=\boxed{\text{❽}}$$

(2) $2x^2+4x-3=0$

일차항의 계수가 짝수일 때의 근의 공식에 $a=$ ❶ , $b'=$ ❷ , $c=$ ❸ 을 대입하면

$$x=\frac{-\text{❹}\pm\sqrt{\text{❺}^2-2\times(\text{❻})}}{\text{❼}}=\boxed{\text{❽}}$$

답 (1) ❶ 1 ❷ -7 ❸ 4 ❹ -7 ❺ -7 ❻ 4 ❼ 1 ❽ $\dfrac{7\pm\sqrt{33}}{2}$

(2) ❶ 2 ❷ 2 ❸ -3 ❹ 2 ❺ 2 ❻ -3 ❼ 2 ❽ $\dfrac{-2\pm\sqrt{10}}{2}$

회색 글씨를 따라 쓰면서 개념을 정리해 보자!

꽉 잡아, 개념!

이차방정식의 근의 공식

(1) 이차방정식 $ax^2+bx+c=0$의 해는

$$x=\boxed{\frac{-b\pm\sqrt{b^2-4ac}}{2a}}\ (\text{단},\ b^2-4ac\geq0)$$

(2) 일차항의 계수가 짝수인 이차방정식 $ax^2+2b'x+c=0$의 해는

$$x=\boxed{\frac{-b'\pm\sqrt{b'^2-ac}}{a}}\ (\text{단},\ b'^2-ac\geq0)$$

1 근의 공식을 이용하여 다음 이차방정식을 푸시오.

(1) $x^2+3x-2=0$

(2) $3x^2-5x+1=0$

(3) $x^2+8x+5=0$

(4) $2x^2-2x-3=0$

 풀이 (1) 근의 공식에 $a=1$, $b=3$, $c=-2$를 대입하면

$$x=\frac{-3\pm\sqrt{3^2-4\times1\times(-2)}}{2\times1}=\frac{-3\pm\sqrt{17}}{2}$$

(2) 근의 공식에 $a=3$, $b=-5$, $c=1$을 대입하면

$$x=\frac{-(-5)\pm\sqrt{(-5)^2-4\times3\times1}}{2\times3}=\frac{5\pm\sqrt{13}}{6}$$

(3) 일차항의 계수가 짝수일 때의 근의 공식에 $a=1$, $b'=4$, $c=5$를 대입하면

$$x=-4\pm\sqrt{4^2-1\times5}=-4\pm\sqrt{11}$$

(4) 일차항의 계수가 짝수일 때의 근의 공식에 $a=2$, $b'=-1$, $c=-3$을 대입하면

$$x=\frac{-(-1)\pm\sqrt{(-1)^2-2\times(-3)}}{2}=\frac{1\pm\sqrt{7}}{2}$$

답 (1) $x=\frac{-3\pm\sqrt{17}}{2}$ (2) $x=\frac{5\pm\sqrt{13}}{6}$ (3) $x=-4\pm\sqrt{11}$ (4) $x=\frac{1\pm\sqrt{7}}{2}$

> x의 계수가 짝수일 때는 근의 공식을 이용해도 되지만 짝수일 때의 근의 공식을 이용하는 게 더 편리할거야.

1-1 근의 공식을 이용하여 다음 이차방정식을 푸시오.

(1) $x^2+x-3=0$

(2) $2x^2-5x-1=0$

(3) $3x^2-7x+1=0$

(4) $5x^2-9x+2=0$

1-2 일차항의 계수가 짝수일 때의 근의 공식을 이용하여 다음 이차방정식을 푸시오.

(1) $x^2+2x-6=0$

(2) $2x^2-6x-5=0$

(3) $3x^2-10x+4=0$

(4) $4x^2+6x+1=0$

이차방정식의 근의 개수

앞의 '개념 **25**'에서 이차방정식 $ax^2+bx+c=0$의 근은 $x=\dfrac{-b\pm\sqrt{b^2-4ac}}{2a}$임을 배웠다. 이때 근호 안에 있는 b^2-4ac의 값은 양수, 0, 음수가 될 수 있는데 각 경우에 따라 근의 개수가 달라진다.

b^2-4ac의 부호에 따른 이차방정식의 근의 개수를 살펴보자.

b^2-4ac의 부호	이차방정식 $ax^2+bx+c=0$의 근	근의 개수
$b^2-4ac>0$	$x=\dfrac{-b+\sqrt{b^2-4ac}}{2a}$ 또는 $x=\dfrac{-b-\sqrt{b^2-4ac}}{2a}$ 이므로 서로 다른 두 근을 갖는다.	2개
$b^2-4ac=0$	$x=-\dfrac{b}{2a}$이므로 한 근(중근)을 갖는다.	1개
$b^2-4ac<0$	근호 안의 값이 음수가 될 수 없으므로 근이 존재하지 않는다.	0개

따라서 b^2-4ac의 부호만 알면 이차방정식의 근을 직접 구하지 않아도 서로 다른 근의 개수를 판단할 수 있다.

이를 이용하여 주어진 이차방정식의 근의 개수를 구해 보면 다음과 같다.

$ax^2+bx+c=0$	a, b, c의 값	b^2-4ac의 부호	근의 개수
$x^2+2x-1=0$	$a=1$, $b=2$, $c=-1$	$2^2-4\times1\times(-1)=8>0$	2개
$x^2+2x+1=0$	$a=1$, $b=2$, $c=1$	$2^2-4\times1\times1=0$	1개
$x^2+2x+2=0$	$a=1$, $b=2$, $c=2$	$2^2-4\times1\times2=-4<0$	0개

➕참고 x의 계수가 짝수인 이차방정식 $ax^2+2b'x+c=0$에서는 b^2-4ac 대신 b'^2-ac의 부호로 판단할 수도 있다.

26

*QR코드를 스캔하여 개념 영상을 확인하세요.

복잡한 이차방정식의 풀이

●●괄호가 있는 이차방정식은 어떻게 풀까?

이제 근의 공식만 있으면 어떤 이차방정식이든 풀 수 있어!

그럼 $(x+3)(x-2)=6$ 도 풀어 봐~

앗! 이건 내가 알던 이차방정식 모양이 아닌데? 어떻게 풀지?

...

괄호가 있는 이차방정식은 곱셈 공식이나 분배법칙을 이용하여 괄호를 풀고 $ax^2+bx+c=0$ 꼴로 정리한 후 인수분해 또는 근의 공식을 이용하면 해를 구할 수 있다.

이차방정식 $(x+3)(x-2)=6$을 풀어 보자.

이제 익숙한 이차방정식이 됐어!

$$(x+3)(x-2)=6 \quad \xrightarrow{\text{괄호 풀기}} \quad x^2+x-6=6$$
$$\xrightarrow{\text{정리하기}} \quad x^2+x-12=0$$
$$\xrightarrow{\text{인수분해하기}} \quad (x+4)(x-3)=0$$
$$\xrightarrow{\text{해 구하기}} \quad x=-4 \text{ 또는 } x=3$$

괄호가 있는 이차방정식
→ 괄호를 풀어 정리한다.

이차방정식 $(x-2)(x+2)=3x$를 풀어 보자.

$(x-2)(x+2)=3x$에서 $x^2-\boxed{}=3x$, $x^2-\boxed{}x-\boxed{}=0$

$(x+\boxed{})(x-4)=0$ $\qquad$ $\therefore x=\boxed{}$ 또는 $x=4$

답 4, 3, 4, 1, -1

●● 계수가 소수 또는 분수인 이차방정식은 어떻게 풀까?

▶ 양변에 적당한 수를 곱할 때는 모든 항에 빠짐없이 곱해야 한다.

계수가 소수 또는 분수인 이차방정식은 양변에 적당한 수를 곱하여 계수가 모두 정수가 되도록 고친 후 인수분해 또는 근의 공식을 이용하면 해를 구할 수 있다.

먼저 계수가 소수인 이차방정식은 양변에 10, 10^2, 10^3, …과 같은 10의 거듭제곱을 곱하여 계수를 정수로 고친다.

이차방정식 $0.2x^2+0.4x+0.1=0$을 풀어 보자.

$$0.2x^2+0.4x+0.1=0 \quad \xrightarrow{\text{양변에 }\times 10} \quad 2x^2+4x+1=0$$

$$\xrightarrow{\text{해 구하기}} \quad x=\frac{-2\pm\sqrt{2}}{2}$$

또, 계수가 분수인 이차방정식은 양변에 분모의 최소공배수를 곱하여 계수를 정수로 고친다.

이차방정식 $\frac{2}{3}x^2+\frac{1}{2}x-\frac{1}{6}=0$을 풀어 보자.

$$\frac{2}{3}x^2+\frac{1}{2}x-\frac{1}{6}=0 \quad \xrightarrow{\text{양변에 }\times 6} \quad 4x^2+3x-1=0$$

분모 3, 2, 6의 최소공배수: 6

$$\xrightarrow{\text{인수분해하기}} \quad (x+1)(4x-1)=0$$

$$\xrightarrow{\text{해 구하기}} \quad x=-1 \text{ 또는 } x=\frac{1}{4}$$

따라서 계수가 소수 또는 분수인 이차방정식을 풀 때는 먼저 다음과 같은 방법으로 계수를 정수로 고치도록 한다.

💙 다음 이차방정식을 풀어 보자.

(1) $x^2 - 0.7x - 1.2 = 0$

양변에 ☐ 을 곱하면

$☐ x^2 - ☐ x - ☐ = 0$

$(5x + ☐)(2x - 3) = 0$

$\therefore x = ☐$ 또는 $x = \dfrac{3}{2}$

(2) $\dfrac{3}{4}x^2 + x - \dfrac{1}{2} = 0$

양변에 ☐ 를 곱하면

$☐ x^2 + ☐ x - ☐ = 0$

$\therefore x = ☐$

📘 (1) 10, 10, 7, 12, 4, $-\dfrac{4}{5}$　(2) 4, 3, 4, 2, $\dfrac{-2 \pm \sqrt{10}}{3}$

•• 공통부분이 있는 이차방정식은 어떻게 풀까?

공통부분이 있는 이차방정식은 공통부분을 한 문자로 놓은 후 인수분해 또는 근의 공식을 이용하면 해를 구할 수 있다.

이차방정식 $(x+1)^2 + 2(x+1) - 8 = 0$을 풀어 보자.

> $x+1$이 공통으로 들어 있어!

$$(x+1)^2 + 2(x+1) - 8 = 0$$

$$A^2 + 2A - 8 = 0$$ 　$x+1 = A$로 놓기

$$(A+4)(A-2) = 0$$ 　인수분해하기

$$\therefore A = -4 \ \text{또는} \ A = 2$$ 　A의 값 구하기

$$x+1 = -4 \ \text{또는} \ x+1 = 2$$ 　A에 $x+1$을 대입하기

$$\therefore x = -5 \ \text{또는} \ x = 1$$ 　해 구하기

▶ 공통부분을 A로 놓고 풀 때, A의 값이 주어진 이차방정식의 해라고 착각하지 않도록 한다.

이때 공통부분을 한 문자 A로 놓고 A에 대한 이차방정식을 푼 후에는 반드시 A 대신 원래의 식을 대입하여 x의 값을 구해야 한다.

따라서 공통부분이 있는 이차방정식은 다음과 같은 순서로 풀면 된다.

공통부분을 A로 놓기 → A에 대한 이차방정식 풀기 → A에 원래의 식을 대입하여 x의 값 구하기

 이차방정식 $(x-1)^2+3(x-1)-18=0$을 풀어 보자.

> $\boxed{}=A$로 놓으면 $A^2+3A-18=0$
>
> $(A+6)(A-\boxed{})=0$　　∴ $A=-6$ 또는 $A=\boxed{}$
>
> 즉, $x-1=-6$ 또는 $x-1=\boxed{}$이므로
>
> $x=-5$ 또는 $x=\boxed{}$

$\textcircled{\small 답}\ x-1, 3, 3, 3, 4$

회색 글씨를 따라 쓰면서 개념을 정리해 보자!

꽉 잡아, 개념!

(1) 괄호가 있는 이차방정식

곱셈 공식이나 분배법칙을 이용하여 괄호를 풀고 $ax^2+bx+c=0$ 꼴로 정리한다.

(2) 계수가 소수 또는 분수인 이차방정식

양변에 적당한 수를 곱하여 모든 계수를 정수로 고친다.

① 계수가 소수일 때 ➡ 양변에 $\boxed{10의\ 거듭제곱}$ 을 곱한다.

② 계수가 분수일 때 ➡ 양변에 $\boxed{분모의\ 최소공배수}$ 를 곱한다.

(3) 공통부분이 있는 이차방정식

공통부분을 한 문자로 놓는다.

 다음 이차방정식을 푸시오.

(1) $(x+5)(x-1)=7$

(2) $0.5x^2-1.2x+0.3=0$

(3) $x^2-\dfrac{1}{4}x-\dfrac{3}{8}=0$

(4) $(x+4)^2-5(x+4)+6=0$

✏️ 풀이 (1) $(x+5)(x-1)=7$에서 $x^2+4x-5=7$, $x^2+4x-12=0$
$(x+6)(x-2)=0$ ∴ $x=-6$ 또는 $x=2$

(2) 양변에 10을 곱하면 $5x^2-12x+3=0$

$$∴ x=\dfrac{-(-6)\pm\sqrt{(-6)^2-5\times3}}{5}=\dfrac{6\pm\sqrt{21}}{5}$$

(3) 양변에 8을 곱하면 $8x^2-2x-3=0$

$(2x+1)(4x-3)=0$ ∴ $x=-\dfrac{1}{2}$ 또는 $x=\dfrac{3}{4}$

(4) $x+4=A$로 놓으면 $A^2-5A+6=0$

$(A-2)(A-3)=0$ ∴ $A=2$ 또는 $A=3$

즉, $x+4=2$ 또는 $x+4=3$이므로

$x=-2$ 또는 $x=-1$

> 괄호가 있으면 괄호를 풀고, 계수가 소수 또는 분수이면 계수를 정수로 고치고, 공통부분이 있으면 공통부분을 한 문자로 놓고 풀면 돼.

📖 (1) $x=-6$ 또는 $x=2$ (2) $x=\dfrac{6\pm\sqrt{21}}{5}$ (3) $x=-\dfrac{1}{2}$ 또는 $x=\dfrac{3}{4}$ (4) $x=-2$ 또는 $x=-1$

1-1 다음 이차방정식을 푸시오.

(1) $(2x+1)(x+6)=4x$

(2) $3(x-1)^2=5x+7$

(3) $0.4x^2-x+0.1=0$

(4) $0.01x^2+0.05x-0.24=0$

(5) $\dfrac{1}{4}x^2+\dfrac{5}{6}x+\dfrac{2}{3}=0$

(6) $\dfrac{1}{3}x^2+\dfrac{2x-1}{5}=0$

(7) $2(x-3)^2-(x-3)-1=0$

(8) $(2x+1)^2+3(2x+1)-28=0$

GO!!
시작해 보자~

9

이차방정식의 활용

#이차방정식 구하기

#두 근과 x^2의 계수

#중근과 x^2의 계수

#수 #나이 #도형

● 바삭바삭한 표면과 달리 속살의 식감은 부드럽고 쫄깃쫄깃한
  이 빵은 밀가루, 소금, 설탕, 이스트, 따뜻한 물을 넣은 반죽
  으로 모양을 만들어 구운 독일의 대표 빵이다.
  다음을 만족하는 자연수를 출발점으로 하여 길을 따라가서
  독일의 대표 빵이 무엇인지 알아보자.

> 연속하는 세 자연수의 합이 39일 때,
> 세 자연수 중 가장 작은 자연수

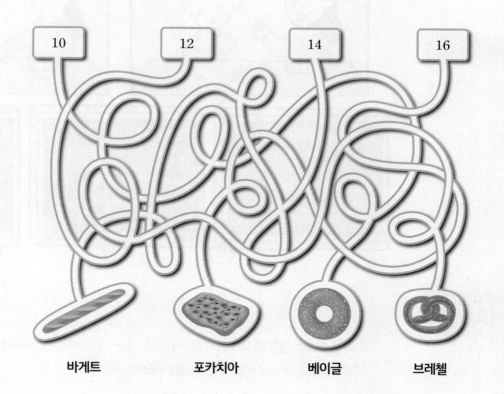

| 10 | 12 | 14 | 16 |

바게트   포카치아   베이글   브레첼

정답 [   ]

27
이차방정식 구하기

* QR코드를 스캔하여 개념 영상을 확인하세요.

●● 근과 x^2의 계수가 주어졌을 때, 이차방정식을 어떻게 나타낼까?

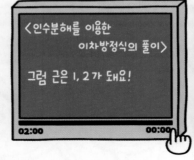

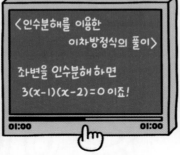

우리는 '개념 **22**'에서 이차방정식 $ax^2+bx+c=0$이 $a(x-\alpha)(x-\beta)=0$ 꼴로 변형되면 그 해는 $x=\alpha$ 또는 $x=\beta$임을 배웠다. 즉,

$$a(x-\alpha)(x-\beta)=0$$
$$\rightarrow \quad x=\alpha \ \text{또는} \ x=\beta$$

이다.

이를 이용하면 두 근과 x^2의 계수가 주어졌을 때, 다음과 같이 이차방정식을 구할 수 있다.

두 근이 α, β이고 x^2의 계수가 a인 이차방정식은

$$a(x-\alpha)(x-\beta)=0$$

맨 앞에 x^2의 계수를 곱해야 하는 것을 잊지 마~

두 근이 1, 3이고 x^2의 계수가 2인 이차방정식을 구해 보자.

x^2의 계수 2 두 근 $1, 3$

$$2(x-1)(x-3)=0$$
$$2(x^2-4x+3)=0$$
$$\therefore\ 2x^2-8x+6=0$$

즉, 구하는 이차방정식은 $2x^2-8x+6=0$이다.

그렇다면 중근이 주어졌을 때는 어떻게 이차방정식을 구할 수 있을까?

'개념 22'에서 이차방정식이 (완전제곱식)$=0$ 꼴로 나타나면 이 이차방정식은 중근을 갖는다는 것도 배웠다. 즉,

$$a(x-\alpha)^2=0\ \rightarrow\ x=\alpha$$

이다.

이를 이용하면 중근과 x^2의 계수가 주어졌을 때도 다음과 같이 이차방정식을 구할 수 있다.

중근이 α이고 x^2의 계수가 a인 이차방정식은

$$a(x-\alpha)^2=0\ \leftarrow\ (완전제곱식)=0\ 꼴$$

중근이 -2이고 x^2의 계수가 3인 이차방정식을 구해 보자.

▶ 중근이 -2이고 x^2의
계수가 3인 이차방정식은
$3\{x-(-2)\}^2=0$
$\therefore\ 3(x+2)^2=0$

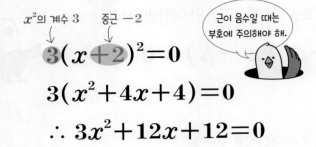

x^2의 계수 3　　중근 -2

근이 음수일 때는
부호에 주의해야 해.

$$3(x+2)^2=0$$

$$3(x^2+4x+4)=0$$

$$\therefore\ 3x^2+12x+12=0$$

즉, 구하는 이차방정식은 $3x^2+12x+12=0$이다.

❤️ 다음 이차방정식을 $ax^2+bx+c=0$ 꼴로 나타내 보자. (단, a, b, c는 수)

(1) 두 근이 -4, 2이고 x^2의 계수가 1인 이차방정식

> 두 근이 -4, 2이고 x^2의 계수가 1인 이차방정식은
> $(x+\square)(x-\square)=0$　　$\therefore\ x^2+\square x-\square=0$

(2) 중근이 3이고 x^2의 계수가 2인 이차방정식

> 중근이 3이고 x^2의 계수가 2인 이차방정식은
> $\square(x-\square)^2=0$, $\square(x^2-\square x+\square)=0$　　$\therefore\ \square x^2-\square x+\square=0$

답 (1) 4, 2, 2, 8　(2) 2, 3, 2, 6, 9, 2, 12, 18

회색 글씨를
따라 쓰면서
개념을 정리해 보자!

꽉 잡아, 개념!

이차방정식 구하기

(1) 두 근이 α, β이고 x^2의 계수가 a인 이차방정식

➡ $\boxed{a(x-\alpha)(x-\beta)=0}$

(2) 중근이 α이고 x^2의 계수가 a인 이차방정식

➡ $\boxed{a(x-\alpha)^2=0}$

1 두 근이 -2, 7이고 x^2의 계수가 2인 이차방정식을 $ax^2+bx+c=0$ 꼴로 나타내시오.

(단, a, b, c는 수)

✏️ **풀이** 두 근이 -2, 7이고 x^2의 계수가 2인 이차방정식은
$2(x+2)(x-7)=0$, $2(x^2-5x-14)=0$
∴ $2x^2-10x-28=0$

두 근이 α, β이고 x^2의 계수가 a인 이차방정식은 $a(x-\alpha)(x-\beta)=0$ 이야.

🗒️ $2x^2-10x-28=0$

1-1 다음 이차방정식을 $ax^2+bx+c=0$ 꼴로 나타내시오. (단, a, b, c는 수)

(1) 두 근이 -6, -4이고 x^2의 계수가 $\dfrac{1}{2}$인 이차방정식

(2) 두 근이 $\dfrac{2}{3}$, 1이고 x^2의 계수가 -3인 이차방정식

2 중근이 5이고 x^2의 계수가 -1인 이차방정식을 $ax^2+bx+c=0$ 꼴로 나타내시오.

(단, a, b, c는 수)

✏️ **풀이** 중근이 5이고 x^2의 계수가 -1인 이차방정식은
$-(x-5)^2=0$, $-(x^2-10x+25)=0$
∴ $-x^2+10x-25=0$

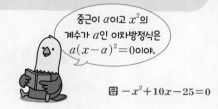

중근이 α이고 x^2의 계수가 a인 이차방정식은 $a(x-\alpha)^2=0$이야.

🗒️ $-x^2+10x-25=0$

2-1 다음 이차방정식을 $ax^2+bx+c=0$ 꼴로 나타내시오. (단, a, b, c는 수)

(1) 중근이 $\dfrac{1}{2}$이고 x^2의 계수가 4인 이차방정식

(2) 중근이 -6이고 x^2의 계수가 $-\dfrac{1}{3}$인 이차방정식

28 이차방정식의 활용

* QR코드를 스캔하여 개념 영상을 확인하세요.

●● 수에 대한 문제는 어떻게 해결할까?

❶ 미지수 정하기

어떤 자연수를 x라 하자.

❷ 방정식 세우기

어떤 자연수를 제곱한 수는
원래의 수를 4배 한 것보다 21만큼 크므로

$$x^2 = 4x + 21$$

문장을 그대로
식으로 나타내면 돼.

❸ 방정식 풀기

$x^2 - 4x - 21 = 0$

$(x+3)(x-7) = 0$

$\therefore x = -3$ 또는 $x = 7$

그런데 x는 자연수이므로 $x = 7$

따라서 어떤 자연수는 **7**이다.

▶ 이차방정식의 모든 해가 문제에서 원하는 답이 되는 것은 아니므로 문제의 조건을 확인하는 것이 중요하다.

❹ 확인하기

어떤 자연수가 7이면 $7^2 = 4 \times 7 + 21$이므로 구한 해가 문제의
뜻에 맞는다.

●● 실생활에 대한 문제는 어떻게 해결할까?

❶ 미지수 정하기

동생의 나이를 x살이라 하자.

❷ 방정식 세우기

언니의 나이는 $(x+6)$살이고, 두 사람의 나이의 제곱의 합이
306이므로

$$(x+6)^2+x^2=306$$

❸ 방정식 풀기

$2x^2+12x+36=306$

$2x^2+12x-270=0$

$x^2+6x-135=0$

$(x+15)(x-9)=0$

$\therefore x=-15$ 또는 $x=9$

그런데 x는 자연수이므로 $x=9$

따라서 동생의 나이는 **9살**이다.

▶ 사람 수, 나이 등은 자연수이어야 한다.

❹ 확인하기

동생의 나이가 9살이면 언니의 나이는 $9+6=15$(살)이다.
이때 두 사람의 나이의 제곱의 합은 $9^2+15^2=306$이므로 구한
해가 문제의 뜻에 맞는다.

➕ 참고 언니의 나이를 x살이라 하면 동생의 나이는 $(x-6)$살이므로
$x^2+(x-6)^2=306$, $2x^2-12x+36=306$, $2x^2-12x-270=0$
$x^2-6x-135=0$, $(x+9)(x-15)=0$ $\therefore x=-9$ 또는 $x=15$
그런데 x는 자연수이므로 $x=15$
따라서 동생의 나이는 $15-6=9$(살)이다.

언니의 나이를
x살이라 해도 최종적으로
구하는 답은 같아!

●● 도형에 대한 문제는 어떻게 해결할까?

오른쪽 그림과 같이 가로, 세로의 길이가 각각 8 cm, 5 cm인 직사각형의 가로, 세로의 길이를 똑같은 길이만큼 줄여서 만든 직사각형의 넓이가 18 cm²일 때, 가로, 세로의 길이를 각각 몇 **cm**씩 줄였는지 **구해 보자.**

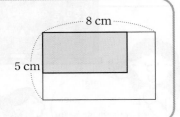

❶ 미지수 정하기 줄인 길이를 $x\,\text{cm}$라 하자.

❷ 방정식 세우기 오른쪽 그림에서 색칠한 도형의 넓이가 $18\,\text{cm}^2$이므로

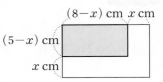

$$(8-x)(5-x)=18$$

▶ 길이, 넓이, 부피 등은 양수이어야 한다.

❸ 방정식 풀기 $x^2-13x+40=18,\ x^2-13x+22=0$
$(x-2)(x-11)=0$ ∴ $x=2$ 또는 $x=11$

▶ $x, 8-x, 5-x$는 길이이므로 $x>0$, $8-x>0, 5-x>0$ ∴ $0<x<5$

그런데 $0<x<5$이므로 $x=2$

따라서 가로, 세로의 길이를 각각 $2\,\text{cm}$씩 줄였다.

❹ 확인하기 가로, 세로의 길이를 각각 2 cm씩 줄여서 만든 직사각형의 넓이는 $(8-2)\times(5-2)=18(\text{cm}^2)$이므로 구한 해가 문제의 뜻에 맞는다.

회색 글씨를 따라 쓰면서 개념을 정리해 보자!

꽉 잡아, 개념!

이차방정식을 활용하여 문제를 해결하는 단계

❶ 미지수 정하기: 문제의 뜻을 이해하고, 구하려는 것을 미지수 x 로 놓는다.

❷ 이차방정식 세우기: 문제의 뜻에 맞게 x에 대한 이차방정식 을 세운다.

❸ 이차방정식 풀기: 이차방정식을 푼다.

❹ 확인하기: 구한 해가 문제의 뜻에 맞는지 확인한다.

➕참고 길이, 넓이, 부피, 시간, 속력, 거리 등은 양수이어야 하고, 사람 수, 나이 등은 자연수이어야 한다.

 **개념을 확인해 보자**

▶ 정답 및 풀이 17쪽

1 연속하는 두 자연수의 곱이 210일 때, 두 자연수 중 작은 수를 구하시오.

연속하는 두 자연수는 x, $x+1$ 또는 $x-1$, x로 미지수를 정하면 편해.

✎ **풀이** 연속하는 두 자연수를 x, $x+1$이라 하면

$x(x+1)=210$, $x^2+x-210=0$

$(x+15)(x-14)=0$ $\therefore x=-15$ 또는 $x=14$

그런데 x는 자연수이므로 $x=14$

따라서 두 자연수 중 작은 수는 14이다.

[참고] $14 \times 15=210$이므로 구한 해가 문제의 뜻에 맞는다.

이와 같이 이차방정식의 활용 문제를 해결할 때는 구한 해가 문제의 뜻에 맞는지 확인하도록 한다.

🔲 14

1-1 어느 해 6월의 달력에서 위아래로 이웃하는 두 날짜의 곱이 120일 때, 두 날짜를 구하시오.

2 지면에서 초속 35 m로 똑바로 위로 던져 올린 공의 x초 후의 지면으로부터의 높이는 $(35x-5x^2)$ m이다. 이 공이 지면에 떨어지는 것은 공을 던져 올린 지 몇 초 후인지 구하시오.

✎ **풀이** 공이 지면에 떨어지는 것은 높이가 0 m일 때이므로

$35x-5x^2=0$, $x^2-7x=0$, $x(x-7)=0$ $\therefore x=0$ 또는 $x=7$

그런데 $x>0$이므로 $x=7$

따라서 공이 지면에 떨어지는 것은 공을 던져 올린 지 7초 후이다.

🔲 7초 후

2-1 지면에서 초속 50 m로 똑바로 위로 쏘아 올린 물체의 x초 후의 지면으로부터의 높이는 $(50x-5x^2)$ m이다. 이 물체의 지면으로부터의 높이가 처음으로 105 m가 되는 것은 물체를 쏘아 올린 지 몇 초 후인지 구하시오.

3 오른쪽 그림과 같이 정사각형의 가로의 길이를 3 cm만큼 늘이고, 세로의 길이를 5 cm만큼 줄여서 만든 직사각형의 넓이가 65 cm²일 때, 처음 정사각형의 한 변의 길이를 구하시오.

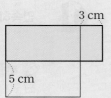

✎ **풀이** 처음 정사각형의 한 변의 길이를 x cm라 하면 직사각형의 가로의 길이는 $(x+3)$ cm, 세로의 길이는 $(x-5)$ cm이므로
$(x+3)(x-5)=65$, $x^2-2x-15=65$, $x^2-2x-80=0$
$(x+8)(x-10)=0$ ∴ $x=-8$ 또는 $x=10$
그런데 $x>5$이므로 $x=10$
따라서 처음 정사각형의 한 변의 길이는 10 cm이다.

처음 정사각형의 한 변의 길이를 미지수로 놓고 식을 세워 봐.

답 **10 cm**

3-1 어떤 원의 반지름의 길이를 4 cm만큼 늘였더니 그 넓이가 처음 원의 넓이의 4배가 되었을 때, 처음 원의 반지름의 길이를 구하시오.

3-2 오른쪽 그림과 같이 가로, 세로의 길이가 각각 16 m, 12 m인 직사각형 모양의 땅에 폭이 일정한 도로를 만들었다. 도로를 제외한 땅의 넓이가 140 m²일 때, 이 도로의 폭은 몇 m인지 구하시오.

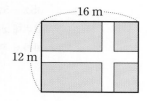

개념을 정리해 보자

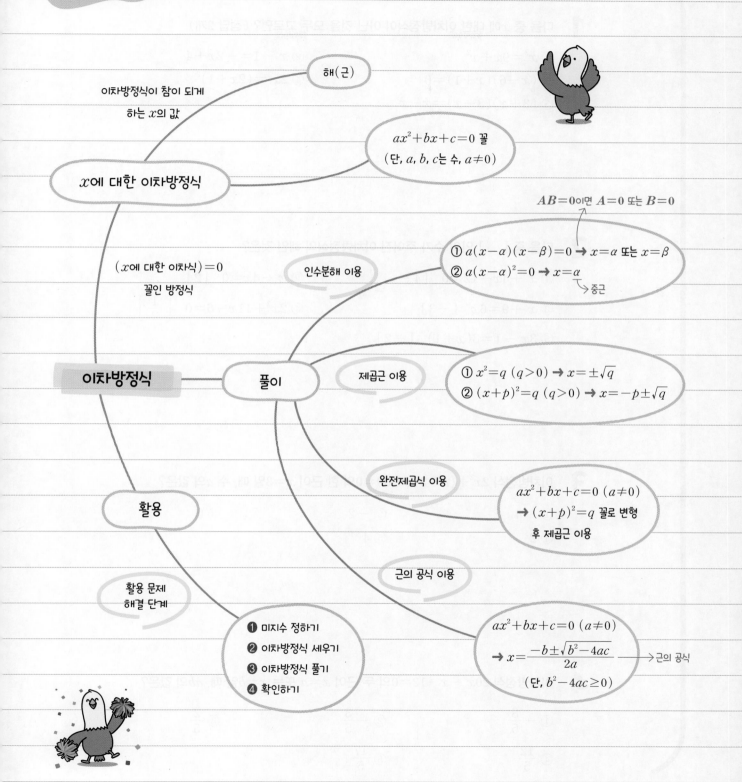

해(근)

이차방정식이 참이 되게
하는 x의 값

x에 대한 이차방정식

$ax^2+bx+c=0$ 꼴
(단, a, b, c는 수, $a \neq 0$)

이차방정식

$(x$에 대한 이차식$)=0$
꼴인 방정식

풀이

인수분해 이용

$AB=0$이면 $A=0$ 또는 $B=0$

① $a(x-\alpha)(x-\beta)=0 \rightarrow x=\alpha$ 또는 $x=\beta$
② $a(x-\alpha)^2=0 \rightarrow x=\alpha$
$\rightarrow$ 중근

제곱근 이용

① $x^2=q \ (q>0) \rightarrow x=\pm\sqrt{q}$
② $(x+p)^2=q \ (q>0) \rightarrow x=-p\pm\sqrt{q}$

완전제곱식 이용

$ax^2+bx+c=0 \ (a \neq 0)$
$\rightarrow (x+p)^2=q$ 꼴로 변형
후 제곱근 이용

근의 공식 이용

$ax^2+bx+c=0 \ (a \neq 0)$
$\rightarrow x=\dfrac{-b\pm\sqrt{b^2-4ac}}{2a}$ —— 근의 공식
(단, $b^2-4ac \geq 0$)

활용

활용 문제
해결 단계

❶ 미지수 정하기
❷ 이차방정식 세우기
❸ 이차방정식 풀기
❹ 확인하기

1 다음 중 x에 대한 이차방정식이 <u>아닌</u> 것을 모두 고르면? (정답 2개)

① $x^2 = 9x + x^2$ ② $x^2 - 1 = -2x + 4$

③ $(x - 6)(x + 1) = 0$ ④ $2x^2 = (2x + 1)^2$

⑤ $(3 + x)(3 - x) = x - x^2$

2 다음 중 [   ] 안의 수가 주어진 이차방정식의 해인 것은?

① $x^2 + 4x - 12 = 0$ $[\,4\,]$ ② $x^2 - 4x = 0$ $[\,2\,]$

③ $x^2 + 9 = 6x$ $[\,-3\,]$ ④ $2x^2 + 11x - 6 = 0$ $\left[\,\dfrac{1}{2}\,\right]$

⑤ $3x^2 - 1 = 3(x + 1)$ $[\,-2\,]$

3 이차방정식 $2x^2 + (a + 2)x - 30 = 0$의 한 근이 $x = 3$일 때, 수 a의 값은?

① -4 ② -2 ③ 0

④ 2 ⑤ 4

4 이차방정식 $20x^2 - x - 12 = 0$의 두 근이 $x = a$ 또는 $x = b$일 때, ab의 값은?

① $-\dfrac{8}{5}$ ② $-\dfrac{3}{5}$ ③ $\dfrac{2}{5}$

④ $\dfrac{12}{5}$ ⑤ $\dfrac{17}{5}$

5 이차방정식 $x^2-10x+a+2=0$이 $x=b$를 중근으로 가질 때, $a+b$의 값은? (단, a는 수)

① 22   ② 24   ③ 26

④ 28   ⑤ 30

6 이차방정식 $4(x-p)^2=q$의 해가 $x=5\pm\sqrt{7}$일 때, 유리수 p, q에 대하여 $p+q$의 값을 구하시오.

7 다음은 완전제곱식을 이용하여 이차방정식 $5x^2-2x-8=0$의 해를 구하는 과정이다. (가)~(마)에 알맞은 수로 옳지 <u>않은</u> 것은?

> 양변을 [(가)] 로 나누면 $x^2-\dfrac{2}{5}x-\dfrac{8}{5}=0$
>
> $x^2-\dfrac{2}{5}x+$ [(나)] $=\dfrac{8}{5}+$ [(나)]
>
> $(x-$ [(다)] $)^2=\dfrac{[(라)]}{25}$ $\therefore x=$ [(마)]

① (가) 5   ② (나) $\dfrac{4}{25}$ ③ (다) $\dfrac{1}{5}$

④ (라) 41   ⑤ (마) $\dfrac{1\pm\sqrt{41}}{5}$

8 이차방정식 $2x^2+12x-3=0$의 근이 $x=\dfrac{a\pm\sqrt{b}}{2}$일 때, 유리수 a, b에 대하여 $a+b$의 값은?

① 32   ② 33   ③ 34

④ 35   ⑤ 36

9 이차방정식 $3x^2+x+k=0$의 근이 $x=\dfrac{-1\pm\sqrt{61}}{6}$ 일 때, 유리수 k의 값을 구하시오.

10 이차방정식 $3(x+1)(x+3)-4=4x(x+4)$의 두 근 사이에 있는 모든 정수의 개수를 구하시오.

11 이차방정식 $\dfrac{x(x+5)}{4}-0.5x=\dfrac{1}{8}$의 두 근의 곱을 구하면?

① $-\dfrac{7}{2}$ ② $-\dfrac{5}{2}$ ③ $-\dfrac{3}{2}$

④ $-\dfrac{1}{2}$ ⑤ $\dfrac{1}{2}$

12 이차방정식 $4(x-5)^2+11(x-5)-3=0$의 정수인 해는?

① $x=-3$ ② $x=-2$ ③ $x=1$

④ $x=2$ ⑤ $x=3$

13 이차방정식 $3x^2+ax+b=0$의 두 근이 -5, $\dfrac{1}{3}$일 때, 수 a, b에 대하여 $a-b$의 값을 구하시오.

14 연속하는 세 자연수가 있다. 가장 작은 수의 제곱은 나머지 두 수의 제곱의 합보다 140만큼 작을 때, 이 세 자연수는?

① 7, 8, 9   ② 8, 9, 10   ③ 9, 10, 11
④ 10, 11, 12   ⑤ 11, 12, 13

15 지면으로부터 80 m 높이의 건물 옥상에서 초속 30 m로 똑바로 위로 던진 야구공의 t초 후의 지면으로부터의 높이는 $(80+30t-5t^2)$ m이다. 이 야구공이 지면에 떨어지는 것은 공을 던진 지 몇 초 후인가?

① 7초 후   ② 8초 후   ③ 9초 후
④ 10초 후   ⑤ 11초 후

16 오른쪽 그림과 같이 가로, 세로의 길이가 각각 10 m, 6 m인 직사각형 모양의 꽃밭이 있다. 이 꽃밭의 둘레에 폭이 일정하고, 넓이가 80 m^{2}인 도로를 만들려고 할 때, 도로의 폭은?

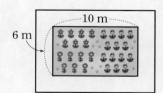

① $\dfrac{3}{2}$ m   ② 2 m   ③ $\dfrac{5}{2}$ m

④ 3 m   ⑤ $\dfrac{7}{2}$ m

V
이차함수

10
이차함수와
그 그래프

#이차함수 #그래프

#$y=x^2$ #$y=ax^2$ #대칭

#위로 볼록 #아래로 볼록

#포물선 #축 #꼭짓점

▶ 정답 및 풀이 19쪽

● 1972년 6월 스웨덴 스톡홀름에서 열린 '유엔 인간 환경 회의'에서 국제 사회가 지구의 환경 보전을 위해 공동 노력을 다짐하며 6월 □일을 세계 환경의 날로 정했다. 일차함수 $f(x)=4x-3$에 대하여 다음 함숫값에 해당하는 영역을 모두 색칠하여 환경의 날이 며칠인지 알아보자.

(1) $f(-1)$　　　(2) $f(2)$　　　(3) $f\left(\dfrac{1}{2}\right)$

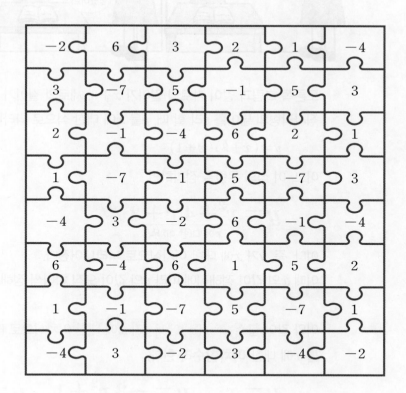

정답

29 이차함수

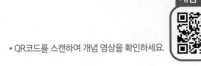

* QR코드를 스캔하여 개념 영상을 확인하세요.

•• 이차함수란 무엇일까?

오른쪽 그림과 같이 가로의 길이가 $x+3$, 세로의 길이가 $x+1$인
직사각형의 넓이를 y라 할 때, y를 x에 대한 식으로 나타내면

$$y=(x+3)(x+1)$$

이고, 이 식의 우변을 정리하면

$$y=\underline{x^2+4x+3}$$
x에 대한 이차식

이다. 즉, y가 x에 대한 이차식으로 나타내어진다.

이때 x의 값이 정해짐에 따라 y의 값이 오직 하나씩 정해지므로 y는 x의 함수이다.

이와 같이 함수 $y=f(x)$에서 y가 x에 대한 이차식으로 나타내어질 때, 이 함수 $y=f(x)$
를 x에 대한 **이차함수**라 한다.

$$y=x^2, \quad y=-3x^2+1, \quad y=2x^2+x-5$$

→ $y=(x$에 대한 이차식$)$ 꼴

→ y는 x에 대한 이차함수

일반적으로 x에 대한 이차함수 y는 다음과 같은 꼴로 나타낼 수 있다.

$$y = ax^2 + bx + c \text{ (단, } a, b, c \text{는 수, } a \neq 0\text{)}$$

x에 대한 이차식

▶ $y = ax^2 + bx + c$는 $b = 0$ 또는 $c = 0$이어도 이차함수이지만 $a = 0$이면 이차함수가 아니다.

그렇다면 $y = (x+1)^2 - x^2$은 x에 대한 이차함수일까?

x^2을 포함하고 있어서 x에 대한 이차함수로 보일 수 있지만 우변을 정리해 보면

$$y = (x+1)^2 - x^2$$
$$= x^2 + 2x + 1 - x^2$$
$$= 2x + 1$$

x에 대한 일차식

x^2이 사라졌어!

▶ 수 a, b, c에 대하여 $a \neq 0$일 때
· $ax^2 + bx + c$
 → 이차식
· $ax^2 + bx + c = 0$
 → 이차방정식
· $y = ax^2 + bx + c$
 → 이차함수

이므로 y는 x에 대한 일차함수이다. 즉, y는 x에 대한 이차함수가 아니다.

따라서 주어진 함수식이 복잡한 경우에는 우변을 정리하여 $y = (x$에 대한 이차식$)$으로 표현되는지를 확인해야 한다.

또한, $y = \dfrac{1}{x^2}$도 x에 대한 이차함수로 보일 수 있지만 x^2이 분모에 있으므로 우변이 x에 대한 이차식이 아니다. 즉, y는 x에 대한 이차함수가 아니다.

다음 중 y가 x에 대한 이차함수인 것은 ○표, 이차함수가 아닌 것은 ×표를 해 보자.

(1) $y = -x + 1$ (   )   (2) $y = 2x - 5x^2$ (   )

(3) $y = \dfrac{1}{2}x^2 + 4x - 7$ (   )   (4) $y = \dfrac{6}{x^2}$ (   )

답 (1) × (2) ○ (3) ○ (4) ×

●●이차함수의 함숫값을 구해 볼까?

우리는 2학년 때 함수 $y=f(x)$에서 x의 값에 따라 하나씩 정해지는 y의 값 $f(x)$가 x에 대한 함숫값임을 배웠다.

따라서 함수 $y=f(x)$에서 $f(k)$의 값을 구하려면 $f(x)$에 x 대신 k를 대입하여 계산했던 것과 같이 이차함수의 함숫값도 같은 방법으로 구할 수 있다.

x에 넣으려고 하는 수만 잘 넣어서 계산하면 돼.

이차함수 $f(x)=ax^2+bx+c$에서 $x=k$일 때의 함숫값

$$f(k) \;\;\rightarrow\;\; f(x)\text{에 } x \text{ 대신 } k \text{를 대입한 값}$$
$$\rightarrow\;\; ak^2+bk+c$$

예를 들어 이차함수 $f(x)=x^2-2x+4$에서 $f(3)$의 값은 $f(x)$에 x 대신 3을 대입하여 다음과 같이 계산한다.

$$f(3)=3^2-2\times3+4=7$$

이차함수 $f(x)=2x^2+x+3$에 대하여 다음 함숫값을 구해 보자.

(1) $f(2)=2\times\square^2+\square+3=\square$

(2) $f(-1)=2\times(\square)^2+(\square)+3=\square$

답 (1) 2, 2, 13 (2) $-1, -1, 4$

회색 글씨를 따라 쓰면서 개념을 정리해 보자!

꽉 잡아, 개념!

이차함수: 함수 $y=f(x)$에서

$\qquad y=ax^2+bx+c$ (a, b, c는 수, $a\neq0$)

와 같이 y가 $\boxed{x\text{에 대한 이차식}}$ 으로 나타내어질 때, 이 함수 $y=f(x)$를 x에 대한

$\boxed{\text{이차함수}}$ 라 한다.

▶ 정답 및 풀이 19쪽

1 다음 중 y가 x에 대한 이차함수인 것을 모두 고르면? (정답 2개)

① $y=4x^2+8x-5$ ② $y=6x+11$ ③ $y=\dfrac{1}{x^2}-3$

④ $y=(x-7)^2$ ⑤ $y=2x(x+1)-2x^2$

우변을 정리해서 x에 대한 이차식인지 확인해 봐.

 풀이   ② $y=6x+11$에서 $6x+11$이 x에 대한 일차식이므로 이차함수가 아니다.

③ $y=\dfrac{1}{x^2}-3$은 x^2이 분모에 있으므로 이차함수가 아니다.

④ $y=(x-7)^2=x^2-14x+49$이므로 이차함수이다.

⑤ $y=2x(x+1)-2x^2=2x^2+2x-2x^2=2x$이므로 이차함수가 아니다.

따라서 y가 x에 대한 이차함수인 것은 ①, ④이다.

답 ①, ④

1-1 다음 중 y가 x에 대한 이차함수가 <u>아닌</u> 것을 모두 고르면? (정답 2개)

① $y=\dfrac{2}{7}x^2$ ② $y=1-\dfrac{5}{x^2}$ ③ $y=\dfrac{1}{3}-9x^2$

④ $y=(x+2)(x-6)$ ⑤ $y=x^2-(x+4)^2$

1-2 다음에서 y를 x에 대한 식으로 나타내고, y가 x에 대한 이차함수인지 말하시오.

(1) 밑변의 길이가 $2x$ cm, 높이가 $(x+8)$ cm인 삼각형의 넓이 y cm^2

(2) 자동차가 시속 x km로 4시간 동안 달린 거리 y km

2 이차함수 $f(x)=3x^2-5x-2$에 대하여 다음 함숫값을 구하시오.

(1) $f(0)$ (2) $f(1)$ (3) $f(-1)$

$f(k)$의 값은 $f(x)$에 x 대신 k를 대입하면 돼.

✏️ **풀이** (1) $f(0)=3\times0^2-5\times0-2=-2$

(2) $f(1)=3\times1^2-5\times1-2=-4$

(3) $f(-1)=3\times(-1)^2-5\times(-1)-2=6$

답 (1) -2 (2) -4 (3) 6

2-1 다음 이차함수 $y=f(x)$에 대하여 $f(2)$의 값을 구하시오.

(1) $f(x)=-x^2+9x$ (2) $f(x)=5x^2+\dfrac{1}{2}x-1$

3 이차함수 $f(x)=6x^2+x+a$에 대하여 $f(-2)=17$일 때, 수 a의 값을 구하시오.

주어진 함숫값을 식에 대입해 봐.

✏️ **풀이** $f(-2)=6\times(-2)^2-2+a=22+a$이므로

$22+a=17$ $\therefore a=-5$

답 -5

3-1 이차함수 $f(x)=\dfrac{1}{4}x^2+ax-7$에 대하여 $f(4)=9$일 때, 수 a의 값을 구하시오.

30

이차함수 $y=x^2$의 그래프

●● 이차함수 $y=x^2$의 그래프는 어떤 모양일까?

우리는 일차함수에서 가장 간단한 꼴인 $y=x$의 그래프의 모양이 원점을 지나는 직선임을 알고 있다.

그렇다면 이차함수에서 가장 간단한 꼴인 $y=x^2$의 그래프는 어떤 모양일까?

이차함수 $y=x^2$의 그래프를 그려 보자.

다음은 이차함수 $y=x^2$에서 x의 값이 정수일 때, 각 값에 대응하는 y의 값을 표로 나타낸 것이다.

x	$\cdots$	-3	-2	-1	0	1	2	3	$\cdots$
y	$\cdots$	9	4	1	0	1	4	9	$\cdots$

위의 표에서 얻은 순서쌍 (x, y)는

$\cdots, (-3, 9), (-2, 4), (-1, 1), (0, 0), (1, 1), (2, 4), (3, 9), \cdots$

이고, 이를 좌표로 하는 점을 좌표평면 위에 나타내면 186쪽의 [그림 1]과 같다.

또, x의 값 사이의 간격을 $\dfrac{1}{2}$로 좁히면 [그림 2]와 같다.

y좌표가 음수인 점은 없네?

같은 방법으로 x의 값 사이의 간격을 점점 좁혀 보면 이차함수 $y=x^2$의 그래프는 [그림 3] 과 같이 원점을 지나는 매끄러운 곡선이 됨을 알 수 있다.

이 곡선이 x의 값이 실수 전체일 때, 이차함수 $y=x^2$의 그래프이다.

▶ 특별한 말이 없으면 이차함수에서 x의 값의 범위는 실수 전체로 생각한다.

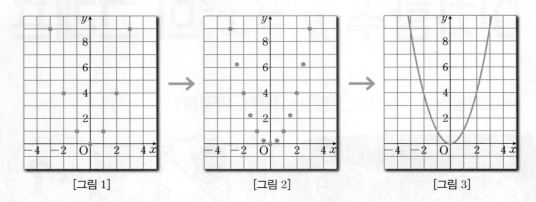

[그림 1]　　　　　　[그림 2]　　　　　　[그림 3]

[그림 3]에서 알 수 있는 사실!
이차함수 $y=x^2$의 그래프는

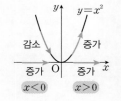

✓ 원점을 지나고 아래로 볼록한 곡선이다.

✓ y축에 대칭이다.

✓ $x<0$일 때는 x의 값이 증가하면 y의 값은 감소하고,
　$x>0$일 때는 x의 값이 증가하면 y의 값도 증가한다.

그렇다면 이차함수 $y=-x^2$의 그래프는 어떻게 그릴 수 있을까?

다음은 두 이차함수 $y=x^2$, $y=-x^2$에 대하여 x의 값이 정수일 때, 각 값에 대응하는 y의 값을 표로 나타낸 것이다.

$y=-x^2$에서는 양수인 함숫값이 없구나~

x	$\cdots$	-3	-2	-1	0	1	2	3	$\cdots$
x^2	$\cdots$	9	4	1	0	1	4	9	$\cdots$
$-x^2$	$\cdots$	-9	-4	-1	0	-1	-4	-9	$\cdots$

└ 절댓값은 같고 부호는 반대

위의 표에서 같은 x의 값에 대하여 이차함수 $y=-x^2$의 함숫값은 이차함수 $y=x^2$의 함숫값과 절댓값은 같고 부호는 반대임을 알 수 있다.

따라서 이차함수 $y=-x^2$의 그래프는 다음 그림과 같이 이차함수 $y=x^2$의 그래프의 각 점에 대하여 x축에 대칭인 점을 잡아서 그린 것과 같다.

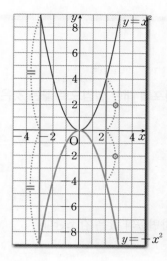

위의 그림에서 알 수 있는 사실!

이차함수 $y=-x^2$의 그래프는

☑ 이차함수 $y=x^2$의 그래프와 x축에 대칭이다.

☑ 원점을 지나고 위로 볼록한 곡선이다.

☑ y축에 대칭이다.

☑ $x<0$일 때는 x의 값이 증가하면 y의 값도 증가하고,
   $x>0$일 때는 x의 값이 증가하면 y의 값은 감소한다.

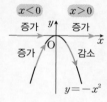

회색 글씨를
따라 쓰면서
개념을 정리해 보자!

꽉 잡아, 개념!

이차함수 $y=x^2$의 그래프

(1) 원점을 지나고 아래로 볼록한 곡선 이다.

(2) y축 에 대칭이다.

(3) $x<0$일 때, x의 값이 증가하면 y의 값은 감소 한다.

   $x>0$일 때, x의 값이 증가하면 y의 값도 증가 한다.

(4) 이차함수 $y=-x^2$의 그래프와 x축에 대칭 이다.

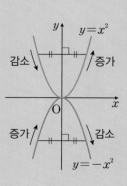

1 다음 중 이차함수 $y=x^2$의 그래프에 대한 설명으로 옳은 것은 ○표, 옳지 않은 것은 × 표를 하시오.

$y=x^2$의 그래프의 모양을 떠올려 봐.

(1) 원점을 지난다.   (   )

(2) 아래로 볼록하다.   (   )

(3) x축에 대칭이다.   (   )

(4) $x>0$일 때, x의 값이 증가하면 y의 값은 감소한다.   (   )

✎ 풀이   (3) y축에 대칭이다.

(4) $x>0$일 때, x의 값이 증가하면 y의 값도 증가한다.

답 (1) ○   (2) ○   (3) ×   (4) ×

1-1 다음 중 이차함수 $y=-x^2$의 그래프에 대한 설명으로 옳지 <u>않은</u> 것을 모두 고르면?

(정답 2개)

① 원점을 지난다.

② 위로 볼록하다.

③ y축에 대칭이다.

④ $x>0$일 때, x의 값이 증가하면 y의 값도 증가한다.

⑤ 이차함수 $y=x^2$의 그래프와 y축에 대칭이다.

1-2 다음 중 이차함수 $y=x^2$의 그래프가 지나는 점은 ○표, 지나지 않는 점은 ×표를 하시오.

(1) $(-3,\ -9)$ (   )   (2) $(-1,\ 1)$ (   )

(3) $\left(\dfrac{1}{2},\ \dfrac{1}{4}\right)$ (   )   (4) $(5,\ -25)$ (   )

31
이차함수 $y=ax^2$의 그래프

* QR코드를 스캔하여 개념 영상을 확인하세요.

개념 영상

●● 이차함수 $y=ax^2$의 그래프는 어떻게 그릴까?

'개념 **30**'에서 배운 이차함수 $y=x^2$의 그래프를 이용해서 이차함수 $y=2x^2$의 그래프를 그려 보자.

다음은 두 이차함수 $y=x^2$, $y=2x^2$에 대하여 x의 값이 정수일 때, 각 값에 대응하는 y의 값을 표로 나타낸 것이다.

x	$\cdots$	-3	-2	-1	0	1	2	3	$\cdots$
x^2	$\cdots$	9	4	1	0	1	4	9	$\cdots$
$2x^2$	$\cdots$	18	8	2	0	2	8	18	$\cdots$

위의 표에서 같은 x의 값에 대하여 이차함수 $y=2x^2$의 함숫값은 이차함수 $y=x^2$의 함숫값의 2배임을 알 수 있다.
따라서 이차함수 $y=2x^2$의 그래프는 오른쪽 그림과 같이 이차함수 $y=x^2$의 그래프의 각 점에 대하여 y좌표를 2배로 하는 점을 잡아서 그린 것과 같다.
이때 이차함수 $y=2x^2$의 그래프는 원점을 지나고 아래로 볼록하며 y축에 대칭인 곡선이다.

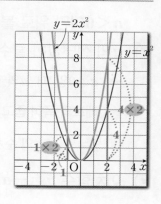

$2x^2$은 x^2의 2배니까 2배가 포인트네!

일반적으로 $a>0$일 때, 이차함수 $y=ax^2$의 그래프는 이차함수 $y=x^2$의 그래프의 각 점에 대하여 y좌표를 a배로 하는 점을 잡아서 그릴 수 있다.

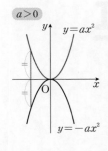

또한, 이차함수 $y=-x^2$의 그래프를 이차함수 $y=x^2$의 그래프의 각 점에 대하여 x축에 대칭인 점을 잡아서 그린 것과 같이 $a>0$일 때, 이차함수 $y=-ax^2$의 그래프는 이차함수 $y=ax^2$의 그래프의 각 점에 대하여 x축에 대칭인 점을 잡아서 그릴 수 있다.

따라서 a의 값이 각각 -2, -1, $-\dfrac{1}{2}$, $\dfrac{1}{2}$, 1, 2일 때, 이차함수 $y=ax^2$의 그래프를 그려 보면 다음 그림과 같다.

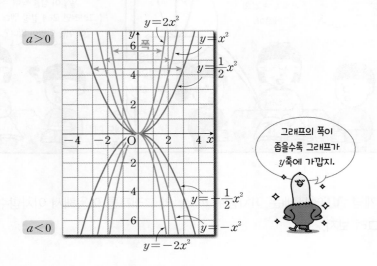

위의 그림에서 알 수 있는 사실!
이차함수 $y=ax^2$의 그래프는

✔ 원점을 지나고 **y**축에 대칭인 곡선이다.

✔ **$a>0$**이면 아래로 볼록하고,
  $a<0$이면 위로 볼록하다.

✔ **a**의 절댓값이 클수록 그래프의 폭이 좁아진다.
  → $a>0$일 때, a의 절댓값이 큰 순서인 $y=2x^2$, $y=x^2$, $y=\dfrac{1}{2}x^2$의 순서대로 그 래프의 폭이 좁고, $a<0$일 때, a의 절댓값이 큰 순서인 $y=-2x^2$, $y=-x^2$,
  $y=-\dfrac{1}{2}x^2$의 순서대로 그래프의 폭이 좁다.

✔ 이차함수 **$y=-ax^2$**의 그래프와 **x**축에 대칭이다.

다음 표를 완성하고, 이를 이용하여 이차함수 $y=-3x^2$의 그래프를 오른쪽 좌표평면 위에 그려 보자.

x	$\cdots$	-2	-1	0	1	2	$\cdots$
$3x^2$	$\cdots$	❶	❷	❸	❹	❺	$\cdots$
$-3x^2$	$\cdots$	❻	❼	0	❽	❾	$\cdots$

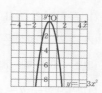

답 ❶ 12   ❷ 3   ❸ 0
❹ 3   ❺ 12   ❻ -12
❼ -3 ❽ -3 ❾ -12

•• 이차함수의 그래프와 같은 모양을 뭐라고 부를까?

이차함수 $y=ax^2$의 그래프와 같은 모양의 곡선을 부르는 이름이
있다. 바로, **포물선**이다.
포물선은 한 직선에 대칭이며, 그 직선을 포물선의 **축**이라 한다.
또, 포물선과 축의 교점을 포물선의 **꼭짓점**이라 한다.

던질 포(抛),
물건 물(物), 줄 선(線)
즉, 포물선은 물체를 던졌을 때
나타나는 곡선이라는
뜻이야.

즉, **이차함수** $y=ax^2$**의 그래프는** y**축을 축으로 하고, 원점을 꼭짓점으로 하는 포물선**이다.

→ 축의 방정식: $x=0$ → 꼭짓점의 좌표: $(0,\ 0)$

회색 글씨를
따라 쓰면서
개념을 정리해 보자!

꽉 잡아, 개념!

이차함수 $y=ax^2$의 그래프

(1) $\boxed{y축}$ 을 축으로 하고, $\boxed{원점}$ 을 꼭짓점으로 하는 포물선이다.

(2) $a>0$이면 $\boxed{아래로\ 볼록}$ 하고, $a<0$이면 $\boxed{위로\ 볼록}$ 하다.

(3) a의 절댓값이 클수록 그래프의 폭이 $\boxed{좁아진다}$.

(4) 이차함수 $y=-ax^2$의 그래프와 $\boxed{x축에\ 대칭}$ 이다.

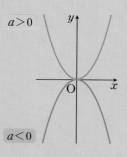

1 다음 중 이차함수 $y=5x^2$의 그래프에 대한 설명으로 옳은 것은 ○표, 옳지 않은 것은 ×표를 하시오.

(1) 꼭짓점의 좌표는 $(0, 0)$이다. ( )

(2) 축의 방정식은 $y=0$이다. ( )

(3) $x<0$일 때, x의 값이 증가하면 y의 값은 감소한다. ( )

(4) 이차함수 $y=-5x^2$의 그래프와 y축에 대칭이다. ( )

$y=5x^2$의 그래프의 모양을 떠올려 봐.

✏️ **풀이** (1) 원점을 꼭짓점으로 하는 포물선이므로 꼭짓점의 좌표는 $(0, 0)$이다.

(2) y축을 축으로 하는 포물선이므로 축의 방정식은 $x=0$이다.

(4) 이차함수 $y=-5x^2$의 그래프와 x축에 대칭이다.

📄 (1) ○ (2) × (3) ○ (4) ×

1-1 다음 중 이차함수 $y=-\dfrac{2}{9}x^2$의 그래프에 대한 설명으로 옳은 것은?

① 아래로 볼록한 포물선이다.

② x축에 대칭이다.

③ 제3사분면과 제4사분면을 지난다.

④ $x>0$일 때, x의 값이 증가하면 y의 값도 증가한다.

⑤ 이차함수 $y=\dfrac{2}{9}x^2$의 그래프와 y축에 대칭이다.

1-2 보기의 이차함수의 그래프에 대하여 다음 물음에 답하시오.

┤ 보기 ├

ㄱ. $y=\dfrac{3}{2}x^2$ ㄴ. $y=-\dfrac{8}{5}x^2$ ㄷ. $y=\dfrac{5}{8}x^2$ ㄹ. $y=-\dfrac{3}{2}x^2$

(1) 그래프가 아래로 볼록한 것을 모두 고르시오.

(2) $x>0$일 때, x의 값이 증가하면 y의 값은 감소하는 것을 모두 고르시오.

(3) 그래프가 x축에 대칭인 것끼리 짝 지으시오.

2 다음 이차함수 중 그 그래프의 폭이 가장 좁은 것은?

$y = ax^2$의 그래프는 a의 절댓값이 클수록 그래프의 폭이 좁아져.

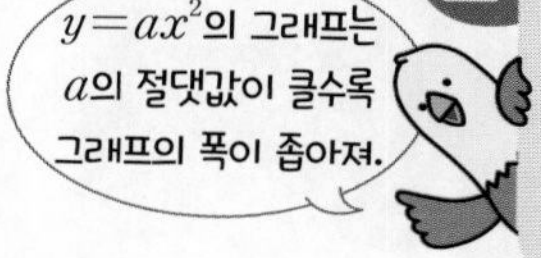

① $y = -\dfrac{7}{3}x^2$ ② $y = -\dfrac{1}{4}x^2$ ③ $y = -\dfrac{5}{6}x^2$

④ $y = x^2$ ⑤ $y = 2x^2$

✏️ **풀이** $\left|-\dfrac{1}{4}\right| < \left|-\dfrac{5}{6}\right| < |1| < |2| < \left|-\dfrac{7}{3}\right|$ 이므로 그래프의 폭이 가장 좁은 것은 ①이다.

답 ①

2-1 다음 이차함수 중 그 그래프의 폭이 가장 넓은 것은?

① $y = -x^2$ ② $y = -\dfrac{6}{7}x^2$ ③ $y = \dfrac{3}{5}x^2$

④ $y = 2x^2$ ⑤ $y = 4x^2$

3 이차함수 $y = -8x^2$의 그래프가 점 $(-1, a)$를 지날 때, a의 값을 구하시오.

✏️ **풀이** $y = -8x^2$에 $x = -1$, $y = a$를 대입하면
$a = -8 \times (-1)^2 = -8$

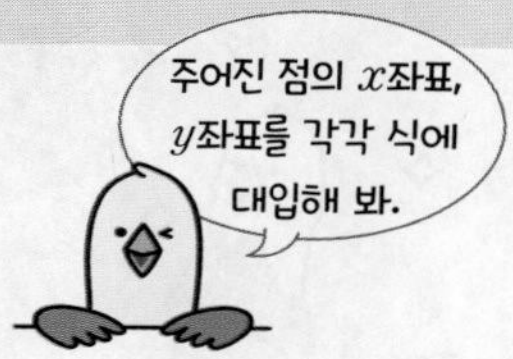

주어진 점의 x좌표, y좌표를 각각 식에 대입해 봐.

답 -8

3-1 이차함수 $y = ax^2$의 그래프가 점 $(4, 8)$을 지날 때, 수 a의 값을 구하시오.

11
이차함수
$$y=a(x-p)^2+q \text{의 그래프}$$

#평행이동

#y축의 방향으로 q만큼

#x축의 방향으로 p만큼

#$y=a(x-p)^2+q$

▶ 정답 및 풀이 20쪽

● 다음과 같은 뜻을 가진 사자성어는 무엇일까?

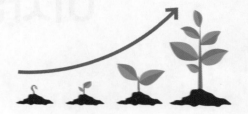

" 나날이 다달이 자라거나 발전함 "

주어진 일차함수의 그래프가 일차함수 $y=3x$의 그래프를 y축의 방향으로 얼마만큼 평행이동한 것인지 구하여 사자성어를 완성해 보자.

(1) $y=3x+2$

(2) $y=3x-4$

(3) $y=3x+\dfrac{1}{5}$

(4) $y=3x-\dfrac{3}{2}$

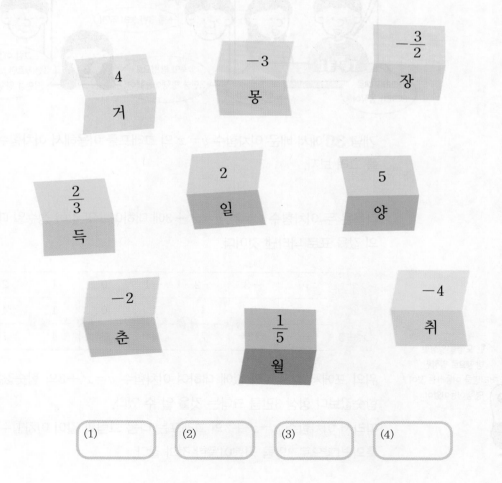

4	-3	$-\dfrac{3}{2}$
거	몽	장

$\dfrac{2}{3}$	2	5
득	일	양

-2	$\dfrac{1}{5}$	-4
춘	월	취

(1)	(2)	(3)	(4)

32

이차함수 $y=ax^2+q$의 그래프

*QR코드를 스캔하여 개념 영상을 확인하세요.

●●이차함수 $y=ax^2+q$의 그래프는 어떻게 그릴까?

'개념 **30**'에서 배운 이차함수 $y=x^2$의 그래프를 이용해서 이차함수 $y=x^2+3$의 그래프를 그려 보자.

다음은 두 이차함수 $y=x^2$, $y=x^2+3$에 대하여 x의 값이 정수일 때, 각 값에 대응하는 y의 값을 표로 나타낸 것이다.

x	$\cdots$	-3	-2	-1	0	1	2	3	$\cdots$
x^2	$\cdots$	9	4	1	0	1	4	9	$\cdots$
x^2+3	$\cdots$	12	7	4	3	4	7	12	$\cdots$

한 도형을 일정한 방향으로 일정한 거리만큼 이동하는 것이 평행이동이었어.

위의 표에서 같은 x의 값에 대하여 이차함수 $y=x^2+3$의 함숫값은 이차함수 $y=x^2$의 함숫값보다 항상 3만큼 크다는 것을 알 수 있다.

따라서 이차함수 $y=x^2+3$의 그래프는 다음 그림과 같이 이차함수 $y=x^2$의 그래프를 y축의 방향으로 3만큼 평행이동한 것과 같다.

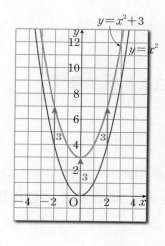

$y = x^2 + 3$

$y = x^2$

위로 3칸 움직였어!

▶ 이차함수의 그래프를 y축의 방향으로 평행이동하여도 그래프의 모양과 폭은 변하지 않는다.

이때 이차함수 $y = x^2 + 3$의 그래프는 y축을 축으로 하고, 점 $(0, 3)$을 꼭짓점으로 하는
아래로 볼록한 포물선이다.

→ 축의 방정식: $x = 0$

$$y = x^2$$

y축의 방향으로
3만큼 평행이동

$$y = x^2 + 3$$

· 축의 방정식: $x = 0$
· 꼭짓점의 좌표: $(0, 0)$

· 축의 방정식: $x = 0$
· 꼭짓점의 좌표: $(0, 3)$

그렇다면 이차함수 $y = ax^2 + q$의 그래프는 어떻게 그릴 수 있을까?

위에서 살펴본 두 이차함수 $y = x^2$, $y = x^2 + 3$의 그래프를 통하여 이차함수 $y = ax^2 + q$
의 그래프는 이차함수 $y = ax^2$의 그래프를 y축의 방향으로 q만큼 평행이동하여 그릴 수
있음을 파악할 수 있다.

$$y = ax^2$$

y축의 방향으로
q만큼 평행이동

$$y = ax^2 + q$$

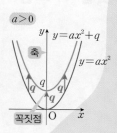

$a > 0$

축

$y = ax^2 + q$

$y = ax^2$

꼭짓점

➕참고 $q > 0$이면 그래프가 y축의 양의 방향(위쪽)으로 이동하고,
$q < 0$이면 그래프가 y축의 음의 방향(아래쪽)으로 이동한다.

이때 그래프를 y축의 방향으로 평행이동하므로 그래프의 축은 변하지 않고, 꼭짓점의 y
좌표만 달라진다.

→ 위쪽 또는 아래쪽

따라서 이차함수 $y=ax^2+q$의 그래프는

> **y축을 축으로 하고,**
>
> **점 $(0, q)$를 꼭짓점으로 하는 포물선**

이다.

💛 이차함수 $y=x^2$의 그래프를 이용하여 이차함수 $y=x^2-2$의 그래프를 오른쪽 좌표평면 위에 그리고, 다음 □ 안에 알맞은 것을 써넣어 보자.

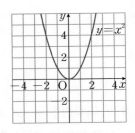

⇨ 이차함수 $y=x^2-2$의 그래프는
(1) 이차함수 $y=x^2$의 그래프를 □축의 방향으로 □ 만큼 평행이동한 것이다.
(2) 축의 방정식: $x=$□
(3) 꼭짓점의 좌표: (□, □)

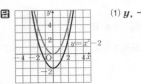 (1) y, -2 (2) 0 (3) 0, -2

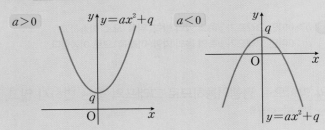

꽉잡아, 개념!

회색 글씨를
따라 쓰면서
개념을 정리해 보자!

이차함수 $y=ax^2+q$의 그래프

(1) 이차함수 $y=ax^2$의 그래프를 $\boxed{y\text{축의 방향으로 } q\text{만큼}}$ 평행이동한 것이다.

(2) **축의 방정식**: $\boxed{x=0}$ ← y축

(3) **꼭짓점의 좌표**: $\boxed{(0, q)}$ ← 꼭짓점이 y축 위에 있다.

▶ 정답 및 풀이 20쪽

1 다음 이차함수의 그래프를 y축의 방향으로 [ ] 안의 수만큼 평행이동한 그래프의 식을 구하시오.

(1) $y=2x^2$ [9]

(2) $y=-\dfrac{1}{5}x^2$ [-1]

 풀이 (1) 이차함수 $y=2x^2$의 그래프를 y축의 방향으로 9만큼 평행이동한 그래프의 식은

$y=2x^2+9$

(2) 이차함수 $y=-\dfrac{1}{5}x^2$의 그래프를 y축의 방향으로 -1만큼 평행이동한 그래프의 식은

$y=-\dfrac{1}{5}x^2-1$

$y=ax^2$의 그래프를 y축의 방향으로 q만큼 평행이동한 그래프의 식은 $y=ax^2+q$야.

답 (1) $y=2x^2+9$ (2) $y=-\dfrac{1}{5}x^2-1$

1-1 다음 이차함수의 그래프는 이차함수 $y=4x^2$의 그래프를 y축의 방향으로 얼마만큼 평행이동한 것인지 구하시오.

(1) $y=4x^2-3$

(2) $y=4x^2+\dfrac{2}{7}$

1-2 다음 이차함수의 그래프를 y축의 방향으로 [ ] 안의 수만큼 평행이동한 그래프의 식을 구하고, 축의 방정식과 꼭짓점의 좌표를 각각 구하시오.

(1) $y=-3x^2$ [8]

(2) $y=\dfrac{5}{6}x^2$ [$-\dfrac{1}{2}$]

2 다음 중 이차함수 $y=7x^2-4$의 그래프에 대한 설명으로 옳은 것은 ○표, 옳지 않은 것은 ×표를 하시오.

$y=7x^2-4$의 그래프의 모양을 떠올려 봐.

(1) 이차함수 $y=7x^2$의 그래프를 y축의 방향으로 -4만큼 평행이동한 것이다. ( )

(2) 축의 방정식은 $y=0$이다. ( )

(3) 꼭짓점의 좌표는 $(0, 4)$이다. ( )

✎ **풀이** (2) 축의 방정식은 $x=0$이다.

(3) 꼭짓점의 좌표는 $(0, -4)$이다.

답 (1) ○ (2) × (3) ×

2-1 다음 중 이차함수 $y=-9x^2+5$의 그래프에 대한 설명으로 옳지 **않은** 것은?

① 위로 볼록한 포물선이다.

② 꼭짓점의 좌표는 $(0, 5)$이다.

③ 축의 방정식은 $x=0$이다.

④ 모든 사분면을 지난다.

⑤ 이차함수 $y=9x^2$의 그래프를 y축의 방향으로 5만큼 평행이동한 것이다.

3 이차함수 $y=6x^2$의 그래프를 y축의 방향으로 1만큼 평행이동한 그래프가 점 $(-1, a)$를 지날 때, a의 값을 구하시오.

평행이동한 그래프의 식을 구해서 주어진 점의 x좌표, y좌표를 각각 식에 대입해 봐.

✎ **풀이** 평행이동한 그래프의 식은 $y=6x^2+1$이므로

이 식에 $x=-1$, $y=a$를 대입하면

$a=6\times(-1)^2+1=7$

답 7

3-1 이차함수 $y=-8x^2$의 그래프를 y축의 방향으로 k만큼 평행이동한 그래프가

점 $\left(\dfrac{1}{2}, -5\right)$를 지날 때, k의 값을 구하시오.

33

이차함수 $y=a(x-p)^2$ 의 그래프

* QR코드를 스캔하여 개념 영상을 확인하세요.

•• 이차함수 $y=a(x-p)^2$의 그래프는 어떻게 그릴까?

'개념 **30**'에서 배운 이차함수 $y=x^2$의 그래프를 이용해서 이차함수 $y=(x-2)^2$의 그래 프를 그려 보자.

다음은 두 이차함수 $y=x^2$, $y=(x-2)^2$에 대하여 x의 값이 정수일 때, 각 값에 대응하 는 y의 값을 표로 나타낸 것이다.

x	$\cdots$	-3	-2	-1	0	1	2	3	$\cdots$
x^2	$\cdots$	9	4	1	0	1	4	9	$\cdots$
$(x-2)^2$	$\cdots$	25	16	9	4	1	0	1	$\cdots$

위의 표에서 x의 값이 -3, -2, -1, 0, 1일 때 이차함수 $y=x^2$의 함숫값은 x의 값이 -1, 0, 1, 2, 3일 때 이차함수 $y=(x-2)^2$의 함숫값과 각각 같음을 알 수 있다.
따라서 이차함수 $y=(x-2)^2$의 그래프는 다음 그림과 같이 이차함수 $y=x^2$의 그래프를 x축의 방향으로 2만큼 평행이동한 것과 같다.

$y=x^2$의 함숫값 에서 색칠한 부분을 오른쪽 으로 2칸씩 이동하니까 $y=(x-2)^2$의 함숫값과 똑같네~

▶ 이차함수의 그래프를 x축의 방향으로 평행이 동하여도 그래프의 모양 과 폭은 변하지 않는다.

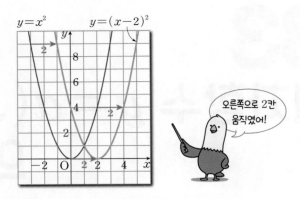

이때 이차함수 $y=(x-2)^2$의 그래프는 직선 $x=2$를 축으로 하고, 점 $(2, 0)$을 꼭짓점 으로 하는 아래로 볼록한 포물선이다.

$$y=x^2 \xrightarrow[\text{2만큼 평행이동}]{x\text{축의 방향으로}} y=(x-2)^2$$

- 축의 방정식: $x=0$
- 꼭짓점의 좌표: $(0, 0)$

- 축의 방정식: $x=2$
- 꼭짓점의 좌표: $(2, 0)$

그렇다면 이차함수 $y=a(x-p)^2$의 그래프는 어떻게 그릴 수 있을까?

위에서 살펴본 두 이차함수 $y=x^2$, $y=(x-2)^2$의 그래프를 통하여 이차함수 $y=a(x-p)^2$의 그래프는 이차함수 $y=ax^2$의 그래프를 x축의 방향으로 p만큼 평행이동 하여 그릴 수 있음을 파악할 수 있다.

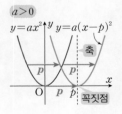

$$y=ax^2 \xrightarrow[p\text{만큼 평행이동}]{x\text{축의 방향으로}} y=a(x-p)^2$$

➕참고 $p>0$이면 그래프가 x축의 양의 방향(오른쪽)으로 이동하고, $p<0$이면 그래프가 x축의 음의 방향(왼쪽)으로 이동한다.

주의 이차함수 $y=ax^2$의 그래프를
y축의 방향으로 ■만큼 평행이동한 그래프의 식은 $y=ax^2+$■이고,
x축의 방향으로 ■만큼 평행이동한 그래프의 식은 $y=a(x-$■$)^2$이다.
이때 ■의 위치와 ■ 앞의 부호가 다름에 주의한다.

이때 그래프를 x축의 방향으로 평행이동하므로 그래프의 축과 꼭짓점의 x좌표가 달라 진다.
└→ 왼쪽 또는 오른쪽

따라서 이차함수 $y=a(x-p)^2$의 그래프는

> 직선 $x=p$를 축으로 하고,
>
> 점 $(p, 0)$을 꼭짓점으로 하는 포물선

이다.

▶ 이차함수 $y=a(x-p)^2$의 그래프에서 증가 · 감소의 범위는 축인 직선 $x=p$를 기준으로 생각해야 한다.

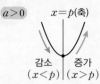

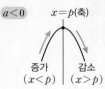

❤️ 이차함수 $y=x^2$의 그래프를 이용하여 이차함수 $y=(x+1)^2$의 그래프를 오른쪽 좌표평면 위에 그리고, 다음 ☐ 안에 알맞은 것을 써넣어 보자.

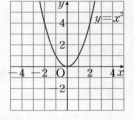

⇨ $y=(x+1)^2=\{x-(-1)\}^2$이므로 이차함수
$y=(x+1)^2$의 그래프는

(1) 이차함수 $y=x^2$의 그래프를 ☐축의 방향으로 ☐만큼 평행이동한 것이다.

(2) 축의 방정식: $x=$☐

(3) 꼭짓점의 좌표: (☐, ☐)

답 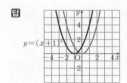 (1) x, -1 (2) -1 (3) -1, 0

회색 글씨를 따라 쓰면서 개념을 정리해 보자!

꽉 잡아, 개념!

이차함수 $y=a(x-p)^2$의 그래프

(1) 이차함수 $y=ax^2$의 그래프를 $\boxed{x\text{축의 방향으로 } p\text{만큼}}$ 평행이동한 것이다.

(2) **축의 방정식:** $\boxed{x=p}$

(3) **꼭짓점의 좌표:** $\boxed{(p, 0)}$ ← 꼭짓점이 x축 위에 있다.

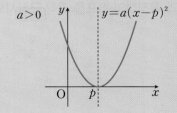

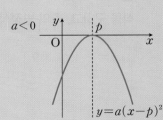

1 다음 이차함수의 그래프를 x축의 방향으로 [ ] 안의 수만큼 평행이동한 그래프의 식을 구하시오.

(1) $y=3x^2$ [4]

(2) $y=-\dfrac{1}{7}x^2$ [-2]

✎ **풀이** (1) 이차함수 $y=3x^2$의 그래프를 x축의 방향으로 4만큼 평행이동한 그래프의 식은

$y=3(x-4)^2$

(2) 이차함수 $y=-\dfrac{1}{7}x^2$의 그래프를 x축의 방향으로 -2만큼 평행이동한 그래프의 식은

$y=-\dfrac{1}{7}\{x-(-2)\}^2$, 즉 $y=-\dfrac{1}{7}(x+2)^2$

$y=ax^2$의 그래프를 x축의 방향으로 p만큼 평행이동한 그래프의 식은 $y=a(x-p)^2$이야.

답 (1) $y=3(x-4)^2$ (2) $y=-\dfrac{1}{7}(x+2)^2$

1-1 다음 이차함수의 그래프는 이차함수 $y=5x^2$의 그래프를 x축의 방향으로 얼마만큼 평행이동한 것인지 구하시오.

(1) $y=5(x-1)^2$

(2) $y=5\left(x+\dfrac{3}{2}\right)^2$

1-2 다음 이차함수의 그래프를 x축의 방향으로 [ ] 안의 수만큼 평행이동한 그래프의 식을 구하고, 축의 방정식과 꼭짓점의 좌표를 각각 구하시오.

(1) $y=-4x^2$ [9]

(2) $y=\dfrac{2}{5}x^2$ [$-\dfrac{1}{8}$]

2 다음 중 이차함수 $y = -8(x-3)^2$의 그래프에 대한 설명으로 옳은 것은 ○표, 옳지 않은 것은 ×표를 하시오.

(1) 이차함수 $y = -8x^2$의 그래프를 x축의 방향으로 -3만큼 평행이동한 것이다.   (   )

(2) 축의 방정식은 $x = 0$이다.   (   )

(3) 꼭짓점의 좌표는 $(3, 0)$이다.   (   )

> $y = -8(x-3)^2$의 그래프의 모양을 떠올려 봐.

✏️ **풀이** (1) 이차함수 $y = -8x^2$의 그래프를 x축의 방향으로 3만큼 평행이동한 것이다.
(2) 축의 방정식은 $x = 3$이다.

🔖 **답** (1) × (2) × (3) ○

2-1 다음 중 이차함수 $y = 2(x+2)^2$의 그래프에 대한 설명으로 옳은 것은?

① 위로 볼록한 포물선이다.
② 꼭짓점의 좌표는 $(2, 0)$이다.
③ 직선 $x = -2$를 축으로 한다.
④ 제3, 4사분면을 지난다.
⑤ 이차함수 $y = 2x^2$의 그래프를 x축의 방향으로 2만큼 평행이동한 것이다.

3 이차함수 $y = ax^2$의 그래프를 x축의 방향으로 6만큼 평행이동한 그래프가 점 $(4, 8)$을 지날 때, 수 a의 값을 구하시오.

> 평행이동한 그래프의 식을 구해서 주어진 점의 x좌표, y좌표를 각각 식에 대입해 봐.

✏️ **풀이** 평행이동한 그래프의 식은 $y = a(x-6)^2$이므로
이 식에 $x = 4$, $y = 8$을 대입하면
$8 = a \times (4-6)^2$, $4a = 8$ $\therefore a = 2$

🔖 **답** 2

3-1 이차함수 $y = -3x^2$의 그래프를 x축의 방향으로 -7만큼 평행이동한 그래프가 점 $(a, -12)$를 지날 때, a의 값을 모두 구하시오.

34

이차함수 $y=a(x-p)^2+q$ 의 그래프

•• 이차함수 $y=a(x-p)^2+q$의 그래프는 어떻게 그릴까?

'개념 **32, 33**'에서 배운 이차함수의 그래프의 평행이동을 이용해서 이차함수 $y=(x-3)^2+2$의 그래프를 생각해 보자.

이차함수 $y=(x-3)^2$의 그래프는

　　이차함수 $y=x^2$의 그래프를 x축의 방향으로 3만큼 평행이동

한 것과 같다. 또, 이차함수 $y=(x-3)^2+2$의 그래프는

　　이차함수 $y=(x-3)^2$의 그래프를 y축의 방향으로 2만큼 평행이동

한 것과 같다.

차례차례
이동시키면
되는 거야.

따라서 이차함수 $y=(x-3)^2+2$의 그래프는 다음 그림과 같이 이차함수 $y=x^2$의 그래프를 x축의 방향으로 3만큼 평행이동한 후, y축의 방향으로 2만큼 평행이동한 것과 같음을 알 수 있다.

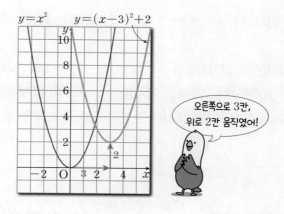

▶ 이차함수의 그래프를 x축, y축의 방향으로 모두 평행이동하여도 그래프의 모양과 폭은 변하지 않는다.

이때 이차함수 $y=(x-3)^2+2$의 그래프는 직선 $x=3$을 축으로 하고, 점 $(3, 2)$를 꼭짓점으로 하는 아래로 볼록한 포물선이다.

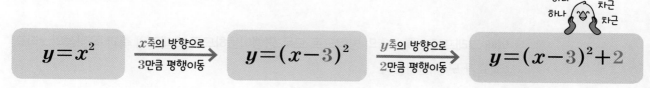

$$y=x^2 \xrightarrow[\text{3만큼 평행이동}]{x\text{축의 방향으로}} y=(x-3)^2 \xrightarrow[\text{2만큼 평행이동}]{y\text{축의 방향으로}} y=(x-3)^2+2$$

- 축의 방정식: $x=0$
- 꼭짓점의 좌표: $(0, 0)$

- 축의 방정식: $x=3$
- 꼭짓점의 좌표: $(3, 0)$

- 축의 방정식: $x=3$
- 꼭짓점의 좌표: $(3, 2)$

그러면 여기서 평행이동하는 순서를 바꾸면 어떻게 될까? 다른 그래프가 될까?
순서를 바꾸어 이차함수 $y=x^2$의 그래프를 y축의 방향으로 2만큼 평행이동한 후, x축의 방향으로 3만큼 평행이동하면 다음 그림과 같다.

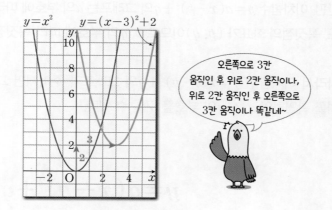

즉, 평행이동하는 순서를 바꾸어도 같은 그래프가 되므로 평행이동하는 순서는 상관이 없음을 알 수 있다.

그렇다면 이차함수 $y=a(x-p)^2+q$의 그래프는 어떻게 그릴 수 있을까?

앞에서 살펴본 두 이차함수 $y=x^2$, $y=(x-3)^2+2$의 그래프를 통하여 이차함수 $y=a(x-p)^2+q$의 그래프는 이차함수 $y=ax^2$의 그래프를 x축의 방향으로 p만큼, y축의 방향으로 q만큼 평행이동하여 그릴 수 있음을 파악할 수 있다.

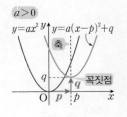

$$y=ax^2 \xrightarrow[\substack{y축의 \ 방향으로 \ q만큼 \\ 평행이동}]{x축의 \ 방향으로 \ p만큼} y=a(x-p)^2+q$$

이때 그래프를 x축, y축의 방향으로 모두 평행이동하므로 그래프의 축과 꼭짓점의 x좌표, y좌표가 모두 달라진다.

따라서 이차함수 $y=a(x-p)^2+q$의 그래프는

직선 $x=p$를 축으로 하고,

점 (p, q)를 꼭짓점으로 하는 포물선

이다.

한편, 이차함수 $y=a(x-p)^2+q$의 그래프는 a의 부호에 따라 그래프의 모양이 달라진다. 또, 꼭짓점의 좌표가 (p, q)이므로 p, q의 부호에 따라 꼭짓점의 위치가 달라진다.

▶ 꼭짓점 (p, q)가
① 제1사분면 위에 위치
　　➔ $p>0, q>0$
② 제2사분면 위에 위치
　　➔ $p<0, q>0$
③ 제3사분면 위에 위치
　　➔ $p<0, q<0$
④ 제4사분면 위에 위치
　　➔ $p>0, q<0$

따라서 이차함수 $y=a(x-p)^2+q$의 그래프가 주어지면 그래프의 모양과 꼭짓점의 위치를 확인하여 a, p, q의 부호를 구할 수 있다.

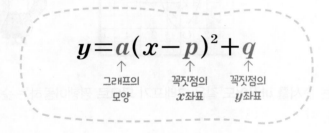

예를 들어 이차함수 $y=a(x-p)^2+q$의 그래프가 오른쪽 그림과 같을 때, 수 a, p, q의 부호를 구해 보자.

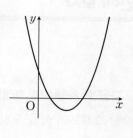

✔ 그래프의 모양이 아래로 볼록 → $a>0$

✔ 꼭짓점 (p, q)가 제4사분면에 위치 → $p>0, q<0$
  └→ (x좌표)>0, (y좌표)<0

그래프의 모양으로 a의 부호, 꼭짓점의 위치로 p, q의 부호를 알 수 있어~

💙 이차함수 $y=x^2$의 그래프를 이용하여 이차함수 $y=(x-2)^2-1$의 그래프를 오른쪽 좌표평면 위에 그리고, 다음 □ 안에 알맞은 것을 써넣어 보자.

⇨ 이차함수 $y=(x-2)^2-1$의 그래프는

  (1) 이차함수 $y=x^2$의 그래프를 x축의 방향으로 □만큼, y축의 방향으로 □만큼 평행이동한 것이다.

  (2) 축의 방정식: $x=$□

  (3) 꼭짓점의 좌표: (□, □)

답 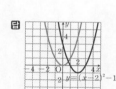 (1) 2, -1 (2) 2 (3) 2, -1

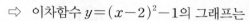

회색 글씨를 따라 쓰면서 개념을 정리해 보자!

꽉 잡아, 개념!

이차함수 $y=a(x-p)^2+q$의 그래프

(1) 이차함수 $y=ax^2$의 그래프를 x축의 방향으로 p만큼, y축의 방향으로 q만큼 평행이동한 것이다.

(2) **축의 방정식:** $x=p$

(3) **꼭짓점의 좌표:** (p, q)

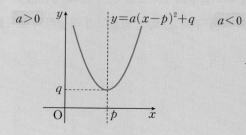

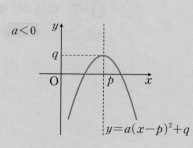

 1 다음 이차함수의 그래프를 [ ] 안의 수만큼 차례대로 x축, y축의 방향으로 평행이동한 그래프의 식을 구하시오.

(1) $y=4x^2$ [1, 5]

(2) $y=-\dfrac{1}{2}x^2$ [$-4, -3$]

✎ **풀이** (1) 이차함수 $y=4x^2$의 그래프를 x축의 방향으로 1만큼, y축의 방향으로 5만큼 평행이동한 그래프의 식은
$y=4(x-1)^2+5$

(2) 이차함수 $y=-\dfrac{1}{2}x^2$의 그래프를 x축의 방향으로 -4만큼, y축의 방향으로 -3만큼 평행이동한 그래프의 식은
$y=-\dfrac{1}{2}\{x-(-4)\}^2-3$, 즉 $y=-\dfrac{1}{2}(x+4)^2-3$

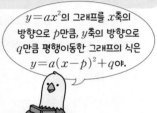
$y=ax^2$의 그래프를 x축의 방향으로 p만큼, y축의 방향으로 q만큼 평행이동한 그래프의 식은 $y=a(x-p)^2+q$야.

🔑 (1) $y=4(x-1)^2+5$ (2) $y=-\dfrac{1}{2}(x+4)^2-3$

1-1 다음 이차함수의 그래프는 이차함수 $y=6x^2$의 그래프를 x축, y축의 방향으로 각각 얼마만큼 평행이동한 것인지 구하시오.

(1) $y=6(x-5)^2-2$

(2) $y=6(x+2)^2-\dfrac{7}{9}$

1-2 다음 이차함수의 그래프를 [ ] 안의 수만큼 차례대로 x축, y축의 방향으로 평행이동한 그래프의 식을 구하고, 축의 방정식과 꼭짓점의 좌표를 각각 구하시오.

(1) $y=-5x^2$ [$3, -1$]

(2) $y=\dfrac{3}{7}x^2$ $\left[-\dfrac{1}{6}, 4 \right]$

2 다음 중 이차함수 $y=7(x+3)^2-5$의 그래프에 대한 설명으로 옳은 것은 ○표, 옳지 않은 것은 ×표를 하시오.

> $y=7(x+3)^2-5$ 의 그래프의 모양을 떠올려 봐.

(1) 이차함수 $y=7x^2$의 그래프를 x축의 방향으로 3만큼, y축의 방향으로 5만큼 평행이동한 것이다.　　　　　　　　　　　　　　　　　　　　(　　　)

(2) 직선 $x=-3$을 축으로 한다.　　　　　　　　　　　　　（　　　）

(3) 꼭짓점의 좌표는 $(-3, -5)$이다.　　　　　　　　　　（　　　）

✎ **풀이** (1) 이차함수 $y=7x^2$의 그래프를 x축의 방향으로 -3만큼, y축의 방향으로 -5만큼 평행이동한 것이다.

🔖 (1) × (2) ○ (3) ○

2-1 다음 중 이차함수 $y=-3(x-1)^2+2$의 그래프에 대한 설명으로 옳지 <u>않은</u> 것을 모두 고르면? (정답 2개)

① 위로 볼록한 포물선이다.　　　　　② 꼭짓점의 좌표는 $(-1, 2)$이다.
③ 축의 방정식은 $x=1$이다.　　　　④ 제1사분면을 지나지 않는다.
⑤ 이차함수 $y=-3x^2$의 그래프를 평행이동하여 포갤 수 있다.

3 이차함수 $y=-2x^2$의 그래프를 x축의 방향으로 8만큼, y축의 방향으로 -7만큼 평행이동한 그래프가 점 $(9, a)$를 지날 때, a의 값을 구하시오.

✎ **풀이** 평행이동한 그래프의 식은 $y=-2(x-8)^2-7$이므로
이 식에 $x=9$, $y=a$를 대입하면
$a=-2\times(9-8)^2-7=-9$

> 평행이동한 그래프의 식을 구해서 주어진 점의 x좌표, y좌표를 각각 식에 대입해 봐.

🔖 -9

3-1 이차함수 $y=ax^2$의 그래프를 x축의 방향으로 -3만큼, y축의 방향으로 6만큼 평행이동한 그래프가 점 $(1, 10)$을 지날 때, 수 a의 값을 구하시오.

4 이차함수 $y=a(x-p)^2+q$의 그래프가 오른쪽 그림과 같을 때, a, p, q의 부호를 각각 구하시오. (단, a, p, q는 수)

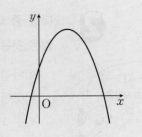

✏️ **풀이** 그래프의 모양이 위로 볼록하므로
$a<0$
꼭짓점 (p, q)가 제1사분면 위에 있으므로
$p>0, q>0$

그래프의 모양 ➡ a의 부호
꼭짓점의 위치 ➡ p, q의 부호

🔖 $a<0, p>0, q>0$

4-1 이차함수 $y=a(x-p)^2+q$의 그래프가 오른쪽 그림과 같을 때, a, p, q의 부호를 각각 구하시오. (단, a, p, q는 수)

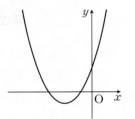

4-2 $a<0, p<0, q>0$일 때, 다음 중 이차함수 $y=a(x-p)^2+q$의 그래프로 적당한 것은? (단, a, p, q는 수)

①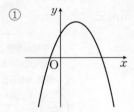

②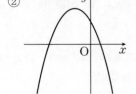

③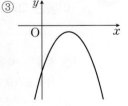

④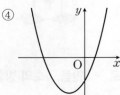

⑤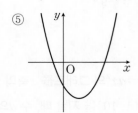

이차함수의 그래프 사이의 관계

앞의 '개념 **32~34**'에서 이차함수 $y=ax^2$의 그래프를 y축의 방향으로 평행이동, x축의 방향으로 평행이동, x축과 y축 모두의 방향으로 평행이동한 그래프를 살펴보았다.

이를 토대로 이차함수의 그래프 사이의 관계를 정리해 보면 다음과 같다.

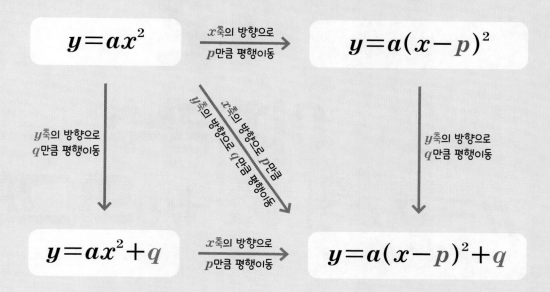

이때 이차함수의 그래프를 평행이동하면 그래프의 모양과 폭은 변하지 않고 위치만 바뀐다.
따라서 그래프의 축과 꼭짓점의 좌표가 달라진다.

이차함수의 그래프를

  y축의 방향으로 평행이동하면 꼭짓점의 y좌표만 달라지고,
  x축의 방향으로 평행이동하면 축과 꼭짓점의 x좌표가 달라지며,
  x축과 y축 모두의 방향으로 평행이동하면 축과 꼭짓점의 x좌표, y좌표가
모두 달라진다.

이와 같은 이차함수의 그래프 사이의 관계를 이용하면 이차함수의 식의 형태만 보고도
그래프의 성질을 보다 쉽게 파악할 수 있다.
따라서 그래프에 관한 문제를 해결할 때 유용하므로 기억해 두면 좋다.

12
이차함수
$y=ax^2+bx+c$의 그래프

#$y=ax^2+bx+c$

#$y=a(x-p)^2+q$ 꼴로 변형

#그래프의 모양 #축의 위치

#y축과의 교점의 위치

▶ 정답 및 풀이 22쪽

● 랜드마크는 도시의 이미지를 대표하는 시설이나 건물을 말한다. 프랑스 파리의 랜드마크로, 전쟁에서 이기고 돌아오는 군사를 환영하고 기념하기 위해 세워진 건축물은 무엇일까?

다음 식이 완전제곱식이 되도록 하는 □ 안의 수를 구하여 단서를 완성하고, 이를 이용하여 파리의 랜드마크를 찾아보자.

(1) $x^2 - 2x + \square$ (2) $x^2 + 4x + \square$ (3) $x^2 - 6x + \square$

┤ 단서 ├

오른쪽으로 [(1)]칸, 위쪽으로 [(2)]칸, 오른쪽으로 [(3)]칸 이동

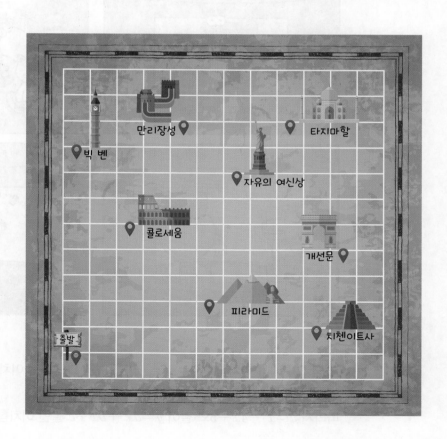

정답 [   ]

35 이차함수 $y=ax^2+bx+c$ 의 그래프

●● 이차함수 $y=ax^2+bx+c$의 그래프는 어떻게 그릴까?

'개념 34'에서 이차함수 $y=a(x-p)^2+q$의 그래프는 이차함수 $y=ax^2$의 그래프를 평행이동하여 그릴 수 있음을 배웠다.

따라서 $y=x^2-4x+5$와 같이 $y=ax^2+bx+c$ 꼴인 이차함수도 함수의 식을

$$y=a(x-p)^2+q$$

꼴로 고칠 수만 있다면 그 그래프를 그릴 수 있다.

그렇다면 이차함수 $y=x^2-4x+5$를 $y=a(x-p)^2+q$ 꼴로 고쳐 보자.

$$y=x^2-4x+5$$
$$=x^2-4x+4-4+5$$
$$=(x-2)^2+1$$

완전제곱식 꼴로 고치기 위해 4를 더했으니 다시 4를 빼야 식에 변화가 없어~

즉, 이차함수 $y=x^2-4x+5$는 이차함수 $y=(x-2)^2+1$과 같다.

따라서 이차함수 $y=x^2-4x+5$의 그래프는 다음 그림과 같이 이차함수 $y=x^2$의 그래프를 x축의 방향으로 2만큼, y축의 방향으로 1만큼 평행이동한 것과 같다.

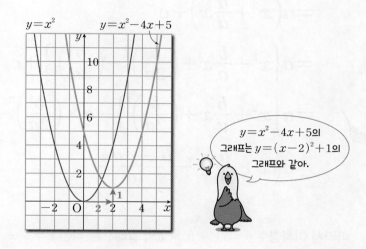

$y=x^2-4x+5$의 그래프는 $y=(x-2)^2+1$의 그래프와 같아.

이때 이차함수 $y=x^2-4x+5$의 그래프는 직선 $x=2$를 축으로 하고, 점 $(2, 1)$을 꼭짓점으로 하는 아래로 볼록한 포물선이다.

또, $x=0$일 때 $y=5$이므로 그래프가 y축과 만나는 점의 좌표는 $(0, 5)$이다.

$$y=x^2-4x+5 \xrightarrow[\text{꼴로 고치기}]{y=a(x-p)^2+q} y=(x-2)^2+1$$

• y축과의 교점의 좌표: $(0, 5)$

• 축의 방정식: $x=2$
• 꼭짓점의 좌표: $(2, 1)$

이처럼 이차함수 $y=ax^2+bx+c$의 그래프는 이차함수의 식을 $y=a(x-p)^2+q$ 꼴로 고쳐서 그릴 수 있다.

▶ $y=ax^2+bx+c$ 꼴을 이차함수의 일반형이라 하고, $y=a(x-p)^2+q$ 꼴을 이차함수의 표준형 이라 한다.

$$y=ax^2+bx+c \longrightarrow y=a(x-p)^2+q$$
꼴로 변형

이때 이차함수 $y=ax^2+bx+c$를 $y=a(x-p)^2+q$ 꼴로 고치면 다음과 같다.

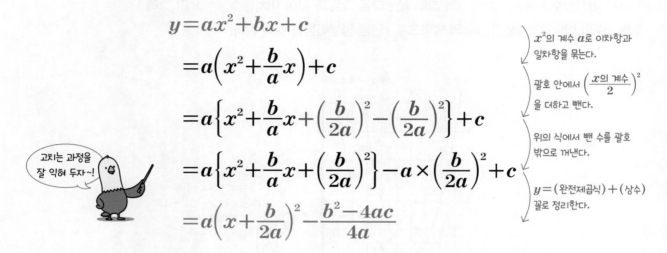

$$y=ax^2+bx+c$$
$$=a\left(x^2+\frac{b}{a}x\right)+c$$
$$=a\left\{x^2+\frac{b}{a}x+\left(\frac{b}{2a}\right)^2-\left(\frac{b}{2a}\right)^2\right\}+c$$
$$=a\left\{x^2+\frac{b}{a}x+\left(\frac{b}{2a}\right)^2\right\}-a\times\left(\frac{b}{2a}\right)^2+c$$
$$=a\left(x+\frac{b}{2a}\right)^2-\frac{b^2-4ac}{4a}$$

x^2의 계수 a로 이차항과 일차항을 묶는다.

괄호 안에서 $\left(\dfrac{x\text{의 계수}}{2}\right)^2$ 을 더하고 뺀다.

위의 식에서 뺀 수를 괄호 밖으로 꺼낸다.

$y=$ (완전제곱식) $+$ (상수) 꼴로 정리한다.

고치는 과정을 잘 익혀 두자~!

따라서 이차함수 $y=ax^2+bx+c$의 그래프는 직선 $x=-\dfrac{b}{2a}$를 축으로 하고,

점 $\left(-\dfrac{b}{2a}, -\dfrac{b^2-4ac}{4a}\right)$를 꼭짓점으로 하는 포물선이다.

또, $x=0$일 때 $y=c$이므로 그래프가 y축과 만나는 점의 좌표는 $(0, c)$이다.

한편, 우리는 2학년 때 함수의 그래프가 x축과 만나는 점의 x좌표를 x절편, y축과 만나는 점의 y좌표를 y절편이라 함을 배웠다.

이와 마찬가지로 이차함수의 그래프의 x절편과 y절편도 같은 방법으로 구할 수 있다.

x절편 $\rightarrow$ $y=0$일 때의 x의 값

y절편 $\rightarrow$ $x=0$일 때의 y의 값

특히, y절편은 $x=0$일 때의 y의 값이므로 이차함수 $y=ax^2+bx+c$는 상수항 c가 곧 그래프의 y절편이다.

 이차함수 $y=x^2+2x+3$에 대하여 다음 □ 안에 알맞은 수를 써넣고, 이차함수의 그래프를 오른쪽 좌표평면 위에 그려 보자.

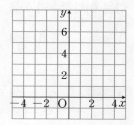

$\Rightarrow$ $y=x^2+2x+3$

$\quad = (x^2+2x+\boxed{}-\boxed{})+3$

$\quad = (x+\boxed{})^2+\boxed{}$

(1) 축의 방정식: $x=\boxed{}$

(2) 꼭짓점의 좌표: $(\boxed{}, \boxed{})$

(3) y축과의 교점의 좌표: $(\boxed{}, \boxed{})$

답 1, 1, 1, 2　(1) -1　(2) $-1, 2$　(3) 0, 3

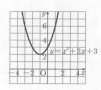

회색 글씨를 따라 쓰면서 개념을 정리해 보자!

꽉 잡아, 개념!

이차함수 $y=ax^2+bx+c$의 그래프

(1) 이차함수 $y=ax^2+bx+c$의 그래프는 $\boxed{y=a(x-p)^2+q}$ 꼴로 고쳐서 그린다.

$$y=ax^2+bx+c \implies y=a\left(x+\frac{b}{2a}\right)^2-\frac{b^2-4ac}{4a}$$

① 축의 방정식: $\boxed{x=-\dfrac{b}{2a}}$

② 꼭짓점의 좌표: $\left(-\dfrac{b}{2a}, -\dfrac{b^2-4ac}{4a}\right)$

(2) $a>0$이면 $\boxed{\text{아래}}$로 볼록하고, $a<0$이면 $\boxed{\text{위}}$로 볼록하다.

(3) y축과 점 $\boxed{(0, c)}$에서 만난다. 즉, y절편은 $\boxed{c}$이다.

1 다음 이차함수의 식을 $y=a(x-p)^2+q$ 꼴로 나타내시오. (단, a, p, q는 수)

(1) $y=-x^2+6x-4$ 　　　　　　　　(2) $y=2x^2+8x+5$

✏️ **풀이** (1) $y=-x^2+6x-4$
$\qquad\qquad =-(x^2-6x+9-9)-4$
$\qquad\qquad =-(x-3)^2+5$
(2) $y=2x^2+8x+5$
$\qquad =2(x^2+4x+4-4)+5$
$\qquad =2(x+2)^2-3$

> x^2의 계수로 이차항과 일차항을 묶은 후, $\left(\dfrac{x의\ 계수}{2}\right)^2$을 더하고 빼서 $y=a(x-p)^2+q$ 꼴로 나타내 봐.

🔑 (1) $y=-(x-3)^2+5$　(2) $y=2(x+2)^2-3$

1-1 다음 이차함수의 식을 $y=a(x-p)^2+q$ 꼴로 나타내시오. (단, a, p, q는 수)

(1) $y=x^2+10x+20$ 　　　　　　(2) $y=-3x^2-18x-10$

(3) $y=7x^2-14x+8$ 　　　　　　(4) $y=-\dfrac{1}{2}x^2+4x-15$

1-2 다음 이차함수의 그래프의 축의 방정식, 꼭짓점의 좌표, y절편을 각각 구하시오.

(1) $y=-5x^2+10x+2$ 　　　　　　(2) $y=\dfrac{1}{3}x^2+2x-3$

2 다음 중 이차함수 $y=6x^2+12x+7$의 그래프에 대한 설명으로 옳은 것은 ○표, 옳지 않은 것은 ×표를 하시오.

$y=6x^2+12x+7$을
$y=a(x-p)^2+q$
꼴로 고쳐 봐.

(1) 이차함수 $y=6x^2$의 그래프를 x축의 방향으로 -1만큼, y축의 방향으로 1만큼 평행이동한 것이다. ( )

(2) 축의 방정식은 $x=1$, 꼭짓점의 좌표는 $(1, 1)$이다. ( )

(3) y축과 점 $(0, 7)$에서 만난다. ( )

✎ 풀이 $y=6x^2+12x+7=6(x^2+2x+1-1)+7=6(x+1)^2+1$
(2) 축의 방정식은 $x=-1$, 꼭짓점의 좌표는 $(-1, 1)$이다.

답 (1) ○ (2) × (3) ○

2-1 다음 중 이차함수 $y=-4x^2+8x-5$의 그래프에 대한 설명으로 옳은 것을 모두 고르면? (정답 2개)

① 아래로 볼록한 포물선이다. ② 꼭짓점의 좌표는 $(1, 1)$이다.
③ 축의 방정식은 $x=1$이다. ④ 모든 사분면을 지난다.
⑤ $x>1$일 때, x의 값이 증가하면 y의 값은 감소한다.

3 이차함수 $y=3x^2-12x+9$의 그래프가 x축과 만나는 점의 좌표를 모두 구하시오.

✎ 풀이 $y=3x^2-12x+9$에 $y=0$을 대입하면
$3x^2-12x+9=0$, $x^2-4x+3=0$
$(x-1)(x-3)=0$ ∴ $x=1$ 또는 $x=3$
따라서 구하는 점의 좌표는 $(1, 0)$, $(3, 0)$이다.

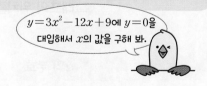
$y=3x^2-12x+9$에 $y=0$을
대입해서 x의 값을 구해 봐.

답 $(1, 0)$, $(3, 0)$

3-1 이차함수 $y=-2x^2+6x+20$의 그래프의 x절편을 모두 구하시오.

개념 영상

* QR코드를 스캔하여 개념 영상을 확인하세요.

36
이차함수 $y=ax^2+bx+c$의 그래프에서 a, b, c의 부호

●● 이차함수 $y=ax^2+bx+c$의 그래프에서 a, b, c의 부호는 어떻게 정할까?

▶ $y=a(x-p)^2+q$에서
• 그래프의 모양
  → a의 부호 결정
• 꼭짓점의 위치
  → p, q의 부호 결정

'개념 34'에서 이차함수 $y=a(x-p)^2+q$의 그래프에서 그래프의 모양과 꼭짓점의 위치를 보고 a, p, q의 부호를 파악할 수 있음을 배웠다.

마찬가지로 이차함수 $y=ax^2+bx+c$의 그래프에서도 그래프의 모양과 좌표평면에서의 그래프의 위치를 보고 a, b, c의 부호를 파악할 수 있다.

a의 부호	그래프의 모양으로 파악할 수 있다.

그래프의 모양에 따른 a의 부호는 이미 알고 있어.

이차함수의 그래프가

아래로 볼록하면 → $a>0$

위로 볼록하면 → $a<0$

아래로 볼록   위로 볼록

b의 부호 축의 위치로 파악할 수 있다.

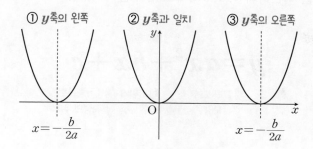

▶ $y = ax^2 + bx + c$
$= a\left(x + \dfrac{b}{2a}\right)^2$
$- \dfrac{b^2 - 4ac}{4a}$
에서 그래프의 축의 방정식은 $x = -\dfrac{b}{2a}$이다.

이차함수 $y = ax^2 + bx + c$의 그래프의 축의 방정식은 $x = -\dfrac{b}{2a}$이므로

① 축이 y축의 왼쪽에 있으면

    $-\dfrac{b}{2a} < 0$이므로 $\dfrac{b}{2a} > 0$, 즉 $ab > 0$

  ➜ a와 b는 서로 같은 부호

② 축이 y축과 일치하면

    $-\dfrac{b}{2a} = 0$이므로 $b = 0$

③ 축이 y축의 오른쪽에 있으면

    $-\dfrac{b}{2a} > 0$이므로 $\dfrac{b}{2a} < 0$, 즉 $ab < 0$

  ➜ a와 b는 서로 다른 부호

a의 부호는 그래프의 모양으로 알았으니까 축의 위치로 b의 부호를 알 수 있겠구나~

c의 부호 y축과의 교점의 위치로 파악할 수 있다.

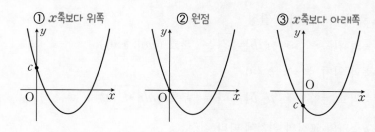

① y축과의 교점이 x축보다 위쪽에 있으면   ➜ $c > 0$

② y축과의 교점이 원점이면   ➜ $c = 0$

③ y축과의 교점이 x축보다 아래쪽에 있으면 ➜ $c < 0$

따라서 이차함수 $y=ax^2+bx+c$의 그래프가 주어지면 그래프의 모양, 축의 위치, y축과의 교점의 위치를 확인하여 a, b, c의 부호를 구할 수 있다.

$$y=ax^2+bx+c$$

그래프의 모양   축의 위치 y축과의 교점의 위치

 이차함수 $y=ax^2+bx+c$의 그래프가 오른쪽 그림과 같을 때, a, b, c의 부호를 각각 구해 보자. (단, a, b, c는 수)

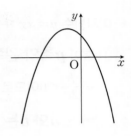

(1) 그래프가 위로 볼록하므로 $a\bigcirc0$이다.

(2) 축이 y축의 왼쪽에 있으므로 $ab\bigcirc0$이다.

     이때 $a\bigcirc0$이므로 $b\bigcirc0$이다.

(3) y축과의 교점이 x축보다 위쪽에 있으므로 $c\bigcirc0$이다.

답 (1) <   (2) >, <, <   (3) >

회색 글씨를 따라 쓰면서 개념을 정리해 보자!

꽉 잡아, 개념!

이차함수 $y=ax^2+bx+c$의 그래프에서 a, b, c의 부호

(1) a의 부호: 그래프의 모양에 따라 결정

     ① 아래로 볼록 ➡ $a \boxed{>} 0$ ② 위로 볼록 ➡ $a \boxed{<} 0$

(2) b의 부호: 축의 위치에 따라 결정

     ① 축이 y축의 왼쪽 ➡ a, b는 $\boxed{\text{같은}}$ 부호 ($ab \boxed{>} 0$)

     ② 축이 y축과 일치 ➡ $b=0$

     ③ 축이 y축의 오른쪽 ➡ a, b는 $\boxed{\text{다른}}$ 부호 ($ab \boxed{<} 0$)

(3) c의 부호: y축과의 교점의 위치에 따라 결정

     ① y축과의 교점이 x축보다 위쪽 ➡ $c \boxed{>} 0$

     ② y축과의 교점이 원점 ➡ $c \boxed{=} 0$

     ③ y축과의 교점이 x축보다 아래쪽 ➡ $c \boxed{<} 0$

 이차함수 $y=ax^2+bx+c$의 그래프가 오른쪽 그림과 같을 때, a, b, c의 부호를 각각 구하시오. (단, a, b, c는 수)

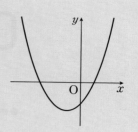

✏️ **풀이** 그래프의 모양이 아래로 볼록하므로 $a>0$
축이 y축의 왼쪽에 있으므로 $ab>0$ ∴ $b>0$
y축과의 교점이 x축보다 아래쪽에 있으므로 $c<0$

그래프의 모양 ⇨ a의 부호
축의 위치 ⇨ b의 부호
y축과의 교점의 위치 ⇨ c의 부호

🖪 $a>0$, $b>0$, $c<0$

1-1 이차함수 $y=ax^2+bx+c$의 그래프가 오른쪽 그림과 같을 때, a, b, c의 부호를 각각 구하시오. (단, a, b, c는 수)

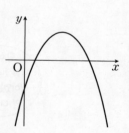

1-2 $a>0$, $b<0$, $c>0$일 때, 다음 중 이차함수 $y=ax^2+bx+c$의 그래프로 적당한 것은? (단, a, b, c는 수)

① 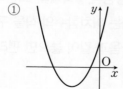　② 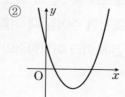　③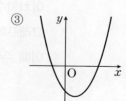

④ 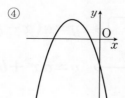　⑤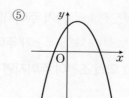

37 이차함수의 식 구하기

* QR코드를 스캔하여 개념 영상을 확인하세요.

•• 이차함수의 식은 어떻게 구할 수 있을까?

이차함수의 그래프의 꼭짓점의 좌표, 축의 방정식, y축과의 교점의 좌표 등 이차함수의 그래프에 대한 조건이 주어질 때 이를 만족하는 이차함수의 식을 구할 수 있다.

이때 주어진 조건에 따라 이차함수의 식을 다음과 같이 놓으면 편리하다.

꼭짓점 (p, q)가 주어지면
축의 방정식 $x=p$가 주어지면 $\longrightarrow$ $y=a(x-p)^2+q$

그 외의 조건이 주어지면 $\longrightarrow$ $y=ax^2+bx+c$

이를 토대로 이차함수의 식을 구할 수 있는 세 가지 경우에 대해 알아보자.

(1) 꼭짓점의 좌표와 다른 한 점의 좌표가 주어진 경우

꼭짓점의 좌표가 $(2, -1)$이고 점 $(3, 4)$를 지나는 포물선을 그래프로 하는 이차함수의 식을 구해 보자.

> ▶ 꼭짓점의 좌표에 따라 이차함수의 식을 다음과 같이 놓으면 편리하다.
> · $(0, 0)$
>   ➔ $y = ax^2$
> · $(0, q)$
>   ➔ $y = ax^2 + q$
> · $(p, 0)$
>   ➔ $y = a(x-p)^2$
> · (p, q)
>   ➔ $y = a(x-p)^2 + q$

이차함수의 식을 $y = a(x-p)^2 + q$ 로 놓는다.

$y = a(x-2)^2 - 1$

▼

다른 한 점의 좌표를 대입하여 a의 값을 구한다.

$x = 3, y = 4$를 대입하면
$4 = a(3-2)^2 - 1$
$a - 1 = 4$　　∴ $a = 5$

▼

이차함수의 식을 구한다.

$y = 5(x-2)^2 - 1$

(2) 축의 방정식과 두 점의 좌표가 주어진 경우

축의 방정식이 $x = 3$이고 두 점 $(2, 4)$, $(5, 7)$을 지나는 포물선을 그래프로 하는 이차함수의 식을 구해 보자.

이차함수의 식을 $y = a(x-p)^2 + q$ 로 놓는다.

$y = a(x-3)^2 + q$

▼

두 점의 좌표를 각각 대입하여 a, q의 값을 구한다.

$x = 2, y = 4$를 대입하면
$4 = a(2-3)^2 + q$
∴ $a + q = 4$　　　　…… ㉠
$x = 5, y = 7$을 대입하면
$7 = a(5-3)^2 + q$
∴ $4a + q = 7$　　　　…… ㉡
㉠, ㉡을 연립하여 풀면 $a = 1, q = 3$

> ▶ ㉠-㉡을 하면
> $-3a = -3$
> ∴ $a = 1$
> $a = 1$을 ㉠에 대입하면
> $1 + q = 4$
> ∴ $q = 3$

▼

이차함수의 식을 구한다.

$y = (x-3)^2 + 3$

(3) y축과의 교점의 좌표와 두 점의 좌표가 주어진 경우

y축과 점 $(0, 6)$에서 만나고 두 점 $(-1, 2)$, $(2, 8)$을 지나는 포물선을 그래프로 하는 이차함수의 식을 구해 보자.

이차함수의 식을
$$y = ax^2 + bx + c$$
로 놓는다.

$y = ax^2 + bx + 6$

▼

두 점의 좌표를 각각
대입하여 a, b의 값을 구한다.

$x = -1$, $y = 2$를 대입하면

$2 = a \times (-1)^2 + b \times (-1) + 6$

$\therefore a - b = -4$ ⋯⋯ ㉠

$x = 2$, $y = 8$을 대입하면

$8 = a \times 2^2 + b \times 2 + 6$

$\therefore 2a + b = 1$ ⋯⋯ ㉡

㉠, ㉡을 연립하여 풀면 $a = -1$, $b = 3$

▶ ㉠+㉡을 하면
$3a = -3$
$\therefore a = -1$
$a = -1$을 ㉠에 대입하면
$-1 - b = -4$
$\therefore b = 3$

▼

이차함수의 식을 구한다.

$y = -x^2 + 3x + 6$

회색 글씨를 따라 쓰면서 개념을 정리해 보자!

꽉잡아, 개념!

이차함수의 식 구하기

(1) **꼭짓점의 좌표 (p, q)와 다른 한 점의 좌표가 주어진 경우**

　❶ 이차함수의 식을 $\boxed{y = a(x-p)^2 + q}$ 로 놓는다.

　❷ 다른 한 점의 좌표를 대입하여 a의 값을 구한다.

(2) **축의 방정식 $x = p$와 두 점의 좌표가 주어진 경우**

　❶ 이차함수의 식을 $\boxed{y = a(x-p)^2 + q}$ 로 놓는다.

　❷ 두 점의 좌표를 각각 대입하여 a, q의 값을 구한다.

(3) **y축과의 교점의 좌표 $(0, c)$와 두 점의 좌표가 주어진 경우**

　❶ 이차함수의 식을 $\boxed{y = ax^2 + bx + c}$ 로 놓는다.

　❷ 두 점의 좌표를 각각 대입하여 a, b의 값을 구한다.

▶ 정답 및 풀이 23쪽

1 꼭짓점의 좌표가 $(1, 5)$이고 점 $(-1, 1)$을 지나는 포물선을 그래프로 하는 이차함수의 식을 $y=ax^2+bx+c$ 꼴로 나타내시오. (단, a, b, c는 수)

 풀이 이차함수의 식을 $y=a(x-1)^2+5$로 놓고,

$x=-1, y=1$을 대입하면

$1=a\times(-2)^2+5,\ 4a+5=1$ ∴ $a=-1$

따라서 구하는 이차함수의 식은

$y=-(x-1)^2+5$, 즉 $y=-x^2+2x+4$

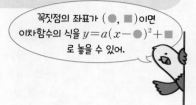
꼭짓점의 좌표가 $(●, ▨)$이면 이차함수의 식을 $y=a(x-●)^2+▨$로 놓을 수 있어.

답 $y=-x^2+2x+4$

1-1 꼭짓점의 좌표가 $(-3, 2)$이고 점 $(-5, 6)$을 지나는 포물선을 그래프로 하는 이차함수의 식을 $y=ax^2+bx+c$ 꼴로 나타내시오. (단, a, b, c는 수)

1-2 오른쪽 그림과 같은 포물선을 그래프로 하는 이차함수의 식을 $y=ax^2+bx+c$ 꼴로 나타내시오. (단, a, b, c는 수)

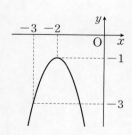

2 축의 방정식이 $x=1$이고 두 점 $(-1, -2)$, $(2, -5)$를 지나는 포물선을 그래프로 하는 이차함수의 식을 $y=ax^2+bx+c$ 꼴로 나타내시오. (단, a, b, c는 수)

축의 방정식이 $x=$ ▲이면 이차함수의 식을 $y=a(x-$▲$)^2+q$ 로 놓을 수 있어.

✏️ **풀이** 이차함수의 식을 $y=a(x-1)^2+q$로 놓고,
$x=-1$, $y=-2$를 대입하면
$-2=a\times(-2)^2+q$ ∴ $4a+q=-2$ ······ ㉠
$x=2$, $y=-5$를 대입하면
$-5=a\times1^2+q$ ∴ $a+q=-5$ ······ ㉡
㉠, ㉡을 연립하여 풀면 $a=1$, $q=-6$
따라서 구하는 이차함수의 식은
$y=(x-1)^2-6$, 즉 $y=x^2-2x-5$

🔑 $y=x^2-2x-5$

2-1 축의 방정식이 $x=-2$이고 두 점 $(-3, 1)$, $(1, -7)$을 지나는 포물선을 그래프로 하는 이차함수의 식을 $y=ax^2+bx+c$ 꼴로 나타내시오. (단, a, b, c는 수)

2-2 오른쪽 그림과 같은 포물선을 그래프로 하는 이차함수의 식을 $y=ax^2+bx+c$ 꼴로 나타내시오. (단, a, b, c는 수)

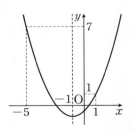

3 y축과 점 $(0, -1)$에서 만나고 두 점 $(-2, -3)$, $(1, 6)$을 지나는 포물선을 그래프로 하는 이차함수의 식을 $y = ax^2 + bx + c$ 꼴로 나타내시오. (단, a, b, c는 수)

✏️ **풀이** 이차함수의 식을 $y = ax^2 + bx - 1$로 놓고,
$x = -2$, $y = -3$을 대입하면
$-3 = a \times (-2)^2 + b \times (-2) - 1$ ∴ $2a - b = -1$ ······ ㉠
$x = 1$, $y = 6$을 대입하면
$6 = a \times 1^2 + b \times 1 - 1$ ∴ $a + b = 7$ ······ ㉡
㉠, ㉡을 연립하여 풀면 $a = 2$, $b = 5$
따라서 구하는 이차함수의 식은 $y = 2x^2 + 5x - 1$

> y축과의 교점이 $(0, ★)$이면 이차함수의 식을 $y = ax^2 + bx + ★$ 로 놓을 수 있어.

🔖 $y = 2x^2 + 5x - 1$

3-1 y절편이 3이고 두 점 $(-1, 5)$, $(3, 9)$를 지나는 포물선을 그래프로 하는 이차함수의 식을 $y = ax^2 + bx + c$ 꼴로 나타내시오. (단, a, b, c는 수)

3-2 오른쪽 그림과 같은 포물선을 그래프로 하는 이차함수의 식을 $y = ax^2 + bx + c$ 꼴로 나타내시오. (단, a, b, c는 수)

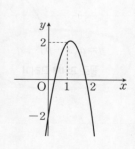

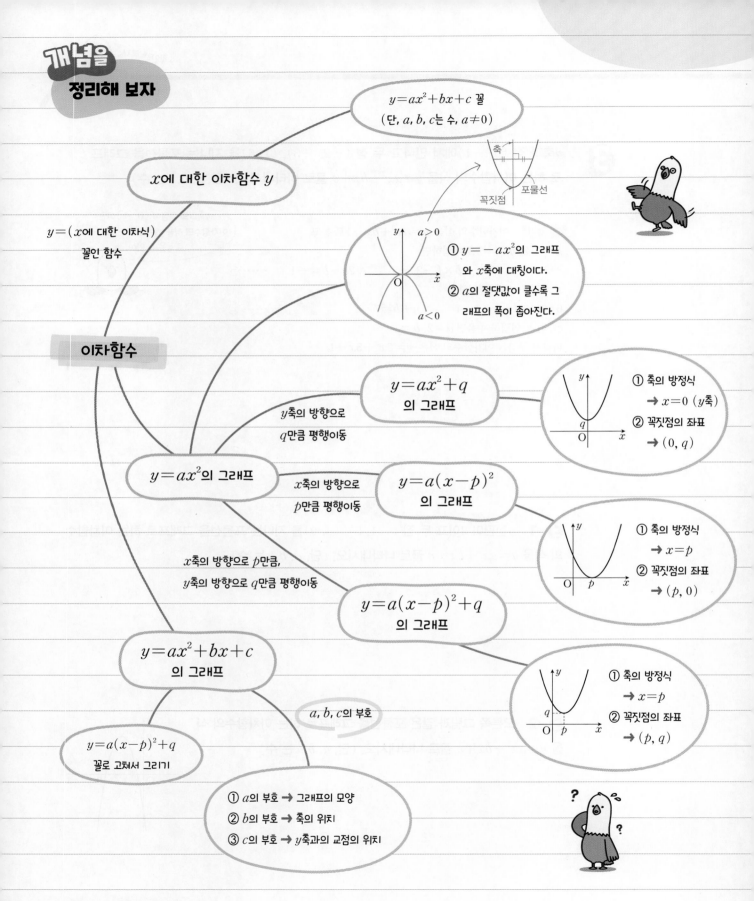

$y=ax^2+bx+c$ 꼴
(단, a, b, c는 수, $a\neq 0$)

x에 대한 이차함수 y

$y=(x$에 대한 이차식$)$
꼴인 함수

이차함수

① $y=-ax^2$의 그래프와 x축에 대칭이다.
② a의 절댓값이 클수록 그래프의 폭이 좁아진다.

$y=ax^2+q$
의 그래프

① 축의 방정식
→ $x=0$ (y축)
② 꼭짓점의 좌표
→ $(0, q)$

y축의 방향으로
q만큼 평행이동

$y=ax^2$의 그래프

x축의 방향으로
p만큼 평행이동

$y=a(x-p)^2$
의 그래프

① 축의 방정식
→ $x=p$
② 꼭짓점의 좌표
→ $(p, 0)$

x축의 방향으로 p만큼,
y축의 방향으로 q만큼 평행이동

$y=a(x-p)^2+q$
의 그래프

① 축의 방정식
→ $x=p$
② 꼭짓점의 좌표
→ (p, q)

$y=ax^2+bx+c$
의 그래프

a, b, c의 부호

$y=a(x-p)^2+q$
꼴로 고쳐서 그리기

① a의 부호 → 그래프의 모양
② b의 부호 → 축의 위치
③ c의 부호 → y축과의 교점의 위치

1 다음 중 이차함수인 것은?

① $y=7x+10$ ② $y=-\dfrac{5}{x^2}$ ③ $y=(x-2)^2-x^2$

④ $y=3(x+1)(x-2)$ ⑤ $y=2x^3-2x$

2 $y=a(4-x^2)-5x^2+8x$가 x에 대한 이차함수가 되도록 하는 수 a의 조건은?

① $a\neq-7$ ② $a\neq-6$ ③ $a\neq-5$

④ $a\neq-4$ ⑤ $a\neq-3$

3 이차함수 $f(x)=2x^2-3x+6$에 대하여 $f(-1)-f(3)$의 값은?

① -7 ② -6 ③ -5

④ -4 ⑤ -3

4 다음 이차함수 중 그 그래프의 폭이 가장 넓은 것은?

① $y=\dfrac{11}{2}x^2$ ② $y=-5x^2$ ③ $y=-\dfrac{1}{5}x^2$

④ $y=-\dfrac{1}{2}x^2$ ⑤ $y=-\dfrac{3}{4}x^2$

5 다음 중 이차함수 $y = -\dfrac{2}{5}x^2$의 그래프에 대한 설명으로 옳은 것은?

① 점 $(-5, 10)$을 지난다.

② 모든 x의 값에 대하여 y의 값은 음수이다.

③ 이차함수 $y = \dfrac{2}{5}x^2$의 그래프와 x축에 대칭이다.

④ 제1, 2사분면을 지난다.

⑤ 축의 방정식은 $y = 0$이다.

6 이차함수 $y = -\dfrac{9}{7}x^2$의 그래프를 y축의 방향으로 7만큼 평행이동한 그래프의 꼭짓점의 좌표는?

① $(0, 7)$ ② $(0, -7)$ ③ $(5, 7)$

④ $(7, 0)$ ⑤ $(7, 9)$

7 이차함수 $y = 3(x+5)^2$의 그래프에서 x의 값이 증가할 때 y의 값은 감소하는 x의 값의 범위는?

① $x < -5$ ② $x > -5$ ③ $x < 0$

④ $x < 5$ ⑤ $x > 5$

8 다음 중 이차함수 $y = -(x-2)^2 + 2$의 그래프는?

① 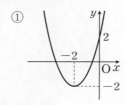   ② 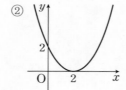   ③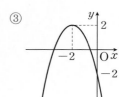

④ 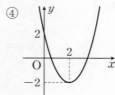   ⑤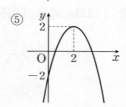

9 이차함수 $y=-x^2$의 그래프를 x축의 방향으로 3만큼, y축의 방향으로 -2만큼 평행이동한 그래프가 점 $(-2, k)$를 지난다. 이때 k의 값을 구하시오.

10 이차함수 $y=a(x+p)^2+q$의 그래프가 오른쪽 그림과 같을 때, 수 a, p, q의 부호는?

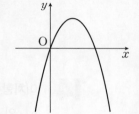

① $a>0$, $p>0$, $q>0$
② $a>0$, $p>0$, $q<0$
③ $a>0$, $p<0$, $q<0$
④ $a<0$, $p>0$, $q>0$
⑤ $a<0$, $p<0$, $q>0$

11 이차함수 $y=-\dfrac{1}{2}x^2-2x+4$를 $y=a(x-p)^2+q$ 꼴로 나타낼 때, 수 a, p, q에 대하여 apq의 값은?

① -6
② -4
③ -1
④ 4
⑤ 6

12 다음 중 이차함수 $y=-x^2+2x+3$의 그래프에 대한 설명으로 옳지 <u>않은</u> 것은?

① 위로 볼록한 포물선이다.
② 꼭짓점의 좌표는 $(-1, 4)$이다.
③ 직선 $x=1$을 축으로 한다.
④ 모든 사분면을 지난다.
⑤ 이차함수 $y=-x^2$의 그래프를 평행이동하면 완전히 포개어진다.

13 오른쪽 그림과 같이 이차함수 $y=4x^2-4$의 그래프와 x축과의 두 교점을 각각 A, B라 하고, y축과의 교점을 C라 할 때, $\triangle$ABC의 넓이를 구하면?

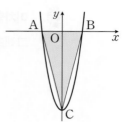

① $\dfrac{9}{2}$ 　　② 4 　　③ $\dfrac{7}{2}$

④ 3 　　⑤ $\dfrac{5}{2}$

14 이차함수 $y=ax^2+bx+c$의 그래프가 오른쪽 그림과 같을 때, 수 a, b, c의 부호를 각각 구하면?

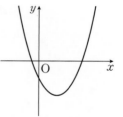

① $a<0$, $b>0$, $c>0$ 　　② $a<0$, $b<0$, $c>0$
③ $a>0$, $b>0$, $c<0$ 　　④ $a>0$, $b<0$, $c<0$
⑤ $a<0$, $b<0$, $c<0$

15 꼭짓점의 좌표가 $(3, -3)$이고, 점 $(1, -23)$을 지나는 포물선을 그래프로 하는 이차함수의 식은?

① $y=5x^2-30x+48$ 　　② $y=-5x^2+30x+48$ 　　③ $y=5x^2-30x-48$
④ $y=-5x^2+30x-48$ 　　⑤ $y=5x^2-30x+46$

16 오른쪽 그림과 같은 이차함수의 그래프가 점 $(1, k)$를 지날 때, k의 값을 구하시오.

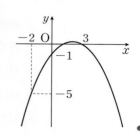

제곱근표 1

수	0	1	2	3	4	5	6	7	8	9
1.0	1.000	1.005	1.010	1.015	1.020	1.025	1.030	1.034	1.039	1.044
1.1	1.049	1.054	1.058	1.063	1.068	1.072	1.077	1.082	1.086	1.091
1.2	1.095	1.100	1.105	1.109	1.114	1.118	1.122	1.127	1.131	1.136
1.3	1.140	1.145	1.149	1.153	1.158	1.162	1.166	1.170	1.175	1.179
1.4	1.183	1.187	1.192	1.196	1.200	1.204	1.208	1.212	1.217	1.221
1.5	1.225	1.229	1.233	1.237	1.241	1.245	1.249	1.253	1.257	1.261
1.6	1.265	1.269	1.273	1.277	1.281	1.285	1.288	1.292	1.296	1.300
1.7	1.304	1.308	1.311	1.315	1.319	1.323	1.327	1.330	1.334	1.338
1.8	1.342	1.345	1.349	1.353	1.356	1.360	1.364	1.367	1.371	1.375
1.9	1.378	1.382	1.386	1.389	1.393	1.396	1.400	1.404	1.407	1.411
2.0	1.414	1.418	1.421	1.425	1.428	1.432	1.435	1.439	1.442	1.446
2.1	1.449	1.453	1.456	1.459	1.463	1.466	1.470	1.473	1.476	1.480
2.2	1.483	1.487	1.490	1.493	1.497	1.500	1.503	1.507	1.510	1.513
2.3	1.517	1.520	1.523	1.526	1.530	1.533	1.536	1.539	1.543	1.546
2.4	1.549	1.552	1.556	1.559	1.562	1.565	1.568	1.572	1.575	1.578
2.5	1.581	1.584	1.587	1.591	1.594	1.597	1.600	1.603	1.606	1.609
2.6	1.612	1.616	1.619	1.622	1.625	1.628	1.631	1.634	1.637	1.640
2.7	1.643	1.646	1.649	1.652	1.655	1.658	1.661	1.664	1.667	1.670
2.8	1.673	1.676	1.679	1.682	1.685	1.688	1.691	1.694	1.697	1.700
2.9	1.703	1.706	1.709	1.712	1.715	1.718	1.720	1.723	1.726	1.729
3.0	1.732	1.735	1.738	1.741	1.744	1.746	1.749	1.752	1.755	1.758
3.1	1.761	1.764	1.766	1.769	1.772	1.775	1.778	1.780	1.783	1.786
3.2	1.789	1.792	1.794	1.797	1.800	1.803	1.806	1.808	1.811	1.814
3.3	1.817	1.819	1.822	1.825	1.828	1.830	1.833	1.836	1.838	1.841
3.4	1.844	1.847	1.849	1.852	1.855	1.857	1.860	1.863	1.865	1.868
3.5	1.871	1.873	1.876	1.879	1.881	1.884	1.887	1.889	1.892	1.895
3.6	1.897	1.900	1.903	1.905	1.908	1.910	1.913	1.916	1.918	1.921
3.7	1.924	1.926	1.929	1.931	1.934	1.936	1.939	1.942	1.944	1.947
3.8	1.949	1.952	1.954	1.957	1.960	1.962	1.965	1.967	1.970	1.972
3.9	1.975	1.977	1.980	1.982	1.985	1.987	1.990	1.992	1.995	1.997
4.0	2.000	2.002	2.005	2.007	2.010	2.012	2.015	2.017	2.020	2.022
4.1	2.025	2.027	2.030	2.032	2.035	2.037	2.040	2.042	2.045	2.047
4.2	2.049	2.052	2.054	2.057	2.059	2.062	2.064	2.066	2.069	2.071
4.3	2.074	2.076	2.078	2.081	2.083	2.086	2.088	2.090	2.093	2.095
4.4	2.098	2.100	2.102	2.105	2.107	2.110	2.112	2.114	2.117	2.119
4.5	2.121	2.124	2.126	2.128	2.131	2.133	2.135	2.138	2.140	2.142
4.6	2.145	2.147	2.149	2.152	2.154	2.156	2.159	2.161	2.163	2.166
4.7	2.168	2.170	2.173	2.175	2.177	2.179	2.182	2.184	2.186	2.189
4.8	2.191	2.193	2.195	2.198	2.200	2.202	2.205	2.207	2.209	2.211
4.9	2.214	2.216	2.218	2.220	2.223	2.225	2.227	2.229	2.232	2.234
5.0	2.236	2.238	2.241	2.243	2.245	2.247	2.249	2.252	2.254	2.256
5.1	2.258	2.261	2.263	2.265	2.267	2.269	2.272	2.274	2.276	2.278
5.2	2.280	2.283	2.285	2.287	2.289	2.291	2.293	2.296	2.298	2.300
5.3	2.302	2.304	2.307	2.309	2.311	2.313	2.315	2.317	2.319	2.322
5.4	2.324	2.326	2.328	2.330	2.332	2.335	2.337	2.339	2.341	2.343

수	0	1	2	3	4	5	6	7	8	9
5.5	2.345	2.347	2.349	2.352	2.354	2.356	2.358	2.360	2.362	2.364
5.6	2.366	2.369	2.371	2.373	2.375	2.377	2.379	2.381	2.383	2.385
5.7	2.387	2.390	2.392	2.394	2.396	2.398	2.400	2.402	2.404	2.406
5.8	2.408	2.410	2.412	2.415	2.417	2.419	2.421	2.423	2.425	2.427
5.9	2.429	2.431	2.433	2.435	2.437	2.439	2.441	2.443	2.445	2.447
6.0	2.449	2.452	2.454	2.456	2.458	2.460	2.462	2.464	2.466	2.468
6.1	2.470	2.472	2.474	2.476	2.478	2.480	2.482	2.484	2.486	2.488
6.2	2.490	2.492	2.494	2.496	2.498	2.500	2.502	2.504	2.506	2.508
6.3	2.510	2.512	2.514	2.516	2.518	2.520	2.522	2.524	2.526	2.528
6.4	2.530	2.532	2.534	2.536	2.538	2.540	2.542	2.544	2.546	2.548
6.5	2.550	2.551	2.553	2.555	2.557	2.559	2.561	2.563	2.565	2.567
6.6	2.569	2.571	2.573	2.575	2.577	2.579	2.581	2.583	2.585	2.587
6.7	2.588	2.590	2.592	2.594	2.596	2.598	2.600	2.602	2.604	2.606
6.8	2.608	2.610	2.612	2.613	2.615	2.617	2.619	2.621	2.623	2.625
6.9	2.627	2.629	2.631	2.632	2.634	2.636	2.638	2.640	2.642	2.644
7.0	2.646	2.648	2.650	2.651	2.653	2.655	2.657	2.659	2.661	2.663
7.1	2.665	2.666	2.668	2.670	2.672	2.674	2.676	2.678	2.680	2.681
7.2	2.683	2.685	2.687	2.689	2.691	2.693	2.694	2.696	2.698	2.700
7.3	2.702	2.704	2.706	2.707	2.709	2.711	2.713	2.715	2.717	2.718
7.4	2.720	2.722	2.724	2.726	2.728	2.729	2.731	2.733	2.735	2.737
7.5	2.739	2.740	2.742	2.744	2.746	2.748	2.750	2.751	2.753	2.755
7.6	2.757	2.759	2.760	2.762	2.764	2.766	2.768	2.769	2.771	2.773
7.7	2.775	2.777	2.778	2.780	2.782	2.784	2.786	2.787	2.789	2.791
7.8	2.793	2.795	2.796	2.798	2.800	2.802	2.804	2.805	2.807	2.809
7.9	2.811	2.812	2.814	2.816	2.818	2.820	2.821	2.823	2.825	2.827
8.0	2.828	2.830	2.832	2.834	2.835	2.837	2.839	2.841	2.843	2.844
8.1	2.846	2.848	2.850	2.851	2.853	2.855	2.857	2.858	2.860	2.862
8.2	2.864	2.865	2.867	2.869	2.871	2.872	2.874	2.876	2.877	2.879
8.3	2.881	2.883	2.884	2.886	2.888	2.890	2.891	2.893	2.895	2.897
8.4	2.898	2.900	2.902	2.903	2.905	2.907	2.909	2.910	2.912	2.914
8.5	2.915	2.917	2.919	2.921	2.922	2.924	2.926	2.927	2.929	2.931
8.6	2.933	2.934	2.936	2.938	2.939	2.941	2.943	2.944	2.946	2.948
8.7	2.950	2.951	2.953	2.955	2.956	2.958	2.960	2.961	2.963	2.965
8.8	2.966	2.968	2.970	2.972	2.973	2.975	2.977	2.978	2.980	2.982
8.9	2.983	2.985	2.987	2.988	2.990	2.992	2.993	2.995	2.997	2.998
9.0	3.000	3.002	3.003	3.005	3.007	3.008	3.010	3.012	3.013	3.015
9.1	3.017	3.018	3.020	3.022	3.023	3.025	3.027	3.028	3.030	3.032
9.2	3.033	3.035	3.036	3.038	3.040	3.041	3.043	3.045	3.046	3.048
9.3	3.050	3.051	3.053	3.055	3.056	3.058	3.059	3.061	3.063	3.064
9.4	3.066	3.068	3.069	3.071	3.072	3.074	3.076	3.077	3.079	3.081
9.5	3.082	3.084	3.085	3.087	3.089	3.090	3.092	3.094	3.095	3.097
9.6	3.098	3.100	3.102	3.103	3.105	3.106	3.108	3.110	3.111	3.113
9.7	3.114	3.116	3.118	3.119	3.121	3.122	3.124	3.126	3.127	3.129
9.8	3.130	3.132	3.134	3.135	3.137	3.138	3.140	3.142	3.143	3.145
9.9	3.146	3.148	3.150	3.151	3.153	3.154	3.156	3.158	3.159	3.161

수	0	1	2	3	4	5	6	7	8	9
10	3.162	3.178	3.194	3.209	3.225	3.240	3.256	3.271	3.286	3.302
11	3.317	3.332	3.347	3.362	3.376	3.391	3.406	3.421	3.435	3.450
12	3.464	3.479	3.493	3.507	3.521	3.536	3.550	3.564	3.578	3.592
13	3.606	3.619	3.633	3.647	3.661	3.674	3.688	3.701	3.715	3.728
14	3.742	3.755	3.768	3.782	3.795	3.808	3.821	3.834	3.847	3.860
15	3.873	3.886	3.899	3.912	3.924	3.937	3.950	3.962	3.975	3.987
16	4.000	4.012	4.025	4.037	4.050	4.062	4.074	4.087	4.099	4.111
17	4.123	4.135	4.147	4.159	4.171	4.183	4.195	4.207	4.219	4.231
18	4.243	4.254	4.266	4.278	4.290	4.301	4.313	4.324	4.336	4.347
19	4.359	4.370	4.382	4.393	4.405	4.416	4.427	4.438	4.450	4.461
20	4.472	4.483	4.494	4.506	4.517	4.528	4.539	4.550	4.561	4.572
21	4.583	4.593	4.604	4.615	4.626	4.637	4.648	4.658	4.669	4.680
22	4.690	4.701	4.712	4.722	4.733	4.743	4.754	4.764	4.775	4.785
23	4.796	4.806	4.817	4.827	4.837	4.848	4.858	4.868	4.879	4.889
24	4.899	4.909	4.919	4.930	4.940	4.950	4.960	4.970	4.980	4.990
25	5.000	5.010	5.020	5.030	5.040	5.050	5.060	5.070	5.079	5.089
26	5.099	5.109	5.119	5.128	5.138	5.148	5.158	5.167	5.177	5.187
27	5.196	5.206	5.215	5.225	5.235	5.244	5.254	5.263	5.273	5.282
28	5.292	5.301	5.310	5.320	5.329	5.339	5.348	5.357	5.367	5.376
29	5.385	5.394	5.404	5.413	5.422	5.431	5.441	5.450	5.459	5.468
30	5.477	5.486	5.495	5.505	5.514	5.523	5.532	5.541	5.550	5.559
31	5.568	5.577	5.586	5.595	5.604	5.612	5.621	5.630	5.639	5.648
32	5.657	5.666	5.675	5.683	5.692	5.701	5.710	5.718	5.727	5.736
33	5.745	5.753	5.762	5.771	5.779	5.788	5.797	5.805	5.814	5.822
34	5.831	5.840	5.848	5.857	5.865	5.874	5.882	5.891	5.899	5.908
35	5.916	5.925	5.933	5.941	5.950	5.958	5.967	5.975	5.983	5.992
36	6.000	6.008	6.017	6.025	6.033	6.042	6.050	6.058	6.066	6.075
37	6.083	6.091	6.099	6.107	6.116	6.124	6.132	6.140	6.148	6.156
38	6.164	6.173	6.181	6.189	6.197	6.205	6.213	6.221	6.229	6.237
39	6.245	6.253	6.261	6.269	6.277	6.285	6.293	6.301	6.309	6.317
40	6.325	6.332	6.340	6.348	6.356	6.364	6.372	6.380	6.387	6.395
41	6.403	6.411	6.419	6.427	6.434	6.442	6.450	6.458	6.465	6.473
42	6.481	6.488	6.496	6.504	6.512	6.519	6.527	6.535	6.542	6.550
43	6.557	6.565	6.573	6.580	6.588	6.595	6.603	6.611	6.618	6.626
44	6.633	6.641	6.648	6.656	6.663	6.671	6.678	6.686	6.693	6.701
45	6.708	6.716	6.723	6.731	6.738	6.745	6.753	6.760	6.768	6.775
46	6.782	6.790	6.797	6.804	6.812	6.819	6.826	6.834	6.841	6.848
47	6.856	6.863	6.870	6.877	6.885	6.892	6.899	6.907	6.914	6.921
48	6.928	6.935	6.943	6.950	6.957	6.964	6.971	6.979	6.986	6.993
49	7.000	7.007	7.014	7.021	7.029	7.036	7.043	7.050	7.057	7.064
50	7.071	7.078	7.085	7.092	7.099	7.106	7.113	7.120	7.127	7.134
51	7.141	7.148	7.155	7.162	7.169	7.176	7.183	7.190	7.197	7.204
52	7.211	7.218	7.225	7.232	7.239	7.246	7.253	7.259	7.266	7.273
53	7.280	7.287	7.294	7.301	7.308	7.314	7.321	7.328	7.335	7.342
54	7.348	7.355	7.362	7.369	7.376	7.382	7.389	7.396	7.403	7.409

수	0	1	2	3	4	5	6	7	8	9
55	7.416	7.423	7.430	7.436	7.443	7.450	7.457	7.463	7.470	7.477
56	7.483	7.490	7.497	7.503	7.510	7.517	7.523	7.530	7.537	7.543
57	7.550	7.556	7.563	7.570	7.576	7.583	7.589	7.596	7.603	7.609
58	7.616	7.622	7.629	7.635	7.642	7.649	7.655	7.662	7.668	7.675
59	7.681	7.688	7.694	7.701	7.707	7.714	7.720	7.727	7.733	7.740
60	7.746	7.752	7.759	7.765	7.772	7.778	7.785	7.791	7.797	7.804
61	7.810	7.817	7.823	7.829	7.836	7.842	7.849	7.855	7.861	7.868
62	7.874	7.880	7.887	7.893	7.899	7.906	7.912	7.918	7.925	7.931
63	7.937	7.944	7.950	7.956	7.962	7.969	7.975	7.981	7.987	7.994
64	8.000	8.006	8.012	8.019	8.025	8.031	8.037	8.044	8.050	8.056
65	8.062	8.068	8.075	8.081	8.087	8.093	8.099	8.106	8.112	8.118
66	8.124	8.130	8.136	8.142	8.149	8.155	8.161	8.167	8.173	8.179
67	8.185	8.191	8.198	8.204	8.210	8.216	8.222	8.228	8.234	8.240
68	8.246	8.252	8.258	8.264	8.270	8.276	8.283	8.289	8.295	8.301
69	8.307	8.313	8.319	8.325	8.331	8.337	8.343	8.349	8.355	8.361
70	8.367	8.373	8.379	8.385	8.390	8.396	8.402	8.408	8.414	8.420
71	8.426	8.432	8.438	8.444	8.450	8.456	8.462	8.468	8.473	8.479
72	8.485	8.491	8.497	8.503	8.509	8.515	8.521	8.526	8.532	8.538
73	8.544	8.550	8.556	8.562	8.567	8.573	8.579	8.585	8.591	8.597
74	8.602	8.608	8.614	8.620	8.626	8.631	8.637	8.643	8.649	8.654
75	8.660	8.666	8.672	8.678	8.683	8.689	8.695	8.701	8.706	8.712
76	8.718	8.724	8.729	8.735	8.741	8.746	8.752	8.758	8.764	8.769
77	8.775	8.781	8.786	8.792	8.798	8.803	8.809	8.815	8.820	8.826
78	8.832	8.837	8.843	8.849	8.854	8.860	8.866	8.871	8.877	8.883
79	8.888	8.894	8.899	8.905	8.911	8.916	8.922	8.927	8.933	8.939
80	8.944	8.950	8.955	8.961	8.967	8.972	8.978	8.983	8.989	8.994
81	9.000	9.006	9.011	9.017	9.022	9.028	9.033	9.039	9.044	9.050
82	9.055	9.061	9.066	9.072	9.077	9.083	9.088	9.094	9.099	9.105
83	9.110	9.116	9.121	9.127	9.132	9.138	9.143	9.149	9.154	9.160
84	9.165	9.171	9.176	9.182	9.187	9.192	9.198	9.203	9.209	9.214
85	9.220	9.225	9.230	9.236	9.241	9.247	9.252	9.257	9.263	9.268
86	9.274	9.279	9.284	9.290	9.295	9.301	9.306	9.311	9.317	9.322
87	9.327	9.333	9.338	9.343	9.349	9.354	9.359	9.365	9.370	9.375
88	9.381	9.386	9.391	9.397	9.402	9.407	9.413	9.418	9.423	9.429
89	9.434	9.439	9.445	9.450	9.455	9.460	9.466	9.471	9.476	9.482
90	9.487	9.492	9.497	9.503	9.508	9.513	9.518	9.524	9.529	9.534
91	9.539	9.545	9.550	9.555	9.560	9.566	9.571	9.576	9.581	9.586
92	9.592	9.597	9.602	9.607	9.612	9.618	9.623	9.628	9.633	9.638
93	9.644	9.649	9.654	9.659	9.664	9.670	9.675	9.680	9.685	9.690
94	9.695	9.701	9.706	9.711	9.716	9.721	9.726	9.731	9.737	9.742
95	9.747	9.752	9.757	9.762	9.767	9.772	9.778	9.783	9.788	9.793
96	9.798	9.803	9.808	9.813	9.818	9.823	9.829	9.834	9.839	9.844
97	9.849	9.854	9.859	9.864	9.869	9.874	9.879	9.884	9.889	9.894
98	9.899	9.905	9.910	9.915	9.920	9.925	9.930	9.935	9.940	9.945
99	9.950	9.955	9.960	9.965	9.970	9.975	9.980	9.985	9.990	9.995

중등 도서안내

비주얼 개념서

룩

이미지 연상으로 필수 개념을 쉽게 익히는 비주얼 개념서

국어 문학, 독서, 문법
영어 품사, 문법, 구문
수학 1(상), 1(하), 2(상), 2(하), 3(상), 3(하)
사회 ①, ②
역사 ①, ②
과학 1, 2, 3

필수 개념서

올리드

자세하고 쉬운 개념,
시험을 대비하는 특별한 비법이 한가득!

국어 1-1, 1-2, 2-1, 2-2, 3-1, 3-2
영어 1-1, 1-2, 2-1, 2-2, 3-1, 3-2
수학 1(상), 1(하), 2(상), 2(하), 3(상), 3(하)
사회 ①-1, ①-2, ②-1, ②-2
역사 ①-1, ①-2, ②-1, ②-2
과학 1-1, 1-2, 2-1, 2-2, 3-1, 3-2

* 국어, 영어는 미래엔 교과서 관련 도서입니다.

국어 독해·어휘 훈련서

깨독
깨우자 독해력

수능 국어 독해의 자신감을 깨우는 단계별 훈련서

독해 0_준비편, 1_기본편, 2_실력편, 3_수능편
어휘 1_종합편, 2_수능편

영문법 기본서

GRAMMAR BITE

중학교 핵심 필수 문법 공략, 내신·서술형·수능까지 한 번에!

문법 PREP
　　　Grade 1, Grade 2, Grade 3
　　　SUM

영어 독해 기본서

READING BITE

끊어 읽으며 직독직해하는 중학 독해의 자신감!

독해 PREP
　　　Grade 1, Grade 2, Grade 3
　　　PLUS (수능)

영어 어휘 필독서

word BITE

중학교 전 학년 영어 교과서 분석, 빈출 핵심 어휘 단계별 집중!

어휘 핵심동사 561
　　　중등필수 1500
　　　중등심화 1200

술술 읽으며 개념 잡는

개념수다

정답 및 풀이

5

중등 수학 3 [상]

중등 수학 3 (상)

정답 및 풀이

I. 제곱근과 실수

❶ 제곱근

(1) $8^2=8\times8=64$ $\therefore \square=64 \Rightarrow$ 승

(2) $(-7)^2=(-7)\times(-7)=49$ $\therefore \square=49 \Rightarrow$ 리

(3) 피타고라스 정리에 의하여

$\square^2=8^2+6^2=64+36=100$

그런데 $10^2=100$이고 길이는 양수이므로 $\square=10 \Rightarrow$ 끈

(4) 피타고라스 정리에 의하여

$\square^2=12^2+5^2=144+25=169$

그런데 $13^2=169$이고 길이는 양수이므로 $\square=13 \Rightarrow$ 기

📋 승 리 는 가장 끈 기 있는 자에게 돌아간다.

01 제곱근의 뜻   13쪽

❶-1 📋 (1) $6, -6$ (2) 0 (3) $\dfrac{4}{9}, -\dfrac{4}{9}$ (4) $0.5, -0.5$

❷-1 📋 ㄴ, ㄷ

ㄴ. 제곱하여 0이 되는 수는 0이다.

ㄷ. -5의 제곱근은 없다.

이상에서 옳지 않은 것은 ㄴ, ㄷ이다.

02 제곱근의 표현   17쪽

❶-1 📋 (1) $\sqrt{8}$ (2) $\sqrt{15}$ (3) $\pm\sqrt{\dfrac{3}{5}}$ (4) $-\sqrt{0.7}$

(2) 제곱근 15는 15의 양의 제곱근이므로 $\sqrt{15}$이다.

(3) $\dfrac{3}{5}$의 양의 제곱근은 $\sqrt{\dfrac{3}{5}}$, 음의 제곱근은 $-\sqrt{\dfrac{3}{5}}$이므로 $\dfrac{3}{5}$

의 제곱근은 $\pm\sqrt{\dfrac{3}{5}}$이다.

❷-1 📋 $\pm\sqrt{225}, \sqrt{\dfrac{1}{25}}, -\sqrt{49}$

$\pm\sqrt{225}$는 225의 제곱근이므로 $\pm\sqrt{225}=\pm15$

$\sqrt{\dfrac{1}{25}}$은 $\dfrac{1}{25}$의 양의 제곱근이므로 $\sqrt{\dfrac{1}{25}}=\dfrac{1}{5}$

$-\sqrt{49}$는 49의 음의 제곱근이므로 $-\sqrt{49}=-7$

이상에서 근호를 사용하지 않고 나타낼 수 있는 것은 $\pm\sqrt{225}$, $\sqrt{\dfrac{1}{25}}, -\sqrt{49}$이다.

03 제곱근의 성질   21~22쪽

❶-1 📋 (1) 10 (2) 0.3 (3) -15 (4) $\dfrac{8}{9}$ (5) 23 (6) -1.7

❷-1 📋 (1) 20 (2) 2 (3) 3 (4) -5

(1) $(\sqrt{12})^2+(-\sqrt{8})^2=12+8=20$

(2) $(-\sqrt{7})^2-\sqrt{(-5)^2}=7-5=2$

(3) $\sqrt{36}\times\left(\sqrt{\dfrac{1}{2}}\right)^2=\sqrt{6^2}\times\left(\sqrt{\dfrac{1}{2}}\right)^2=6\times\dfrac{1}{2}=3$

(4) $\sqrt{20^2}\div(-\sqrt{16})=\sqrt{20^2}\div(-\sqrt{4^2})=20\div(-4)=-5$

❸-1 📋 (1) $2a, -2a$ (2) $a+6, -a-6$

(1) $a>0$일 때, $-2a<0$이므로

$\sqrt{(-2a)^2}=-(-2a)=2a$

$a<0$일 때, $-2a>0$이므로

$\sqrt{(-2a)^2}=-2a$

(2) $a>-6$일 때, $a+6>0$이므로

$\sqrt{(a+6)^2}=a+6$

$a<-6$일 때, $a+6<0$이므로

$\sqrt{(a+6)^2}=-(a+6)=-a-6$

❸-2 📋 (1) $5a$ (2) $8x$ (3) $-a-7$ (4) $x-4$

(1) $a>0$일 때, $5a>0$이므로

$\sqrt{(5a)^2}=5a$

(2) $x<0$일 때, $-8x>0$이므로

$-\sqrt{(-8x)^2}=-(-8x)=8x$

(3) $a<-7$일 때, $a+7<0$이므로

$\sqrt{(a+7)^2}=-(a+7)=-a-7$

(4) $x>4$일 때, $4-x<0$이므로

$\sqrt{(4-x)^2}=-(4-x)=x-4$

04 근호 안의 수가 자연수의 제곱인 수

         26쪽

❶-1 📋 (1) 7 (2) 15

(1) $\sqrt{28x}=\sqrt{2^2\times7\times x}$가 자연수가 되려면 소인수의 지수가 모두 짝수가 되어야 하므로 $x=7\times$(자연수)^2 꼴이어야 한다.

따라서 가장 작은 자연수 x의 값은 7이다.

(2) $\sqrt{135x}=\sqrt{3^3\times5\times x}$가 자연수가 되려면 소인수의 지수가 모두 짝수가 되어야 하므로 $x=3\times5\times(\text{자연수})^2$ 꼴이어야 한다.

따라서 가장 작은 자연수 x의 값은

$3\times5=15$

2-1 🔑 (1) **19** (2) **30**

(1) $\sqrt{\dfrac{76}{x}}=\sqrt{\dfrac{2^2\times19}{x}}$가 자연수가 되려면 소인수의 지수가 모두 짝수가 되어야 하므로 $x=19\times(\text{자연수})^2$ 꼴이어야 한다. 이때 x는 76의 약수이어야 하므로 가장 작은 자연수 x의 값은 19이다.

(2) $\sqrt{\dfrac{120}{x}}=\sqrt{\dfrac{2^3\times3\times5}{x}}$가 자연수가 되려면 소인수의 지수가 모두 짝수가 되어야 하므로 $x=2\times3\times5\times(\text{자연수})^2$ 꼴이어야 한다.

이때 x는 120의 약수이어야 하므로 가장 작은 자연수 x의 값은

$2\times3\times5=30$

○5 제곱근의 대소 관계 ··········· 29쪽

1-1 🔑 (1) $\sqrt{12}<\sqrt{14}$ (2) $-5<-\sqrt{20}$ (3) $-\sqrt{\dfrac{3}{4}}<-\sqrt{\dfrac{1}{2}}$

(4) $\dfrac{1}{7}>\sqrt{\dfrac{1}{50}}$

(1) $12<14$이므로 $\sqrt{12}<\sqrt{14}$

(2) $5=\sqrt{5^2}=\sqrt{25}$이고 $25>20$이므로

$\sqrt{25}>\sqrt{20},\ -\sqrt{25}<-\sqrt{20}$

$\therefore -5<-\sqrt{20}$

(3) $\dfrac{3}{4}>\dfrac{1}{2}$이므로 $\sqrt{\dfrac{3}{4}}>\sqrt{\dfrac{1}{2}}$

$\therefore -\sqrt{\dfrac{3}{4}}<-\sqrt{\dfrac{1}{2}}$

(4) $\dfrac{1}{7}=\sqrt{\left(\dfrac{1}{7}\right)^2}=\sqrt{\dfrac{1}{49}}$이고 $\dfrac{1}{49}>\dfrac{1}{50}$이므로

$\sqrt{\dfrac{1}{49}}>\sqrt{\dfrac{1}{50}}$ $\therefore \dfrac{1}{7}>\sqrt{\dfrac{1}{50}}$

2-1 🔑 (1) **25개** (2) **7개**

(1) $\sqrt{x}\leq5$의 양변을 제곱하면

$x\leq25$

따라서 자연수 x는 1, 2, 3, …, 25의 25개이다.

(2) $3\leq\sqrt{x}<4$의 각 변을 제곱하면

$9\leq x<16$

따라서 자연수 x는 9, 10, 11, …, 15의 7개이다.

❷ 무리수와 실수

🔑 해 보자   31쪽

(1) $0.3^2=0.3\times0.3=0.09$이므로 정수가 아니다. (×)

(2) 5는 유리수이다. (○)

(3) $\dfrac{2}{5}$는 유리수이다. (×)

(4) 순환소수는 유리수이다. (○)

(5) 정수가 아닌 유리수는 유한소수 또는 순환소수로 나타낼 수 있다. (×)

🔑 풀이 참조

○6 무리수와 실수 ··········· 35쪽

1-1 🔑 풀이 참조

$\pi=3.141592\cdots,\ -\sqrt{36}=-6,\ 3.\dot{5}=\dfrac{32}{9}$이므로

(1) 정수는 9, $-\sqrt{36}$이다.

(2) 유리수는 4.6, 9, $-\sqrt{36}$, $3.\dot{5}$이다.

(3) 무리수는 π, $-\sqrt{8}$, $\sqrt{5}+6$이다.

(4) 실수는 π, $-\sqrt{8}$, 4.6, 9, $-\sqrt{36}$, $3.\dot{5}$, $\sqrt{5}+6$이다.

1-2 🔑 ㄱ, ㄹ

ㄴ. 무한소수 중에서 순환소수는 유리수이다.

ㄷ. 근호를 사용하여 나타낸 수 중에서 $\sqrt{9}=3$과 같이 근호를 없앨 수 있는 수는 유리수이다.

이상에서 옳은 것은 ㄱ, ㄹ이다.

○7 무리수를 수직선 위에 나타내기 ··········· 39쪽

1-1 🔑 (1) $\sqrt{10}$ (2) $-1-\sqrt{10}$

(1) $\overline{AC}=\sqrt{1^2+3^2}=\sqrt{10}$

(2) 점 P는 점 A(-1)에서 왼쪽으로 $\sqrt{10}$만큼 떨어진 점이므로 점 P가 나타내는 수는 $-1-\sqrt{10}$이다.

1-2 답 ㄱ, ㄷ
ㄴ. 서로 다른 두 유리수 사이에는 무리수도 있다.
이상에서 옳은 것은 ㄱ, ㄷ이다.

08 실수의 대소 관계 43쪽

1-1 답 (1) $\sqrt{8}-2>0$ (2) $\sqrt{14}+5<9$ (3) $3-\sqrt{17}<-1$
(4) $2+\sqrt{3}<\sqrt{7}+\sqrt{3}$

(1) $\sqrt{8}-2=\sqrt{8}-\sqrt{4}>0$
(2) $(\sqrt{14}+5)-9=\sqrt{14}-4$
$\qquad\qquad\qquad =\sqrt{14}-\sqrt{16}<0$
$\qquad \therefore \sqrt{14}+5<9$
(3) $(3-\sqrt{17})-(-1)=3-\sqrt{17}+1$
$\qquad\qquad\qquad\qquad =4-\sqrt{17}$
$\qquad\qquad\qquad\qquad =\sqrt{16}-\sqrt{17}<0$
$\qquad \therefore 3-\sqrt{17}<-1$
(4) $(2+\sqrt{3})-(\sqrt{7}+\sqrt{3})=2+\sqrt{3}-\sqrt{7}-\sqrt{3}$
$\qquad\qquad\qquad\qquad\qquad =2-\sqrt{7}$
$\qquad\qquad\qquad\qquad\qquad =\sqrt{4}-\sqrt{7}<0$
$\qquad \therefore 2+\sqrt{3}<\sqrt{7}+\sqrt{3}$

1-2 답 $b<a<c$
$a-b=4-(6-\sqrt{6})=4-6+\sqrt{6}$
$\qquad\quad =-2+\sqrt{6}=-\sqrt{4}+\sqrt{6}>0$
이므로 $a>b$
$a-c=4-(\sqrt{6}+2)=4-\sqrt{6}-2$
$\qquad\quad =2-\sqrt{6}=\sqrt{4}-\sqrt{6}<0$
이므로 $a<c$
$\therefore b<a<c$

문제를 풀어 보자 .... 46~49쪽

1 ②	**2** ⑤	**3** ③, ④	**4** ④
5 ①	**6** ③	**7** 9	**8** ②
9 ②, ③	**10** ①	**11** ②	**12** ④, ⑤
13 ⑤	**14** ⑤	**15** ②, ③	**16** ⑤

1 x는 35의 제곱근이므로 $x^2=35$ 또는 $x=\pm\sqrt{35}$이다.

2 ① $\sqrt{25}=5$이다.
② 0의 제곱근은 0이다.
③ -4는 음수이므로 제곱근은 없다.
④ 0의 제곱근은 1개, 음수의 제곱근은 없다.
⑤ $\sqrt{49}=7$이므로 $\sqrt{49}$의 음의 제곱근은 $-\sqrt{7}$이다.
따라서 옳은 것은 ⑤이다.

3 ① 24의 제곱근: $\pm\sqrt{24}$
② 200의 양의 제곱근: $\sqrt{200}$
③ $\sqrt{\dfrac{1}{4}}=\dfrac{1}{2}$의 제곱근: $\pm\sqrt{\dfrac{1}{2}}$
④ $\left(-\dfrac{2}{3}\right)^2=\dfrac{4}{9}$의 제곱근: $\pm\sqrt{\dfrac{4}{9}}=\pm\dfrac{2}{3}$
⑤ 0.01의 음의 제곱근: $-\sqrt{0.01}=-0.1$
따라서 옳은 것은 ③, ④이다.

4 $x=\sqrt{5^2+4^2}=\sqrt{41}$

5 ② $\sqrt{0.04}=0.2$
③ $\sqrt{0.25}=0.5$
④ $\sqrt{196}=14$
⑤ $\sqrt{\dfrac{36}{49}}=\dfrac{6}{7}$
따라서 근호를 사용하지 않고 나타낼 수 없는 것은 ①이다.

6 ① $(\sqrt{7})^2=7$ ② $(-\sqrt{7})^2=7$ ③ $-\sqrt{7^2}=-7$
④ $\sqrt{(-7)^2}=7$ ⑤ $\sqrt{7^2}=7$
따라서 나머지 넷과 다른 하나는 ③이다.

7 $(-\sqrt{17})^2+\sqrt{(-2)^2}\times(-\sqrt{4^2})$
$=17+2\times(-4)$
$=17-8=9$

8 $a<0$일 때, $5a<0$, $-4a>0$, $-a>0$이므로
$\sqrt{(5a)^2}+\sqrt{(-4a)^2}-\sqrt{(-a)^2}$
$=-5a+(-4a)-(-a)$
$=-5a-4a+a$
$=-8a$

9 $\sqrt{2^2\times5^3\times x}$가 자연수가 되려면 $x=5\times($자연수$)^2$ 꼴이어야 한다.
① $5=5\times1^2$
② $10=5\times2$
③ $15=5\times3$
④ $20=5\times2^2$
⑤ $45=5\times3^2$
따라서 x의 값이 아닌 것은 ②, ③이다.

10 $\sqrt{\dfrac{750}{x}}=\sqrt{\dfrac{2\times3\times5^3}{x}}$ 이 자연수가 되려면 x는 750의 약수이면서 $2\times3\times5\times$(자연수)^2 꼴이어야 한다.
따라서 가장 작은 자연수 x의 값은
$2\times3\times5=30$

11 ① $23<24$이므로 $\sqrt{23}<\sqrt{24}$
② $8=\sqrt{64}$이고 $\sqrt{63}<\sqrt{64}$이므로 $\sqrt{63}<8$
③ $6=\sqrt{36}$이고 $\sqrt{35}<\sqrt{36}$이므로
$-\sqrt{35}>-\sqrt{36}$ ∴ $-\sqrt{35}>-6$
④ $\dfrac{1}{5}=\sqrt{\dfrac{1}{25}}$이고 $\sqrt{\dfrac{1}{26}}<\sqrt{\dfrac{1}{25}}$이므로
$-\sqrt{\dfrac{1}{26}}>-\sqrt{\dfrac{1}{25}}$ ∴ $-\sqrt{\dfrac{1}{26}}>-\dfrac{1}{5}$
⑤ $\dfrac{3}{4}=\sqrt{\dfrac{9}{16}}$이고 $\sqrt{\dfrac{9}{16}}<\sqrt{\dfrac{3}{4}}$이므로 $\dfrac{3}{4}<\sqrt{\dfrac{3}{4}}$
따라서 옳은 것은 ②이다.

12 순환소수가 아닌 무한소수로 나타내어지는 것은 무리수이다.
① $\sqrt{\dfrac{121}{36}}=\dfrac{11}{6}$ (유리수)
② $\sqrt{2.\dot{7}}=\sqrt{\dfrac{27-2}{9}}=\sqrt{\dfrac{25}{9}}=\dfrac{5}{3}$ (유리수)
③ (제곱근 0.36)$=\sqrt{0.36}=0.6$ (유리수)
따라서 순환소수가 아닌 무한소수로 나타내어지는 것은 ④, ⑤이다.

13 ㄱ. 유리수는 유한소수와 순환소수로 이루어져 있다.
ㄴ. 소수는 유한소수와 무한소수로 이루어져 있다.
ㄷ. 무한소수는 순환소수와 순환소수가 아닌 무한소수로 이루어져 있다.
이상에서 옳은 것은 ㄹ, ㅁ이다.

14 정사각형 ABCD의 넓이가 20이므로 한 변의 길이는 $\sqrt{20}$
$\overline{\text{AP}}=\overline{\text{AD}}=\sqrt{20}$이므로 P$(2-\sqrt{20})$
$\overline{\text{AQ}}=\overline{\text{AB}}=\sqrt{20}$이므로 Q$(2+\sqrt{20})$

15 ② 2에 가장 가까운 무리수는 정할 수 없다.
③ 서로 다른 두 무리수 사이에는 무수히 많은 유리수도 있다.
따라서 옳지 않은 것은 ②, ③이다.

16 $a-b=(\sqrt{5}+3)-5=\sqrt{5}-2=\sqrt{5}-\sqrt{4}>0$이므로
$a>b$
$b-c=5-(\sqrt{15}+1)=4-\sqrt{15}=\sqrt{16}-\sqrt{15}>0$이므로
$b>c$
∴ $c<b<a$

Ⅱ. 근호를 포함한 식의 계산

❸ 근호를 포함한 식의 곱셈과 나눗셈

준비 해 보자　　　　　　　　　　53쪽

(1) $\dfrac{1}{3}\times21=7$이므로 $\boxed{}=7$

(2) $\left(-\dfrac{3}{5}\right)\div\left(-\dfrac{18}{5}\right)=\left(-\dfrac{3}{5}\right)\times\left(-\dfrac{5}{18}\right)=\dfrac{1}{6}$이므로
$\boxed{}=6$

(3) $(-8)\times\dfrac{1}{6}\div2=(-8)\times\dfrac{1}{6}\times\dfrac{1}{2}=-\dfrac{2}{3}$이므로
$\boxed{}=2$

(4) $\left(-\dfrac{4}{9}\right)\div\dfrac{8}{15}\times(-6)=\left(-\dfrac{4}{9}\right)\times\dfrac{15}{8}\times(-6)=5$
이므로 $\boxed{}=5$

따라서 7, 6, 2, 5에 해당하는 칸을 모두 색칠하면 다음 그림과 같으므로 찾는 동물은 코끼리이다.

0	1	7	6	2	5	7	9	8	4	4	3	3	1	9	9	8
3	2	6	8	8	4	7	6	2	4	8	9	0	0	1	3	4
4	2	1	0	9	4	3	3	5	5	5	7	6	2	1	0	9
5	5	3	7	1	1	1	0	7	8	4	3	1	5	6	6	8
7	0	0	1	3	4	4	6	9	1	0	0	4	9	9	2	2
6	1	7	4	4	9	9	8	6	3	0	1	3	9	9	2	2
2	3	5	8	9	5	2	2	0	1	3	4	8	9	0	5	
5	4	5	2	0	1	3	4	8	9	8	4	4	9	2	4	
5	7	8	6	7	5	0	1	9	3	4	8	1	3	8	6	5
8	7	6	9	9	5	4	3	5	1	9	2	0	0	4	5	3
9	3	6	2	2	2	8	9	5	0	9	6	0	0	4	2	3
0	4	8	8	7	0	1	1	2	2	7	3	3	4	6	3	
1	4	9	9	6	2	5	7	6	0	0	5	7	7	7	7	1

답 코끼리

09 제곱근의 곱셈　　　　　　　　57쪽

①-1 답 (1) $\sqrt{\dfrac{1}{5}}$ (2) $\sqrt{30}$ (3) $-15\sqrt{22}$ (4) $8\sqrt{5}$

(1) $\sqrt{\dfrac{2}{5}}\sqrt{\dfrac{1}{2}}=\sqrt{\dfrac{2}{5}\times\dfrac{1}{2}}=\sqrt{\dfrac{1}{5}}$

(2) $\sqrt{2}\sqrt{3}\sqrt{5}=\sqrt{2\times3\times5}=\sqrt{30}$

(3) $(-5\sqrt{2})\times3\sqrt{11}=\{(-5)\times3\}\times\sqrt{2\times11}=-15\sqrt{22}$

(4) $4\sqrt{15}\times2\sqrt{\dfrac{1}{3}}=(4\times2)\times\sqrt{15\times\dfrac{1}{3}}=8\sqrt{5}$

②-1 답 (1) $\sqrt{32}$ (2) $-\sqrt{28}$ (3) $-\sqrt{300}$

(1) $4\sqrt{2}=\sqrt{4^2\times2}=\sqrt{32}$

(2) $-2\sqrt{7}=-\sqrt{2^2\times7}=-\sqrt{28}$

(3) $-10\sqrt{3}=-\sqrt{10^2\times3}=-\sqrt{300}$

10 제곱근의 나눗셈 — 61쪽

1-1 답 (1) $\sqrt{7}$ (2) $\sqrt{\dfrac{5}{7}}$ (3) $-2\sqrt{13}$ (4) 4

(1) $\dfrac{\sqrt{42}}{\sqrt{6}}=\sqrt{\dfrac{42}{6}}=\sqrt{7}$

(2) $\sqrt{15}\div\sqrt{21}=\dfrac{\sqrt{15}}{\sqrt{21}}=\sqrt{\dfrac{15}{21}}=\sqrt{\dfrac{5}{7}}$

(3) $8\sqrt{65}\div(-4\sqrt{5})=-\dfrac{8}{4}\sqrt{\dfrac{65}{5}}=-2\sqrt{13}$

(4) $\dfrac{\sqrt{22}}{\sqrt{3}}\div\dfrac{\sqrt{11}}{\sqrt{24}}=\dfrac{\sqrt{22}}{\sqrt{3}}\times\dfrac{\sqrt{24}}{\sqrt{11}}=\sqrt{\dfrac{22}{3}\times\dfrac{24}{11}}$

$\qquad=\sqrt{16}=\sqrt{4^2}=4$

2-1 답 (1) $\sqrt{\dfrac{3}{49}}$ (2) $\sqrt{\dfrac{8}{25}}$ (3) $-\sqrt{\dfrac{80}{9}}$

(1) $\dfrac{\sqrt{3}}{7}=\sqrt{\dfrac{3}{7^2}}=\sqrt{\dfrac{3}{49}}$

(2) $\dfrac{2\sqrt{2}}{5}=\sqrt{\dfrac{2^2\times 2}{5^2}}=\sqrt{\dfrac{8}{25}}$

(3) $-\dfrac{4\sqrt{5}}{3}=-\sqrt{\dfrac{4^2\times 5}{3^2}}=-\sqrt{\dfrac{80}{9}}$

11 분모의 유리화 — 64쪽

1-1 답 (1) $\dfrac{2\sqrt{7}}{7}$ (2) $-\dfrac{\sqrt{5}}{2}$ (3) $\dfrac{\sqrt{30}}{12}$ (4) $-\dfrac{3\sqrt{6}}{2}$

(1) $\dfrac{2}{\sqrt{7}}=\dfrac{2\times\sqrt{7}}{\sqrt{7}\times\sqrt{7}}=\dfrac{2\sqrt{7}}{7}$

(2) $-\dfrac{5}{2\sqrt{5}}=-\dfrac{5\times\sqrt{5}}{2\sqrt{5}\times\sqrt{5}}=-\dfrac{5\sqrt{5}}{10}=-\dfrac{\sqrt{5}}{2}$

(3) $\dfrac{\sqrt{5}}{\sqrt{24}}=\dfrac{\sqrt{5}}{2\sqrt{6}}=\dfrac{\sqrt{5}\times\sqrt{6}}{2\sqrt{6}\times\sqrt{6}}=\dfrac{\sqrt{30}}{12}$

(4) $-\dfrac{9\sqrt{2}}{2\sqrt{3}}=-\dfrac{9\sqrt{2}\times\sqrt{3}}{2\sqrt{3}\times\sqrt{3}}=-\dfrac{9\sqrt{6}}{6}=-\dfrac{3\sqrt{6}}{2}$

2-1 답 (1) $\dfrac{4\sqrt{30}}{3}$ (2) $\dfrac{5\sqrt{14}}{2}$

(1) $4\sqrt{2}\div\sqrt{6}\times\sqrt{10}=4\sqrt{2}\times\dfrac{1}{\sqrt{6}}\times\sqrt{10}=\dfrac{4\sqrt{10}}{\sqrt{3}}$

$\qquad=\dfrac{4\sqrt{10}\times\sqrt{3}}{\sqrt{3}\times\sqrt{3}}=\dfrac{4\sqrt{30}}{3}$

(2) $\sqrt{21}\times\dfrac{5\sqrt{7}}{\sqrt{3}}\div\sqrt{14}=\sqrt{21}\times\dfrac{5\sqrt{7}}{\sqrt{3}}\times\dfrac{1}{\sqrt{14}}=\dfrac{5\sqrt{7}}{\sqrt{2}}$

$\qquad=\dfrac{5\sqrt{7}\times\sqrt{2}}{\sqrt{2}\times\sqrt{2}}=\dfrac{5\sqrt{14}}{2}$

④ 근호를 포함한 식의 덧셈과 뺄셈

(1) $(4x-5)+(-x+7)=3x+2$ (○)

$\quad\Rightarrow$ 메

(2) $-2(a+3b)-(-4a-5b)=-2a-6b+4a+5b$

$\qquad\qquad\qquad\qquad=2a-b$ (×)

$\quad\Rightarrow$ 타

(3) $4x+\dfrac{4}{3}y-\left(5x-\dfrac{5}{3}y\right)=4x+\dfrac{4}{3}y-5x+\dfrac{5}{3}y$

$\qquad\qquad\qquad\qquad\quad=-x+3y$ (×)

$\quad\Rightarrow$ 버

(4) $-a+8b-\{3a-(a+b)\}=-a+8b-(3a-a-b)$

$\qquad\qquad\qquad\qquad\qquad=-a+8b-(2a-b)$

$\qquad\qquad\qquad\qquad\qquad=-a+8b-2a+b$

$\qquad\qquad\qquad\qquad\qquad=-3a+9b$ (○)

$\quad\Rightarrow$ 스

답 메타버스

12 제곱근의 덧셈과 뺄셈 — 71쪽

1-1 답 (1) $8\sqrt{3}$ (2) $4\sqrt{10}$ (3) $-5\sqrt{5}$ (4) $\sqrt{2}$ (5) $2\sqrt{3}+3\sqrt{7}$
　(6) $8\sqrt{5}-3\sqrt{13}$ (7) $6\sqrt{6}$ (8) $-\sqrt{7}$ (9) $5\sqrt{2}$ (10) $\sqrt{6}$

(1) $6\sqrt{3}+2\sqrt{3}=(6+2)\sqrt{3}=8\sqrt{3}$

(2) $7\sqrt{10}-3\sqrt{10}=(7-3)\sqrt{10}=4\sqrt{10}$

(3) $4\sqrt{5}+\sqrt{5}-10\sqrt{5}=(4+1-10)\sqrt{5}=-5\sqrt{5}$

(4) $5\sqrt{2}-8\sqrt{2}+4\sqrt{2}=(5-8+4)\sqrt{2}=\sqrt{2}$

(5) $9\sqrt{3}-5\sqrt{7}-7\sqrt{3}+8\sqrt{7}$

$\quad=(9-7)\sqrt{3}+(-5+8)\sqrt{7}$

$\quad=2\sqrt{3}+3\sqrt{7}$

(6) $-\sqrt{5}+3\sqrt{13}-6\sqrt{13}+9\sqrt{5}$

$\quad=(-1+9)\sqrt{5}+(3-6)\sqrt{13}$

$\quad=8\sqrt{5}-3\sqrt{13}$

(7) $\sqrt{96}+\sqrt{24}=4\sqrt{6}+2\sqrt{6}=(4+2)\sqrt{6}=6\sqrt{6}$

(8) $\sqrt{28}-\sqrt{63}=2\sqrt{7}-3\sqrt{7}=(2-3)\sqrt{7}=-\sqrt{7}$

(9) $\sqrt{8}+\sqrt{32}-\sqrt{2}=2\sqrt{2}+4\sqrt{2}-\sqrt{2}$

$\qquad\qquad\qquad\quad=(2+4-1)\sqrt{2}$

$\qquad\qquad\qquad\quad=5\sqrt{2}$

(10) $\sqrt{54}-\dfrac{\sqrt{3}}{\sqrt{2}}-\dfrac{9}{\sqrt{6}}=3\sqrt{6}-\dfrac{\sqrt{3}\times\sqrt{2}}{\sqrt{2}\times\sqrt{2}}-\dfrac{9\times\sqrt{6}}{\sqrt{6}\times\sqrt{6}}$

$\qquad\qquad\qquad\quad=3\sqrt{6}-\dfrac{\sqrt{6}}{2}-\dfrac{3\sqrt{6}}{2}$

$\qquad\qquad\qquad\quad=\left(3-\dfrac{1}{2}-\dfrac{3}{2}\right)\sqrt{6}$

$\qquad\qquad\qquad\quad=\sqrt{6}$

13 근호를 포함한 식의 혼합 계산 ········· 74쪽

1-1 답 (1) $10\sqrt{2}-10$ (2) $-2\sqrt{7}-6$ (3) $-6\sqrt{6}$ (4) $\sqrt{5}+\sqrt{15}$
(5) $\dfrac{7\sqrt{2}}{2}$ (6) $3\sqrt{3}$ (7) $4\sqrt{10}+7$ (8) $7\sqrt{7}$

(1) $2\sqrt{5}(\sqrt{10}-\sqrt{5})=2\sqrt{50}-10$
$\qquad\qquad\qquad\quad=10\sqrt{2}-10$

(2) $(\sqrt{14}+\sqrt{18})\times(-\sqrt{2})=-\sqrt{28}-\sqrt{36}$
$\qquad\qquad\qquad\qquad\qquad=-2\sqrt{7}-6$

(3) $\sqrt{54}\div3-\sqrt{6}\times7=3\sqrt{6}\div3-\sqrt{6}\times7$
$\qquad\qquad\qquad\qquad=\sqrt{6}-7\sqrt{6}$
$\qquad\qquad\qquad\qquad=-6\sqrt{6}$

(4) $\sqrt{80}+\sqrt{15}(1-\sqrt{3})=\sqrt{80}+\sqrt{15}-\sqrt{45}$
$\qquad\qquad\qquad\qquad\quad=4\sqrt{5}+\sqrt{15}-3\sqrt{5}$
$\qquad\qquad\qquad\qquad\quad=\sqrt{5}+\sqrt{15}$

(5) $\sqrt{32}-2\sqrt{3}\div\sqrt{24}=4\sqrt{2}-2\sqrt{3}\div2\sqrt{6}$
$\qquad\qquad\qquad\qquad=4\sqrt{2}-\dfrac{2\sqrt{3}}{2\sqrt{6}}$
$\qquad\qquad\qquad\qquad=4\sqrt{2}-\dfrac{1}{\sqrt{2}}$
$\qquad\qquad\qquad\qquad=4\sqrt{2}-\dfrac{\sqrt{2}}{2}$
$\qquad\qquad\qquad\qquad=\dfrac{7\sqrt{2}}{2}$

(6) $3\sqrt{11}\times\dfrac{1}{\sqrt{33}}+\sqrt{60}\div\sqrt{5}=\dfrac{3}{\sqrt{3}}+\dfrac{\sqrt{60}}{\sqrt{5}}$
$\qquad\qquad\qquad\qquad\qquad\quad=\sqrt{3}+\sqrt{12}$
$\qquad\qquad\qquad\qquad\qquad\quad=\sqrt{3}+2\sqrt{3}$
$\qquad\qquad\qquad\qquad\qquad\quad=3\sqrt{3}$

(7) $\dfrac{5\sqrt{2}-\sqrt{5}}{\sqrt{5}}+(4\sqrt{2}+3\sqrt{5})\times\sqrt{2}$
$\quad=\dfrac{5\sqrt{10}-5}{5}+8+3\sqrt{10}$
$\quad=\sqrt{10}-1+8+3\sqrt{10}$
$\quad=4\sqrt{10}+7$

(8) $3\sqrt{3}(\sqrt{7}+\sqrt{21})-(\sqrt{84}+9\sqrt{7})\div\sqrt{3}$
$\quad=3\sqrt{21}+3\sqrt{63}-\dfrac{2\sqrt{21}+9\sqrt{7}}{\sqrt{3}}$
$\quad=3\sqrt{21}+9\sqrt{7}-\dfrac{2\sqrt{63}+9\sqrt{21}}{3}$
$\quad=3\sqrt{21}+9\sqrt{7}-2\sqrt{7}-3\sqrt{21}$
$\quad=7\sqrt{7}$

문제를 GoGo! 풀어 보자

76~79쪽

1 ②	**2** ④	**3** ④	**4** 17
5 ④	**6** ③	**7** ③	**8** ④
9 ③	**10** ①	**11** ③	**12** 54
13 ③	**14** ①	**15** ③	**16** ④

1 ① $\sqrt{2}\times\sqrt{7}=\sqrt{2\times7}=\sqrt{14}$
② $-\sqrt{6}\times\sqrt{5}=-\sqrt{6\times5}=-\sqrt{30}$
③ $4\sqrt{3}\times2\sqrt{11}=8\sqrt{3\times11}=8\sqrt{33}$
④ $\sqrt{2}\times\sqrt{5}\times\sqrt{10}=\sqrt{2\times5\times10}=\sqrt{10^2}=10$
⑤ $\sqrt{\dfrac{3}{5}}\times7\sqrt{\dfrac{5}{7}}=7\sqrt{\dfrac{3}{5}\times\dfrac{5}{7}}=7\sqrt{\dfrac{3}{7}}$
따라서 옳지 않은 것은 ②이다.

2 ① $\sqrt{12}=\sqrt{2^2\times3}=\boxed{2}\sqrt{3}$
② $\sqrt{32}=\sqrt{2^5}=\boxed{4}\sqrt{2}$
③ $\sqrt{63}=\sqrt{3^2\times7}=3\boxed{\sqrt{7}}$
④ $\sqrt{160}=\sqrt{2^5\times5}=4\boxed{\sqrt{10}}$
⑤ $\sqrt{245}=\sqrt{5\times7^2}=7\boxed{\sqrt{5}}$
따라서 $\square$ 안에 알맞은 수가 가장 큰 것은 ④이다.

3 ① $\dfrac{3\sqrt{14}}{\sqrt{2}}=3\sqrt{\dfrac{14}{2}}=3\sqrt{7}$
② $6\div\dfrac{2}{\sqrt{7}}=6\times\dfrac{\sqrt{7}}{2}=3\sqrt{7}$
③ $3\sqrt{91}\div\sqrt{13}=3\sqrt{91}\times\dfrac{1}{\sqrt{13}}=3\sqrt{7}$
④ $\sqrt{\dfrac{3}{7}}\div\dfrac{3\sqrt{7}}{\sqrt{21}}=\sqrt{\dfrac{3}{7}}\times\dfrac{\sqrt{21}}{3\sqrt{7}}=\dfrac{1}{3}\sqrt{\dfrac{3}{7}\times\dfrac{21}{7}}=\dfrac{\sqrt{7}}{7}$
⑤ $\dfrac{9}{\sqrt{2}}\div\dfrac{3}{\sqrt{14}}=\dfrac{9}{\sqrt{2}}\times\dfrac{\sqrt{14}}{3}=3\sqrt{7}$
따라서 계산 결과가 나머지 넷과 다른 하나는 ④이다.

4 $\sqrt{\dfrac{75}{20}}=\sqrt{\dfrac{15}{4}}=\dfrac{\sqrt{15}}{2}$

따라서 $a=15$, $b=2$이므로
$a+b=17$

5 $\sqrt{48}-\sqrt{320}=4\sqrt{3}-8\sqrt{5}=4a-8b$

6 ① $\dfrac{5}{\sqrt{5}}=\dfrac{5\times\sqrt{5}}{\sqrt{5}\times\sqrt{5}}=\dfrac{5\sqrt{5}}{5}=\sqrt{5}$

② $\sqrt{\dfrac{1}{11}}=\dfrac{1}{\sqrt{11}}=\dfrac{\sqrt{11}}{\sqrt{11}\times\sqrt{11}}=\dfrac{\sqrt{11}}{11}$

③ $\dfrac{\sqrt{2}}{3\sqrt{7}}=\dfrac{\sqrt{2}\times\sqrt{7}}{3\sqrt{7}\times\sqrt{7}}=\dfrac{\sqrt{14}}{21}$

④ $\dfrac{2}{\sqrt{13}}=\dfrac{2\times\sqrt{13}}{\sqrt{13}\times\sqrt{13}}=\dfrac{2\sqrt{13}}{13}$

⑤ $\dfrac{3}{\sqrt{12}}=\dfrac{3}{2\sqrt{3}}=\dfrac{3\times\sqrt{3}}{2\sqrt{3}\times\sqrt{3}}=\dfrac{\sqrt{3}}{2}$

따라서 유리화한 것으로 옳은 것은 ③이다.

7 $\dfrac{7}{\sqrt{6}}\times\dfrac{\sqrt{24}}{\sqrt{30}}\div\dfrac{\sqrt{2}}{\sqrt{3}}=\dfrac{7}{\sqrt{6}}\times\dfrac{2\sqrt{6}}{\sqrt{30}}\times\dfrac{\sqrt{3}}{\sqrt{2}}$

$=\dfrac{14}{\sqrt{20}}=\dfrac{7\sqrt{5}}{5}$

8 직육면체의 높이를 $h\,\mathrm{cm}$라 하면
$\sqrt{42}\times\sqrt{6}\times h=168$
$\therefore h=168\div\sqrt{42}\div\sqrt{6}$
$=168\times\dfrac{1}{\sqrt{42}}\times\dfrac{1}{\sqrt{6}}$
$=4\sqrt{7}$

따라서 직육면체의 높이는 $4\sqrt{7}\,\mathrm{cm}$이다.

9 $A=\sqrt{3}+5\sqrt{3}-3\sqrt{3}=(1+5-3)\sqrt{3}=3\sqrt{3}$
$B=4\sqrt{2}-3\sqrt{2}+2\sqrt{2}=(4-3+2)\sqrt{2}=3\sqrt{2}$
$\therefore A-B=3\sqrt{3}-3\sqrt{2}$

10 $\sqrt{112}-\sqrt{50}-2\sqrt{8}+2\sqrt{63}$
$=4\sqrt{7}-5\sqrt{2}-4\sqrt{2}+6\sqrt{7}$
$=-9\sqrt{2}+10\sqrt{7}$

11 $\dfrac{4}{\sqrt{2}}+\dfrac{6}{\sqrt{72}}-\dfrac{\sqrt{18}}{2}=2\sqrt{2}+\dfrac{6}{6\sqrt{2}}-\dfrac{3\sqrt{2}}{2}$
$=2\sqrt{2}+\dfrac{\sqrt{2}}{2}-\dfrac{3\sqrt{2}}{2}$
$=\sqrt{2}$
$\therefore k=1$

12 $\sqrt{2}(\sqrt{18}-1)+(3\sqrt{14}+4\sqrt{7})\sqrt{7}$
$=6-\sqrt{2}+21\sqrt{2}+28$
$=20\sqrt{2}+34$

따라서 $p=20$, $q=34$이므로
$p+q=54$

13 $\dfrac{\sqrt{98}+7}{\sqrt{7}}-\sqrt{14}=\dfrac{(7\sqrt{2}+7)\times\sqrt{7}}{\sqrt{7}\times\sqrt{7}}-\sqrt{14}$
$=\dfrac{7\sqrt{14}+7\sqrt{7}}{7}-\sqrt{14}$
$=\sqrt{14}+\sqrt{7}-\sqrt{14}$
$=\sqrt{7}$

14 ① $3\times\sqrt{5}-6\div\sqrt{5}=3\sqrt{5}-\dfrac{6}{\sqrt{5}}=3\sqrt{5}-\dfrac{6\sqrt{5}}{5}=\dfrac{9\sqrt{5}}{5}$

② $\sqrt{189}\times\dfrac{6}{\sqrt{7}}+3\sqrt{3}=6\sqrt{27}+3\sqrt{3}$
$=18\sqrt{3}+3\sqrt{3}$
$=21\sqrt{3}$

③ $\sqrt{\dfrac{24}{9}}+\sqrt{\dfrac{2}{3}}-\sqrt{54}=\dfrac{2\sqrt{6}}{3}+\dfrac{\sqrt{6}}{3}-3\sqrt{6}=-2\sqrt{6}$

④ $\dfrac{5}{\sqrt{2}}+\sqrt{2}(2-\sqrt{2})=\dfrac{5\sqrt{2}}{2}+2\sqrt{2}-2=\dfrac{9\sqrt{2}}{2}-2$

⑤ $\dfrac{\sqrt{18}-\sqrt{10}}{\sqrt{2}}+\sqrt{5}=\dfrac{\sqrt{18}}{\sqrt{2}}-\dfrac{\sqrt{10}}{\sqrt{2}}+\sqrt{5}$
$=3-\sqrt{5}+\sqrt{5}$
$=3$

따라서 옳지 않은 것은 ①이다.

15 $\sqrt{5}(4-\sqrt{5})+\dfrac{k(\sqrt{5}-4)}{2\sqrt{5}}$
$=4\sqrt{5}-5+\dfrac{k(5-4\sqrt{5})}{10}$
$=4\sqrt{5}-5+\dfrac{k}{2}-\dfrac{2k\sqrt{5}}{5}$
$=\left(-5+\dfrac{k}{2}\right)+\left(4-\dfrac{2k}{5}\right)\sqrt{5}$

이 값이 유리수가 되려면
$4-\dfrac{2k}{5}=0$ $\therefore k=10$

16 ($\square$ABCD의 넓이)
$=\dfrac{1}{2}\times\{2\sqrt{3}+(\sqrt{2}+\sqrt{27})\}\times2\sqrt{2}$
$=(5\sqrt{3}+\sqrt{2})\times\sqrt{2}$
$=2+5\sqrt{6}$

Ⅲ. 다항식의 곱셈과 인수분해

❺ 곱셈 공식

83쪽

준비 해 보자

[빨간 장미]
$$x(x-6)=x\times x-x\times 6$$
$$=x^2-6x$$
⇨ 기쁨

[해바라기]
$$-9a(a+2)=(-9a)\times a+(-9a)\times 2$$
$$=-9a^2-18a$$
⇨ 숭배

[라일락]
$$8x(3x+5y)=8x\times 3x+8x\times 5y$$
$$=24x^2+40xy$$
⇨ 첫사랑

[무궁화]
$$\left(7a-\frac{b}{2}\right)\times(-4b)=7a\times(-4b)-\frac{b}{2}\times(-4b)$$
$$=-28ab+2b^2$$
⇨ 일편단심

> 🖹 빨간 장미 − 기쁨, 해바라기 − 숭배,
> 라일락 − 첫사랑, 무궁화 − 일편단심

14 다항식과 다항식의 곱셈 87쪽

①-1 🖹 (1) $ab+a-7b-7$ (2) $3x^2+13x+4$
(3) $2a^2+5ab-3b^2$ (4) $5x^2-11xy+6y^2$

(1) $(a-7)(b+1)$
$$=a\times b+a\times 1+(-7)\times b+(-7)\times 1$$
$$=ab+a-7b-7$$

(2) $(3x+1)(x+4)$
$$=3x\times x+3x\times 4+1\times x+1\times 4$$
$$=3x^2+12x+x+4$$
$$=3x^2+13x+4$$

(3) $(a+3b)(2a-b)$
$$=a\times 2a+a\times(-b)+3b\times 2a+3b\times(-b)$$
$$=2a^2-ab+6ab-3b^2$$
$$=2a^2+5ab-3b^2$$

(4) $(5x-6y)(x-y)$
$$=5x\times x+5x\times(-y)+(-6y)\times x$$
$$+(-6y)\times(-y)$$
$$=5x^2-5xy-6xy+6y^2$$
$$=5x^2-11xy+6y^2$$

②-1 🖹 4

ab항이 나오는 부분만 전개하면
$$a\times 8b+(-4b)\times a=8ab-4ab=4ab$$
따라서 ab의 계수는 4이다.

> **다른 풀이** $(a-4b+5)(a+8b)$
> $$=a\times a+a\times 8b+(-4b)\times a+(-4b)\times 8b$$
> $$+5\times a+5\times 8b$$
> $$=a^2+8ab-4ab-32b^2+5a+40b$$
> $$=a^2+4ab-32b^2+5a+40b$$
> 따라서 ab의 계수는 4이다.

15 곱셈 공식 92~93쪽

①-1 🖹 (1) $a^2+16a+64$ (2) $16x^2-8x+1$
(3) $9a^2+12ab+4b^2$ (4) $x^2-12xy+36y^2$

(1) $(a+8)^2=a^2+2\times a\times 8+8^2$
$$=a^2+16a+64$$

(2) $(4x-1)^2=(4x)^2-2\times 4x\times 1+1^2$
$$=16x^2-8x+1$$

(3) $(3a+2b)^2=(3a)^2+2\times 3a\times 2b+(2b)^2$
$$=9a^2+12ab+4b^2$$

(4) $(-x+6y)^2=\{-(x-6y)\}^2$
$$=(x-6y)^2$$
$$=x^2-2\times x\times 6y+(6y)^2$$
$$=x^2-12xy+36y^2$$

> **다른 풀이** (4) $(-x+6y)^2$
> $$=(-x)^2+2\times(-x)\times 6y+(6y)^2$$
> $$=x^2-12xy+36y^2$$

②-1 🖹 (1) a^2-81 (2) $x^2-\dfrac{16}{25}$ (3) $49a^2-b^2$ (4) $9y^2-4x^2$

(1) $(a+9)(a-9)=a^2-9^2=a^2-81$

(2) $\left(x+\dfrac{4}{5}\right)\left(x-\dfrac{4}{5}\right)=x^2-\left(\dfrac{4}{5}\right)^2$
$$=x^2-\dfrac{16}{25}$$

(3) $(-7a+b)(-7a-b)=(-7a)^2-b^2$
$$=49a^2-b^2$$

(4) $(2x+3y)(-2x+3y)=(3y+2x)(3y-2x)$
$$=(3y)^2-(2x)^2$$
$$=9y^2-4x^2$$

3-1 답 (1) x^2+8x+7 (2) $a^2+7a-18$ (3) $x^2-xy-6y^2$
  (4) $a^2-\dfrac{3}{8}ab+\dfrac{1}{32}b^2$

(1) $(x+7)(x+1)=x^2+(7+1)x+7\times1$
$$=x^2+8x+7$$

(2) $(a-2)(a+9)=a^2+(-2+9)a+(-2)\times9$
$$=a^2+7a-18$$

(3) $(x+2y)(x-3y)$
$$=x^2+\{2y+(-3y)\}x+2y\times(-3y)$$
$$=x^2-xy-6y^2$$

(4) $\left(a-\dfrac{1}{8}b\right)\left(a-\dfrac{1}{4}b\right)$
$$=a^2+\left\{-\dfrac{1}{8}b+\left(-\dfrac{1}{4}b\right)\right\}a+\left(-\dfrac{1}{8}b\right)\times\left(-\dfrac{1}{4}b\right)$$
$$=a^2-\dfrac{3}{8}ab+\dfrac{1}{32}b^2$$

4-1 답 (1) $20x^2+19x+3$ (2) $2a^2+5a-42$
  (3) $4x^2-xy-18y^2$ (4) $15a^2-19ab+6b^2$

(1) $(5x+1)(4x+3)$
$$=(5\times4)x^2+(5\times3+1\times4)x+1\times3$$
$$=20x^2+19x+3$$

(2) $(a+6)(2a-7)$
$$=(1\times2)a^2+\{1\times(-7)+6\times2\}a+6\times(-7)$$
$$=2a^2+5a-42$$

(3) $(4x-9y)(x+2y)$
$$=(4\times1)x^2+\{4\times2y+(-9y)\times1\}x+(-9y)\times2y$$
$$=4x^2-xy-18y^2$$

(4) $(5a-3b)(3a-2b)$
$$=(5\times3)a^2+\{5\times(-2b)+(-3b)\times3\}a$$
$$+(-3b)\times(-2b)$$
$$=15a^2-19ab+6b^2$$

16 곱셈 공식의 응용 $\quad$ 98~99쪽

1-1 답 (1) **11025** (2) **39601** (3) **99.91** (4) **3640**
(1) $105^2=(100+5)^2$
$$=100^2+2\times100\times5+5^2$$
$$=11025$$

(2) $199^2=(200-1)^2$
$$=200^2-2\times200\times1+1^2$$
$$=39601$$

(3) $9.7\times10.3=(10-0.3)(10+0.3)$
$$=10^2-0.3^2$$
$$=99.91$$

(4) $65\times56=(60+5)(60-4)$
$$=60^2+\{5+(-4)\}\times60+5\times(-4)$$
$$=3640$$

2-1 답 (1) $28+10\sqrt{3}$ (2) $7-2\sqrt{10}$ (3) **9** (4) $10+5\sqrt{6}$
(1) $(\sqrt{3}+5)^2=(\sqrt{3})^2+2\times\sqrt{3}\times5+5^2$
$$=28+10\sqrt{3}$$

(2) $(\sqrt{5}-\sqrt{2})^2=(\sqrt{5})^2-2\times\sqrt{5}\times\sqrt{2}+(\sqrt{2})^2$
$$=7-2\sqrt{10}$$

(3) $(2\sqrt{5}+\sqrt{11})(2\sqrt{5}-\sqrt{11})=(2\sqrt{5})^2-(\sqrt{11})^2$
$$=9$$

(4) $(\sqrt{6}+1)(\sqrt{6}+4)=(\sqrt{6})^2+(1+4)\times\sqrt{6}+1\times4$
$$=10+5\sqrt{6}$$

3-1 답 (1) $\sqrt{2}-1$ (2) $2\sqrt{2}+\sqrt{5}$ (3) $\dfrac{11-4\sqrt{7}}{3}$ (4) $4+\sqrt{15}$

(1) $\dfrac{1}{\sqrt{2}+1}=\dfrac{\sqrt{2}-1}{(\sqrt{2}+1)(\sqrt{2}-1)}$
$$=\dfrac{\sqrt{2}-1}{2-1}=\sqrt{2}-1$$

(2) $\dfrac{3}{2\sqrt{2}-\sqrt{5}}=\dfrac{3(2\sqrt{2}+\sqrt{5})}{(2\sqrt{2}-\sqrt{5})(2\sqrt{2}+\sqrt{5})}$
$$=\dfrac{6\sqrt{2}+3\sqrt{5}}{8-5}=2\sqrt{2}+\sqrt{5}$$

(3) $\dfrac{\sqrt{7}-2}{\sqrt{7}+2}=\dfrac{(\sqrt{7}-2)^2}{(\sqrt{7}+2)(\sqrt{7}-2)}$
$$=\dfrac{7-4\sqrt{7}+4}{7-4}=\dfrac{11-4\sqrt{7}}{3}$$

(4) $\dfrac{\sqrt{5}+\sqrt{3}}{\sqrt{5}-\sqrt{3}}=\dfrac{(\sqrt{5}+\sqrt{3})^2}{(\sqrt{5}-\sqrt{3})(\sqrt{5}+\sqrt{3})}$
$$=\dfrac{5+2\sqrt{15}+3}{5-3}=4+\sqrt{15}$$

4-1 답 (1) **22** (2) **40**
(1) $a^2+b^2=(a-b)^2+2ab$
$$=(-2)^2+2\times9=22$$

(2) $(a+b)^2=(a-b)^2+4ab$
$$=(-2)^2+4\times9=40$$

❻ 인수분해

준비 해 보자   101쪽

(1) $70 = 2 \times 5 \times 7$ $\therefore \boxed{} = 5 \Rightarrow$ 소

(2) $54 = 2 \times 3^3$ $\therefore \boxed{} = 3 \Rightarrow$ 방

(3) $450 = 2 \times 3^2 \times 5^2$ $\therefore \boxed{} = 2 \Rightarrow$ 차

따라서 그림이 의미하는 단어는 소방차이다.

            🄰 **소방차**

17 인수분해   105쪽

❶-1 🄰 $a, a(b+1), (b+1)(b+3)$

다항식 $a(b+1)(b+3)$의 인수는 $1, a, b+1, b+3,$
$a(b+1), a(b+3), (b+1)(b+3), a(b+1)(b+3)$이다.

❷-1 🄰 (1) $x(3x+10)$ (2) $2b^2(a-4)$ (3) $xy(1+7x-y)$
         (4) $3ab(3a-5b-2)$

(1) $3x^2 + 10x = x \times 3x + x \times 10$
              $= x(3x + 10)$

(2) $2ab^2 - 8b^2 = 2b^2 \times a + 2b^2 \times (-4)$
              $= 2b^2(a - 4)$

(3) $xy + 7x^2y - xy^2 = xy \times 1 + xy \times 7x + xy \times (-y)$
                  $= xy(1 + 7x - y)$

(4) $9a^2b - 15ab^2 - 6ab$
    $= 3ab \times 3a + 3ab \times (-5b) + 3ab \times (-2)$
    $= 3ab(3a - 5b - 2)$

18 인수분해 공식 (1)   109~110쪽

❶-1 🄰 (1) $(x+7)^2$ (2) $(a-9)^2$ (3) $\left(x+\dfrac{1}{2}\right)^2$ (4) $\left(a-\dfrac{4}{3}\right)^2$
       (5) $(x+6y)^2$ (6) $(a-10b)^2$ (7) $(9x+1)^2$
       (8) $(8a-5)^2$ (9) $2(4x+y)^2$ (10) $-(3a-2b)^2$

(1) $x^2 + 14x + 49 = x^2 + 2 \times x \times 7 + 7^2$
                 $= (x + 7)^2$

(2) $a^2 - 18a + 81 = a^2 - 2 \times a \times 9 + 9^2$
                $= (a - 9)^2$

(3) $x^2 + x + \dfrac{1}{4} = x^2 + 2 \times x \times \dfrac{1}{2} + \left(\dfrac{1}{2}\right)^2$
              $= \left(x + \dfrac{1}{2}\right)^2$

(4) $a^2 - \dfrac{8}{3}a + \dfrac{16}{9} = a^2 - 2 \times a \times \dfrac{4}{3} + \left(\dfrac{4}{3}\right)^2$
                $= \left(a - \dfrac{4}{3}\right)^2$

(5) $x^2 + 12xy + 36y^2 = x^2 + 2 \times x \times 6y + (6y)^2$
                 $= (x + 6y)^2$

(6) $a^2 - 20ab + 100b^2 = a^2 - 2 \times a \times 10b + (10b)^2$
                 $= (a - 10b)^2$

(7) $81x^2 + 18x + 1 = (9x)^2 + 2 \times 9x \times 1 + 1^2$
              $= (9x + 1)^2$

(8) $64a^2 - 80a + 25 = (8a)^2 - 2 \times 8a \times 5 + 5^2$
               $= (8a - 5)^2$

(9) $32x^2 + 16xy + 2y^2 = 2(16x^2 + 8xy + y^2)$
              $= 2\{(4x)^2 + 2 \times 4x \times y + y^2\}$
              $= 2(4x + y)^2$

(10) $-9a^2 + 12ab - 4b^2$
     $= -(9a^2 - 12ab + 4b^2)$
     $= -\{(3a)^2 - 2 \times 3a \times 2b + (2b)^2\}$
     $= -(3a - 2b)^2$

❷-1 🄰 (1) **49**   (2) **9**   (3) **±16**   (4) **±10**

(1) $x^2 - 14x + \boxed{} = x^2 - 2 \times x \times 7 + \boxed{}$ 이므로
    $\boxed{} = 7^2 = 49$

(2) $a^2 + 6ab + \boxed{} b^2 = a^2 + 2 \times a \times 3b + \boxed{} b^2$ 이므로
    $\boxed{} = 3^2 = 9$

(3) $x^2 + \boxed{} xy + 64y^2 = x^2 + \boxed{} xy + (8y)^2$
              $= (x \pm 8y)^2$
    이므로 $\boxed{} = \pm 2 \times 1 \times 8 = \pm 16$

(4) $25a^2 + \boxed{} a + 1 = (5a)^2 + \boxed{} a + 1^2 = (5a \pm 1)^2$
    이므로 $\boxed{} = \pm 2 \times 5 \times 1 = \pm 10$

❸-1 🄰 (1) $(x+9)(x-9)$ (2) $\left(a+\dfrac{3}{5}\right)\left(a-\dfrac{3}{5}\right)$
         (3) $(4x+7y)(4x-7y)$ (4) $(b+8a)(b-8a)$

(1) $x^2 - 81 = x^2 - 9^2 = (x+9)(x-9)$

(2) $a^2 - \dfrac{9}{25} = a^2 - \left(\dfrac{3}{5}\right)^2 = \left(a+\dfrac{3}{5}\right)\left(a-\dfrac{3}{5}\right)$

(3) $16x^2 - 49y^2 = (4x)^2 - (7y)^2$
             $= (4x + 7y)(4x - 7y)$

(4) $-64a^2 + b^2 = b^2 - 64a^2$
           $= b^2 - (8a)^2$
           $= (b + 8a)(b - 8a)$

19 인수분해 공식 (2)

1-1 답 (1) $(x+1)(x+9)$　(2) $(x+2)(x-7)$
　　　(3) $(x-3y)(x+6y)$　(4) $(x-4y)(x-8y)$

(1) 곱이 9이고, 합이 10인 두 정수는 1, 9이므로
　　$x^2+10x+9=(x+1)(x+9)$

(2) 곱이 -14이고, 합이 -5인 두 정수는 2, -7이므로
　　$x^2-5x-14=(x+2)(x-7)$

(3) 곱이 -18이고, 합이 3인 두 정수는 -3, 6이므로
　　$x^2+3xy-18y^2=(x-3y)(x+6y)$

(4) 곱이 32이고, 합이 -12인 두 정수는 -4, -8이므로
　　$x^2-12xy+32y^2=(x-4y)(x-8y)$

2-1 답 (1) $(3x+2)(5x+1)$　(2) $(x+4)(4x-9)$
　　　(3) $(x-7y)(2x+3y)$　(4) $(4x-y)(6x-5y)$

(1) $15x^2+13x+2=(3x+2)(5x+1)$

$$
\begin{array}{ccc}
3x & \diagdown\ 2 & \longrightarrow\ 10x \\
5x & \diagup\ 1 & \longrightarrow\ \underline{\ 3x}\,(+ \\
& & 13x
\end{array}
$$

(2) $4x^2+7x-36=(x+4)(4x-9)$

$$
\begin{array}{ccc}
x & \diagdown\ 4 & \longrightarrow\ 16x \\
4x & \diagup\ -9 & \longrightarrow\ \underline{-9x}\,(+ \\
& & 7x
\end{array}
$$

(3) $2x^2-11xy-21y^2=(x-7y)(2x+3y)$

$$
\begin{array}{ccc}
x & \diagdown\ -7y & \longrightarrow\ -14xy \\
2x & \diagup\ 3y & \longrightarrow\ \underline{\ 3xy}\,(+ \\
& & -11xy
\end{array}
$$

(4) $24x^2-26xy+5y^2=(4x-y)(6x-5y)$

$$
\begin{array}{ccc}
4x & \diagdown\ -y & \longrightarrow\ -6xy \\
6x & \diagup\ -5y & \longrightarrow\ \underline{-20xy}\,(+ \\
& & -26xy
\end{array}
$$

20 인수분해 공식의 응용

1-1 답 (1) $(x+10)^2$　(2) $(a+5)^2$　(3) $(x-2)(x+8)$
　　　(4) $(a-b+4)(a-b-5)$

(1) $x+3=A$로 놓으면
$$
\begin{aligned}
(x+3)^2+14(x+3)+49 &=A^2+14A+49 \\
&=(A+7)^2 \\
&=(x+3+7)^2 \\
&=(x+10)^2
\end{aligned}
$$

(2) $a+7=A$로 놓으면
$$
\begin{aligned}
(a+7)^2-4(a+7)+4 &=A^2-4A+4 \\
&=(A-2)^2 \\
&=(a+7-2)^2 \\
&=(a+5)^2
\end{aligned}
$$

(3) $x-1=A$로 놓으면
$$
\begin{aligned}
(x-1)^2+8(x-1)-9 &=A^2+8A-9 \\
&=(A-1)(A+9) \\
&=(x-1-1)(x-1+9) \\
&=(x-2)(x+8)
\end{aligned}
$$

(4) $a-b=A$로 놓으면
$$
\begin{aligned}
(a-b)(a-b-1)-20 &=A(A-1)-20 \\
&=A^2-A-20 \\
&=(A+4)(A-5) \\
&=(a-b+4)(a-b-5)
\end{aligned}
$$

1-2 답 $(4x+y)^2$

$4x+3=A$, $y-3=B$로 놓으면
$$
\begin{aligned}
&(4x+3)^2+2(4x+3)(y-3)+(y-3)^2 \\
&=A^2+2AB+B^2 \\
&=(A+B)^2 \\
&=\{(4x+3)+(y-3)\}^2 \\
&=(4x+y)^2
\end{aligned}
$$

2-1 답 (1) **220**　(2) **8100**　(3) **1600**　(4) **70**

(1) $55\times96-55\times92=55(96-92)=55\times4=220$

(2) $21^2+2\times21\times69+69^2=(21+69)^2=90^2=8100$

(3) $57^2-2\times57\times17+17^2=(57-17)^2=40^2=1600$

(4) $8.5^2-1.5^2=(8.5+1.5)(8.5-1.5)=10\times7=70$

3-1 답 (1) **4900**　(2) **3**　(3) $8\sqrt{5}$　(4) **28**

(1) $x^2+18x+81=(x+9)^2$
$$
\begin{aligned}
&=(61+9)^2 \\
&=70^2=4900
\end{aligned}
$$

(2) $a^2-8a+16=(a-4)^2$
$$
\begin{aligned}
&=(\sqrt{3}+4-4)^2 \\
&=(\sqrt{3})^2=3
\end{aligned}
$$

(3) $x^2-y^2=(x+y)(x-y)$
$$
\begin{aligned}
&=\{(2+\sqrt{5})+(2-\sqrt{5})\}\{(2+\sqrt{5})-(2-\sqrt{5})\} \\
&=4\times2\sqrt{5}=8\sqrt{5}
\end{aligned}
$$

(4) $a^2+2ab+b^2=(a+b)^2$
$$
\begin{aligned}
&=\{(\sqrt{7}+\sqrt{6})+(\sqrt{7}-\sqrt{6})\}^2 \\
&=(2\sqrt{7})^2=28
\end{aligned}
$$

1 -8	**2** ②	**3** 9	**4** ①
5 5	**6** ③,⑤	**7** 7	**8** ③
9 ⑤	**10** ①	**11** 11	**12** ①
13 ③	**14** ③	**15** 165	**16** ⑤

1 $(2x+6)(4-5x)=8x-10x^2+24-30x$
$\qquad\qquad\qquad = -10x^2-22x+24$
따라서 $a=-10$, $b=-22$, $c=24$이므로
$a+b+c=-8$

2 $(4x+3y)^2=16x^2+24xy+9y^2$
따라서 $a=16$, $b=24$, $c=9$이므로
$a-b+c=1$

3 $\left(A+\frac{1}{2}x\right)\left(\frac{1}{2}x-A\right)=\frac{1}{4}x^2-A^2$이므로
$A^2=81$ $\quad \therefore A=9\ (\because A>0)$

4 ① $(a-9)(a+1)=a^2-8a-9$ $\quad \therefore \boxed{\ }=9$
② $(x+3)(x+7)=x^2+10x+21$ $\quad \therefore \boxed{\ }=10$
③ $\left(a-\frac{2}{3}\right)(a-15)=a^2-\frac{47}{3}a+10$ $\quad \therefore \boxed{\ }=10$
④ $(x+4y)(x-14y)=x^2-10xy-56y^2$
$\qquad\qquad \therefore \boxed{\ }=10$
⑤ $\left(a+\frac{5}{2}b\right)\left(a+\frac{15}{2}b\right)=a^2+10ab+\frac{75}{4}b^2$
$\qquad\qquad \therefore \boxed{\ }=10$

5 $(4x+5)(6x+a)=24x^2+(4a+30)x+5a$
x의 계수가 상수항의 2배이므로
$4a+30=2\times 5a$
$4a+30=10a$, $-6a=-30$
$\therefore a=5$

6 ① $1002^2=(1000+2)^2 \Rightarrow (a+b)^2$
② $10.9\times 11.1=(11-0.1)(11+0.1)$
$\qquad \Rightarrow (a+b)(a-b)$
③ $5.3\times 5.6=(5+0.3)(5+0.6)$
$\qquad \Rightarrow (x+a)(x+b)$
④ $520\times 480=(500+20)(500-20)$
$\qquad \Rightarrow (a+b)(a-b)$
⑤ $18\times 15=(20-2)(20-5) \Rightarrow (x+a)(x+b)$

따라서 곱셈 공식 $(x+a)(x+b)=x^2+(a+b)x+ab$
를 이용하여 계산하면 편리한 수의 계산은 ③, ⑤이다.

7 $\dfrac{3+\sqrt{3}}{4-2\sqrt{3}}=\dfrac{(3+\sqrt{3})(4+2\sqrt{3})}{(4-2\sqrt{3})(4+2\sqrt{3})}=\dfrac{9+5\sqrt{3}}{2}$
따라서 $a=\dfrac{9}{2}$, $b=\dfrac{5}{2}$이므로
$a+b=7$

8 $x^2+y^2=(x+y)^2-2xy$
$\qquad\quad =(5\sqrt{2})^2-2\times 3$
$\qquad\quad =44$

9 $-27a^3x+3a^2y=-3a^2(9ax-y)$
따라서 인수가 아닌 것은 ⑤이다.

10 $x^2+5x+\boxed{\ }$가 완전제곱식이 되려면
$\boxed{\ }=\left(\dfrac{1}{2}\times 5\right)^2=\dfrac{25}{4}$
즉, $x^2+5x+\boxed{\dfrac{25}{4}}=\left(x+\boxed{\dfrac{5}{2}}\right)^2$

11 $9x^2-64=(3x)^2-8^2=(3x+8)(3x-8)$
따라서 $a=3$, $b=8$이므로
$a+b=11$

12 $x^2+3x-28=(x+7)(x-4)$
따라서 두 일차식의 합은
$(x+7)+(x-4)=2x+3$

13 ③ $x^2-5x+6=(x-2)(x-3)$
따라서 인수분해한 것이 옳지 않은 것은 ③이다.

14 $2a+b=A$로 놓으면
$(2a+b)^2-8(2a+b-1)+8$
$=A^2-8(A-1)+8$
$=A^2-8A+16=(A-4)^2$
$=(2a+b-4)^2$

15 $A=13^2+4\times 13+4$
$\qquad =(13+2)^2=15^2=225$
$B=(5.5^2-4.5^2)\times 6$
$\qquad =(5.5+4.5)(5.5-4.5)\times 6$
$\qquad =10\times 1\times 6=60$
$\therefore A-B=225-60=165$

16 $x=4.25$, $y=3.75$에서 $x+y=8$이므로
$x^2+2xy+y^2=(x+y)^2=8^2=64$

Ⅳ. 이차방정식

❼ 이차방정식의 풀이 (1)

준비 해 보자
129쪽

(1) $x^2+12x+36=(x+6)^2$
　　⇨ 접었다 펼칠 수 있어요.
(2) $9x^2-1=(3x+1)(3x-1)$
　　⇨ 더운 날에 주로 사용해요.
(3) $2x^2+10x+8=2(x^2+5x+4)=2(x+1)(x+4)$
　　⇨ 이것을 이용한 우리나라 전통춤이 있어요.
따라서 공통적으로 연상되는 것은 부채이다.

답 부채

21 이차방정식과 그 해
133~134쪽

❶-1 **답** ①, ⑤
① $2x^2+x-3$ ⇨ 이차식
② $\dfrac{1}{4}x^2+2x=x$에서 $\dfrac{1}{4}x^2+x=0$ ⇨ 이차방정식
③ $x^2+3x=6x^2-x$에서 $-5x^2+4x=0$ ⇨ 이차방정식
④ $x^2(x+2)=x^3+5$에서 $x^3+2x^2=x^3+5$
　　∴ $2x^2-5=0$ ⇨ 이차방정식
⑤ $(x+1)(x-1)=x^2-x$에서 $x^2-1=x^2-x$
　　∴ $x-1=0$ ⇨ 일차방정식
따라서 x에 대한 이차방정식이 아닌 것은 ①, ⑤이다.

❶-2 **답** ⑤
$(a-8)x^2-x+3=0$이 (x에 대한 이차식)$=0$ 꼴이 되려면
$a-8\neq0$이어야 하므로 $a\neq8$
따라서 a의 값이 될 수 없는 것은 ⑤이다.

❷-1 **답** ①, ④
$x=-1$을 각 이차방정식에 대입하면
① $(-1)^2-1=0$ (참)
② $(-1)^2-6\times(-1)+5\neq0$ (거짓)
③ $2\times(-1)^2-(-1)-1\neq0$ (거짓)
④ $3\times(-1)^2+(-1)-2=0$ (참)
⑤ $4\times(-1)^2+3\times(-1)\neq0$ (거짓)
따라서 $x=-1$을 해로 갖는 이차방정식은 ①, ④이다.

❸-1 **답** 5
$x=-4$를 $x^2+ax+a-1=0$에 대입하면
$(-4)^2+a\times(-4)+a-1=0$
$16-4a+a-1=0$, $-3a+15=0$　　∴ $a=5$

22 인수분해를 이용한 이차방정식의 풀이
139~140쪽

❶-1 **답** (1) $x=1$ 또는 $x=4$　(2) $x=-\dfrac{5}{3}$ 또는 $x=\dfrac{1}{2}$
　　(3) $x=0$ 또는 $x=3$　(4) $x=-5$ 또는 $x=5$
　　(5) $x=-9$ 또는 $x=-1$　(6) $x=\dfrac{2}{3}$ 또는 $x=1$
　　(7) $x=3$ 또는 $x=6$　(8) $x=-3$ 또는 $x=-\dfrac{5}{2}$
　　(9) $x=\dfrac{1}{2}$ 또는 $x=\dfrac{3}{2}$　(10) $x=-2$ 또는 $x=\dfrac{3}{5}$

(1) $(x-1)(x-4)=0$에서
　　$x-1=0$ 또는 $x-4=0$
　　∴ $x=1$ 또는 $x=4$
(2) $(3x+5)(2x-1)=0$에서
　　$3x+5=0$ 또는 $2x-1=0$
　　∴ $x=-\dfrac{5}{3}$ 또는 $x=\dfrac{1}{2}$
(3) $2x^2-6x=0$에서
　　$2x(x-3)=0$
　　$2x=0$ 또는 $x-3=0$
　　∴ $x=0$ 또는 $x=3$
(4) $x^2-25=0$에서
　　$(x+5)(x-5)=0$
　　$x+5=0$ 또는 $x-5=0$
　　∴ $x=-5$ 또는 $x=5$
(5) $x^2+10x+9=0$에서
　　$(x+9)(x+1)=0$
　　$x+9=0$ 또는 $x+1=0$
　　∴ $x=-9$ 또는 $x=-1$
(6) $3x^2-5x+2=0$에서
　　$(3x-2)(x-1)=0$
　　$3x-2=0$ 또는 $x-1=0$
　　∴ $x=\dfrac{2}{3}$ 또는 $x=1$
(7) $x^2=9x-18$에서
　　$x^2-9x+18=0$
　　$(x-3)(x-6)=0$
　　$x-3=0$ 또는 $x-6=0$
　　∴ $x=3$ 또는 $x=6$

(8) $2x^2+15=-11x$에서
$2x^2+11x+15=0$
$(x+3)(2x+5)=0$
$x+3=0$ 또는 $2x+5=0$
$\therefore x=-3$ 또는 $x=-\dfrac{5}{2}$

(9) $4x^2-3=8x-6$에서
$4x^2-8x+3=0$
$(2x-1)(2x-3)=0$
$2x-1=0$ 또는 $2x-3=0$
$\therefore x=\dfrac{1}{2}$ 또는 $x=\dfrac{3}{2}$

(10) $6x^2+7x=x^2+6$에서
$5x^2+7x-6=0$
$(x+2)(5x-3)=0$
$x+2=0$ 또는 $5x-3=0$
$\therefore x=-2$ 또는 $x=\dfrac{3}{5}$

②-1 🖹 (1) $x=\dfrac{2}{3}$ (2) $x=-1$

(1) $9x^2-12x+4=0$에서
$(3x-2)^2=0$, $3x-2=0$
$\therefore x=\dfrac{2}{3}$

(2) $x^2-3=-2x-4$에서
$x^2+2x+1=0$, $(x+1)^2=0$
$x+1=0$ $\therefore x=-1$

③-1 🖹 **40**

$x^2-12x+k-4=0$이 중근을 가지므로
$k-4=\left(\dfrac{-12}{2}\right)^2$, $k-4=36$ $\therefore k=40$

23 제곱근을 이용한 이차방정식의 풀이
143쪽

①-1 🖹 (1) $x=\pm\sqrt{7}$ (2) $x=\pm\dfrac{5}{3}$

(1) $3x^2=21$에서 $x^2=7$ $\therefore x=\pm\sqrt{7}$

(2) $9x^2-8=17$에서 $9x^2=25$
$x^2=\dfrac{25}{9}$ $\therefore x=\pm\dfrac{5}{3}$

②-1 🖹 (1) $x=-4$ 또는 $x=2$ (2) $x=3\pm\sqrt{6}$

(1) $4(x+1)^2=36$에서

$(x+1)^2=9$, $x+1=\pm3$
$\therefore x=-4$ 또는 $x=2$

(2) $18-3(x-3)^2=0$에서
$-3(x-3)^2=-18$, $(x-3)^2=6$
$x-3=\pm\sqrt{6}$ $\therefore x=3\pm\sqrt{6}$

24 완전제곱식을 이용한 이차방정식의 풀이
147쪽

①-1 🖹 (1) $\left(x+\dfrac{3}{2}\right)^2=\dfrac{21}{4}$ (2) $(x-4)^2=\dfrac{33}{2}$

(1) $x^2+3x-3=0$에서
$x^2+3x=3$
$x^2+3x+\dfrac{9}{4}=3+\dfrac{9}{4}$
$\therefore \left(x+\dfrac{3}{2}\right)^2=\dfrac{21}{4}$

(2) $2x^2-16x-1=0$에서
$x^2-8x-\dfrac{1}{2}=0$
$x^2-8x=\dfrac{1}{2}$
$x^2-8x+16=\dfrac{1}{2}+16$
$\therefore (x-4)^2=\dfrac{33}{2}$

②-1 🖹 (1) $x=\dfrac{5\pm\sqrt{17}}{2}$ (2) $x=3\pm\sqrt{3}$

(1) $x^2-5x+2=0$에서
$x^2-5x=-2$
$x^2-5x+\dfrac{25}{4}=-2+\dfrac{25}{4}$
$\left(x-\dfrac{5}{2}\right)^2=\dfrac{17}{4}$
$x-\dfrac{5}{2}=\pm\dfrac{\sqrt{17}}{2}$
$\therefore x=\dfrac{5\pm\sqrt{17}}{2}$

(2) $-3x^2+18x-18=0$에서
$x^2-6x+6=0$
$x^2-6x=-6$
$x^2-6x+9=-6+9$
$(x-3)^2=3$
$x-3=\pm\sqrt{3}$
$\therefore x=3\pm\sqrt{3}$

❽ 이차방정식의 풀이 (2)

준비 해 보자 149쪽

(1) $3(x-5)=-x+1$에서 $3x-15=-x+1$

$4x=16$ $\therefore x=4$

⇨ 염소

(2) $0.2x+0.7=0.1$의 양변에 10을 곱하면

$2x+7=1,\ 2x=-6$ $\therefore x=-3$

⇨ 처녀

(3) $\dfrac{2}{3}x-\dfrac{1}{6}=\dfrac{1}{2}x$의 양변에 6을 곱하면

$4x-1=3x$ $\therefore x=1$

⇨ 황소

🖹 (1) 염소자리 (2) 처녀자리 (3) 황소자리

25 이차방정식의 근의 공식 153쪽

❶-1 🖹 (1) $x=\dfrac{-1\pm\sqrt{13}}{2}$ (2) $x=\dfrac{5\pm\sqrt{33}}{4}$ (3) $x=\dfrac{7\pm\sqrt{37}}{6}$

(4) $x=\dfrac{9\pm\sqrt{41}}{10}$

(1) 근의 공식에 $a=1,\ b=1,\ c=-3$을 대입하면

$x=\dfrac{-1\pm\sqrt{1^2-4\times1\times(-3)}}{2\times1}=\dfrac{-1\pm\sqrt{13}}{2}$

(2) 근의 공식에 $a=2,\ b=-5,\ c=-1$을 대입하면

$x=\dfrac{-(-5)\pm\sqrt{(-5)^2-4\times2\times(-1)}}{2\times2}=\dfrac{5\pm\sqrt{33}}{4}$

(3) 근의 공식에 $a=3,\ b=-7,\ c=1$을 대입하면

$x=\dfrac{-(-7)\pm\sqrt{(-7)^2-4\times3\times1}}{2\times3}=\dfrac{7\pm\sqrt{37}}{6}$

(4) 근의 공식에 $a=5,\ b=-9,\ c=2$를 대입하면

$x=\dfrac{-(-9)\pm\sqrt{(-9)^2-4\times5\times2}}{2\times5}=\dfrac{9\pm\sqrt{41}}{10}$

❶-2 🖹 (1) $x=-1\pm\sqrt{7}$ (2) $x=\dfrac{3\pm\sqrt{19}}{2}$ (3) $x=\dfrac{5\pm\sqrt{13}}{3}$

(4) $x=\dfrac{-3\pm\sqrt{5}}{4}$

(1) 일차항의 계수가 짝수일 때의 근의 공식에 $a=1,\ b'=1,$
$c=-6$을 대입하면

$x=-1\pm\sqrt{1^2-1\times(-6)}=-1\pm\sqrt{7}$

(2) 일차항의 계수가 짝수일 때의 근의 공식에 $a=2,\ b'=-3,$
$c=-5$를 대입하면

$x=\dfrac{-(-3)\pm\sqrt{(-3)^2-2\times(-5)}}{2}=\dfrac{3\pm\sqrt{19}}{2}$

(3) 일차항의 계수가 짝수일 때의 근의 공식에 $a=3,\ b'=-5,$
$c=4$를 대입하면

$x=\dfrac{-(-5)\pm\sqrt{(-5)^2-3\times4}}{3}=\dfrac{5\pm\sqrt{13}}{3}$

(4) 일차항의 계수가 짝수일 때의 근의 공식에 $a=4,\ b'=3,$
$c=1$을 대입하면

$x=\dfrac{-3\pm\sqrt{3^2-4\times1}}{4}=\dfrac{-3\pm\sqrt{5}}{4}$

26 복잡한 이차방정식의 풀이 159쪽

❶-1 🖹 (1) $x=\dfrac{-9\pm\sqrt{33}}{4}$ (2) $x=-\dfrac{1}{3}$ 또는 $x=4$

(3) $x=\dfrac{5\pm\sqrt{21}}{4}$ (4) $x=-8$ 또는 $x=3$

(5) $x=-2$ 또는 $x=-\dfrac{4}{3}$ (6) $x=\dfrac{-3\pm2\sqrt{6}}{5}$

(7) $x=\dfrac{5}{2}$ 또는 $x=4$ (8) $x=-4$ 또는 $x=\dfrac{3}{2}$

(1) $(2x+1)(x+6)=4x$에서

$2x^2+13x+6=4x,\ 2x^2+9x+6=0$

$\therefore x=\dfrac{-9\pm\sqrt{9^2-4\times2\times6}}{2\times2}=\dfrac{-9\pm\sqrt{33}}{4}$

(2) $3(x-1)^2=5x+7$에서

$3x^2-6x+3=5x+7,\ 3x^2-11x-4=0$

$(3x+1)(x-4)=0$ $\therefore x=-\dfrac{1}{3}$ 또는 $x=4$

(3) $0.4x^2-x+0.1=0$의 양변에 10을 곱하면

$4x^2-10x+1=0$

$\therefore x=\dfrac{-(-5)\pm\sqrt{(-5)^2-4\times1}}{4}=\dfrac{5\pm\sqrt{21}}{4}$

(4) $0.01x^2+0.05x-0.24=0$의 양변에 100을 곱하면

$x^2+5x-24=0,\ (x+8)(x-3)=0$

$\therefore x=-8$ 또는 $x=3$

(5) $\dfrac{1}{4}x^2+\dfrac{5}{6}x+\dfrac{2}{3}=0$의 양변에 12를 곱하면

$3x^2+10x+8=0,\ (x+2)(3x+4)=0$

$\therefore x=-2$ 또는 $x=-\dfrac{4}{3}$

(6) $\dfrac{1}{3}x^2+\dfrac{2x-1}{5}=0$의 양변에 15를 곱하면

$5x^2+3(2x-1)=0,\ 5x^2+6x-3=0$

$\therefore x=\dfrac{-3\pm\sqrt{3^2-5\times(-3)}}{5}=\dfrac{-3\pm2\sqrt{6}}{5}$

(7) $x-3=A$로 놓으면

$2A^2-A-1=0,\ (2A+1)(A-1)=0$

16 정답 및 풀이

$$\therefore A=-\frac{1}{2} \text{ 또는 } A=1$$

즉, $x-3=-\frac{1}{2}$ 또는 $x-3=1$이므로

$$x=\frac{5}{2} \text{ 또는 } x=4$$

(8) $2x+1=A$로 놓으면

$$A^2+3A-28=0, \ (A+7)(A-4)=0$$

$$\therefore A=-7 \text{ 또는 } A=4$$

즉, $2x+1=-7$ 또는 $2x+1=4$이므로

$$x=-4 \text{ 또는 } x=\frac{3}{2}$$

❾ 이차방정식의 활용

준비 해 보자
161쪽

연속하는 세 자연수 중 가운데 수를 x라 하면 연속하는 세 자연수는 $x-1$, x, $x+1$이므로

$$(x-1)+x+(x+1)=39$$

$$3x=39 \qquad \therefore x=13$$

즉, 가장 작은 자연수는 12이다.

따라서 12를 출발점으로 하여 길을 따라가면 다음 그림과 같으므로 독일의 대표 빵은 브레첼이다.

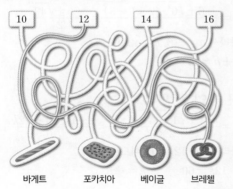

바게트　　포카치아　　베이글　　브레첼

답 브레첼

27 이차방정식 구하기
165쪽

❶-1 답 (1) $\frac{1}{2}x^2+5x+12=0$　(2) $-3x^2+5x-2=0$

(1) 두 근이 -6, -4이고 x^2의 계수가 $\frac{1}{2}$인 이차방정식은

$$\frac{1}{2}(x+6)(x+4)=0, \ \frac{1}{2}(x^2+10x+24)=0$$

$$\therefore \frac{1}{2}x^2+5x+12=0$$

(2) 두 근이 $\frac{2}{3}$, 1이고 x^2의 계수가 -3인 이차방정식은

$$-3\left(x-\frac{2}{3}\right)(x-1)=0, \ -3\left(x^2-\frac{5}{3}x+\frac{2}{3}\right)=0$$

$$\therefore -3x^2+5x-2=0$$

❷-1 답 (1) $4x^2-4x+1=0$　(2) $-\frac{1}{3}x^2-4x-12=0$

(1) 중근이 $\frac{1}{2}$이고 x^2의 계수가 4인 이차방정식은

$$4\left(x-\frac{1}{2}\right)^2=0, \ 4\left(x^2-x+\frac{1}{4}\right)=0$$

$$\therefore 4x^2-4x+1=0$$

(2) 중근이 -6이고 x^2의 계수가 $-\frac{1}{3}$인 이차방정식은

$$-\frac{1}{3}(x+6)^2=0, \ -\frac{1}{3}(x^2+12x+36)=0$$

$$\therefore -\frac{1}{3}x^2-4x-12=0$$

28 이차방정식의 활용
169~170쪽

❶-1 답 8일, 15일

두 날짜 중 위에 있는 날짜를 x일이라 하면 아래에 있는 날짜는 $(x+7)$일이므로

$$x(x+7)=120, \ x^2+7x-120=0$$

$$(x+15)(x-8)=0 \qquad \therefore x=-15 \text{ 또는 } x=8$$

그런데 x는 자연수이므로 $x=8$

따라서 두 날짜는 8일, 15일이다.

❷-1 답 3초 후

$50x-5x^2=105$에서 $x^2-10x+21=0$

$$(x-3)(x-7)=0 \qquad \therefore x=3 \text{ 또는 } x=7$$

따라서 이 물체의 지면으로부터의 높이가 처음으로 $105\,\text{m}$가 되는 것은 물체를 쏘아 올린 지 3초 후이다.

❸-1 답 4 cm

처음 원의 반지름의 길이를 $x\,\text{cm}$라 하면 큰 원의 반지름의 길이는 $(x+4)\,\text{cm}$이므로

$$\pi\times(x+4)^2=4\times\pi\times x^2$$

$$x^2+8x+16=4x^2, \ 3x^2-8x-16=0$$

$$(x-4)(3x+4)=0 \qquad \therefore x=4 \text{ 또는 } x=-\frac{4}{3}$$

그런데 $x>0$이므로 $x=4$

따라서 처음 원의 반지름의 길이는 4 cm이다.

3-2 탑 2 m

도로의 폭을 x m라 하면 오른쪽
그림에서

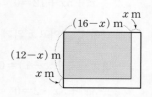

$(16-x)(12-x)=140$

$x^2-28x+192=140$

$x^2-28x+52=0$

$(x-2)(x-26)=0$

$\therefore x=2$ 또는 $x=26$

그런데 $0<x<12$이므로 $x=2$

따라서 도로의 폭은 2 m이다.

문제를 풀어 보자

172~175쪽

1 ①, ⑤	**2** ④	**3** ④	**4** ②
5 ④	**6** 33	**7** ②	**8** ⑤
9 -5	**10** 5개	**11** ④	**12** ④
13 19	**14** ③	**15** ②	**16** ②

1 ① $9x=0$ ⇨ 일차방정식

② $x^2+2x-5=0$ ⇨ 이차방정식

③ $x^2-5x-6=0$ ⇨ 이차방정식

④ $2x^2=4x^2+4x+1$, $-2x^2-4x-1=0$
  ⇨ 이차방정식

⑤ $9-x^2=x-x^2$, $-x+9=0$ ⇨ 일차방정식

2 ④ $2\times\left(\dfrac{1}{2}\right)^2+11\times\dfrac{1}{2}-6=0$

따라서 [ ] 안의 수가 주어진 이차방정식의 해인 것은 ④
이다.

3 $x=3$을 $2x^2+(a+2)x-30=0$에 대입하면

$18+3a+6-30=0$, $3a=6$

$\therefore a=2$

4 $20x^2-x-12=0$에서 $(4x+3)(5x-4)=0$

$\therefore x=-\dfrac{3}{4}$ 또는 $x=\dfrac{4}{5}$

따라서 $a=-\dfrac{3}{4}$, $b=\dfrac{4}{5}$ 또는 $a=\dfrac{4}{5}$, $b=-\dfrac{3}{4}$이므로

$ab=-\dfrac{3}{5}$

5 $x^2-10x+a+2=0$이 중근을 가지므로

6 $4(x-p)^2=q$에서 $(x-p)^2=\dfrac{q}{4}$

$x-p=\pm\dfrac{\sqrt{q}}{2}$ $\therefore x=p\pm\dfrac{\sqrt{q}}{2}$

따라서 $p=5$이고

$\dfrac{\sqrt{q}}{2}=\sqrt{7}$에서 $\sqrt{q}=2\sqrt{7}$ $\therefore q=28$

$\therefore p+q=5+28=33$

7 양변을 $\boxed{5}$로 나누면 $x^2-\dfrac{2}{5}x-\dfrac{8}{5}=0$

$x^2-\dfrac{2}{5}x+\boxed{\dfrac{1}{25}}=\dfrac{8}{5}+\boxed{\dfrac{1}{25}}$

$\left(x-\boxed{\dfrac{1}{5}}\right)^2=\boxed{\dfrac{41}{25}}$ $\therefore x=\boxed{\dfrac{1\pm\sqrt{41}}{5}}$

8 $2x^2+12x-3=0$에서

$x=\dfrac{-6\pm\sqrt{6^2-2\times(-3)}}{2}=\dfrac{-6\pm\sqrt{42}}{2}$

따라서 $a=-6$, $b=42$이므로

$a+b=36$

9 $3x^2+x+k=0$에서

$x=\dfrac{-1\pm\sqrt{1^2-4\times3\times k}}{2\times3}=\dfrac{-1\pm\sqrt{1-12k}}{6}$

따라서 $1-12k=61$이므로

$-12k=60$ $\therefore k=-5$

10 $3(x+1)(x+3)-4=4x(x+4)$에서

$3x^2+12x+5=4x^2+16x$

$x^2+4x-5=0$, $(x-1)(x+5)=0$

$\therefore x=-5$ 또는 $x=1$

따라서 두 근 사이에 있는 정수는 -4, -3, -2, -1, 0
의 5개이다.

11 $\dfrac{x(x+5)}{4}-0.5x=\dfrac{1}{8}$의 양변에 8을 곱하면

6 $a+2=\left(\dfrac{-10}{2}\right)^2$, $a+2=25$

$\therefore a=23$

$a=23$을 주어진 방정식에 대입하면

$x^2-10x+25=0$, $(x-5)^2=0$

$\therefore x=5$

따라서 $a=23$, $b=5$이므로

$a+b=28$

$$2x(x+5)-4x=1$$
$2x^2+6x-1=0$에서
$$x=\frac{-3\pm\sqrt{3^2-2\times(-1)}}{2}=\frac{-3\pm\sqrt{11}}{2}$$
따라서 두 근의 곱은
$$\frac{-3+\sqrt{11}}{2}\times\frac{-3-\sqrt{11}}{2}=-\frac{1}{2}$$

12 $x-5=A$로 놓으면
$$4A^2+11A-3=0$$
$$(A+3)(4A-1)=0$$
$$\therefore A=-3 \text{ 또는 } A=\frac{1}{4}$$
즉, $x-5=-3$ 또는 $x-5=\frac{1}{4}$이므로
$$x=2 \text{ 또는 } x=\frac{21}{4}$$
따라서 정수인 해는 $x=2$

13 두 근이 -5, $\frac{1}{3}$이고 x^2의 계수가 3인 이차방정식은
$$3(x+5)\left(x-\frac{1}{3}\right)=0 \qquad \therefore 3x^2+14x-5=0$$
따라서 $a=14$, $b=-5$이므로
$$a-b=19$$

14 연속하는 세 자연수를 $x-1$, x, $x+1$이라 하면
$$(x-1)^2=x^2+(x+1)^2-140$$
$$x^2+4x-140=0$$
$$(x+14)(x-10)=0$$
$$\therefore x=-14 \text{ 또는 } x=10$$
그런데 $x>1$인 자연수이므로 $x=10$
따라서 구하는 세 자연수는 9, 10, 11이다.

15 지면에 떨어질 때의 높이는 0 m이므로
$$80+30t-5t^2=0$$
$$t^2-6t-16=0, \ (t+2)(t-8)=0$$
$$\therefore t=-2 \text{ 또는 } t=8$$
그런데 $t>0$이므로 $t=8$
따라서 공을 던진 지 8초 후에 지면에 떨어진다.

16 도로의 폭을 x m라 하면
$$(10+2x)(6+2x)-10\times6=80$$
$$x^2+8x-20=0, \ (x+10)(x-2)=0$$
$$\therefore x=-10 \text{ 또는 } x=2$$
그런데 $x>0$이므로 $x=2$
따라서 도로의 폭은 2 m이다.

V. 이차함수

⑩ 이차함수와 그 그래프

179쪽

준비 해 보자

(1) $f(-1)=4\times(-1)-3=-7$

(2) $f(2)=4\times2-3=5$

(3) $f\left(\frac{1}{2}\right)=4\times\frac{1}{2}-3=-1$

따라서 -7, 5, -1에 해당하는 영역을 모두 색칠하면 다음 그림과 같으므로 환경의 날은 5일이다.

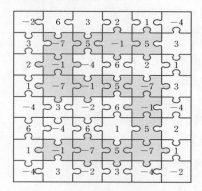

답 5일

29 이차함수

183~184쪽

1-1 **답** ②, ⑤

② $y=1-\frac{5}{x^2}$는 x^2이 분모에 있으므로 이차함수가 아니다.

④ $y=(x+2)(x-6)=x^2-4x-12$이므로 이차함수이다.

⑤ $y=x^2-(x+4)^2=x^2-(x^2+8x+16)=-8x-16$이므로 이차함수가 아니다.

따라서 y가 x에 대한 이차함수가 아닌 것은 ②, ⑤이다.

1-2 **답** (1) $y=x^2+8x$, 이차함수이다.
　　　(2) $y=4x$, 이차함수가 아니다.

(1) (삼각형의 넓이)$=\frac{1}{2}\times$(밑변의 길이)$\times$(높이)이므로
$$y=\frac{1}{2}\times2x\times(x+8)=x^2+8x$$
따라서 y는 x에 대한 이차함수이다.

(2) (거리)$=$(시간)$\times$(속력)이므로 $y=4x$
따라서 y는 x에 대한 이차함수가 아니다.

②-1 답 (1) **14** (2) **20**

(1) $f(2)=-2^2+9\times 2=14$

(2) $f(2)=5\times 2^2+\dfrac{1}{2}\times 2-1=20$

③-1 답 **3**

$f(4)=\dfrac{1}{4}\times 4^2+a\times 4-7=4a-3$이므로

$4a-3=9$, $4a=12$ $\therefore a=3$

30 이차함수 $y=x^2$의 그래프 ···········188쪽

①-1 답 ④, ⑤

④ $x>0$일 때, x의 값이 증가하면 y의 값은 감소한다.

⑤ 이차함수 $y=x^2$의 그래프와 x축에 대칭이다.

①-2 답 (1) × (2) ○ (3) ○ (4) ×

(1) $y=x^2$에 $x=-3$, $y=-9$를 대입하면

  $-9\ne(-3)^2$

(2) $y=x^2$에 $x=-1$, $y=1$을 대입하면

  $1=(-1)^2$

(3) $y=x^2$에 $x=\dfrac{1}{2}$, $y=\dfrac{1}{4}$을 대입하면

  $\dfrac{1}{4}=\left(\dfrac{1}{2}\right)^2$

(4) $y=x^2$에 $x=5$, $y=-25$를 대입하면

  $-25\ne 5^2$

31 이차함수 $y=ax^2$의 그래프 ········ 192~193쪽

①-1 답 ③

① 위로 볼록한 포물선이다.

② y축에 대칭이다.

④ $x>0$일 때, x의 값이 증가하면 y의 값은 감소한다.

⑤ 이차함수 $y=\dfrac{2}{9}x^2$의 그래프와 x축에 대칭이다.

①-2 답 (1) ㄱ, ㄷ (2) ㄴ, ㄹ (3) ㄱ과 ㄹ

(1) 이차함수 $y=ax^2$의 그래프는 $a>0$일 때, 아래로 볼록하므로 그래프가 아래로 볼록한 것은 ㄱ, ㄷ이다.

(2) 이차함수 $y=ax^2$에서 $a<0$이면 $x>0$일 때, x의 값이 증가하면 y의 값은 감소하므로 ㄴ, ㄹ이다.

(3) 이차함수 $y=ax^2$의 그래프는 이차함수 $y=-ax^2$의 그래프와 x축에 대칭이므로 그래프가 x축에 대칭인 것은 ㄱ과 ㄹ이다.

②-1 답 ③

이차함수 $y=ax^2$의 그래프는 a의 절댓값이 작을수록 그래프의 폭이 넓어진다.

이때 $\left|\dfrac{3}{5}\right|<\left|-\dfrac{6}{7}\right|<|-1|<|2|<|4|$이므로 그래프의 폭이 가장 넓은 것은 ③이다.

③-1 답 $\dfrac{1}{2}$

$y=ax^2$에 $x=4$, $y=8$을 대입하면

$8=a\times 4^2$, $16a=8$ $\therefore a=\dfrac{1}{2}$

⓫ 이차함수 $y=a(x-p)^2+q$의 그래프

준비 해 보자 ···········195쪽

(1) 일차함수 $y=3x+2$의 그래프는 일차함수 $y=3x$의 그래프를 y축의 방향으로 2만큼 평행이동한 것이다.

  ⇨ 일

(2) 일차함수 $y=3x-4$의 그래프는 일차함수 $y=3x$의 그래프를 y축의 방향으로 -4만큼 평행이동한 것이다.

  ⇨ 취

(3) 일차함수 $y=3x+\dfrac{1}{5}$의 그래프는 일차함수 $y=3x$의 그래프를 y축의 방향으로 $\dfrac{1}{5}$만큼 평행이동한 것이다.

  ⇨ 월

(4) 일차함수 $y=3x-\dfrac{3}{2}$의 그래프는 일차함수 $y=3x$의 그래프를 y축의 방향으로 $-\dfrac{3}{2}$만큼 평행이동한 것이다.

  ⇨ 장

따라서 '나날이 다달이 자라거나 발전함'의 뜻을 가진 사자성어는 일취월장이다.

답 **일취월장**

32 이차함수 $y=ax^2+q$의 그래프

···········199~200쪽

①-1 답 (1) -3 (2) $\dfrac{2}{7}$

❶-2 답 (1) $y=-3x^2+8$, 축의 방정식: $x=0$,
꼭짓점의 좌표: $(0, 8)$

(2) $y=\dfrac{5}{6}x^2-\dfrac{1}{2}$, 축의 방정식: $x=0$,
꼭짓점의 좌표: $\left(0, -\dfrac{1}{2}\right)$

❷-1 답 ⑤
④ 이차함수 $y=-9x^2+5$의 그래프는
오른쪽 그림과 같으므로 모든 사분면
을 지난다.
⑤ 이차함수 $y=-9x^2$의 그래프를 y축
의 방향으로 5만큼 평행이동한 것이다.
따라서 옳지 않은 것은 ⑤이다.

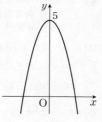

❸-1 답 -3
평행이동한 그래프의 식은 $y=-8x^2+k$이므로
이 식에 $x=\dfrac{1}{2}$, $y=-5$를 대입하면
$-5=-8\times\left(\dfrac{1}{2}\right)^2+k$, $-2+k=-5$
$\therefore k=-3$

33 이차함수 $y=a(x-p)^2$의 그래프
204~205쪽

❶-1 답 (1) 1 (2) $-\dfrac{3}{2}$

❶-2 답 (1) $y=-4(x-9)^2$, 축의 방정식: $x=9$,
꼭짓점의 좌표: $(9, 0)$

(2) $y=\dfrac{2}{5}\left(x+\dfrac{1}{8}\right)^2$, 축의 방정식: $x=-\dfrac{1}{8}$,
꼭짓점의 좌표: $\left(-\dfrac{1}{8}, 0\right)$

❷-1 답 ③
① 아래로 볼록한 포물선이다.
② 꼭짓점의 좌표는 $(-2, 0)$이다.
④ 이차함수 $y=2(x+2)^2$의 그래프는
오른쪽 그림과 같으므로 제1, 2사분
면을 지난다.
⑤ 이차함수 $y=2x^2$의 그래프를 x축의
방향으로 -2만큼 평행이동한 것이다.

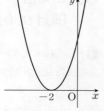

❸-1 답 $-9, -5$
평행이동한 그래프의 식은 $y=-3(x+7)^2$이므로

이 식에 $x=a$, $y=-12$를 대입하면
$-12=-3(a+7)^2$, $(a+7)^2=4$
$a+7=\pm2$ $\therefore a=-9$ 또는 $a=-5$

34 이차함수 $y=a(x-p)^2+q$의 그래프
210~212쪽

❶-1 답 (1) x축의 방향으로 5만큼, y축의 방향으로 -2만큼

(2) x축의 방향으로 -2만큼, y축의 방향으로 $-\dfrac{7}{9}$만큼

❶-2 답 (1) $y=-5(x-3)^2-1$, 축의 방정식: $x=3$,
꼭짓점의 좌표: $(3, -1)$

(2) $y=\dfrac{3}{7}\left(x+\dfrac{1}{6}\right)^2+4$, 축의 방정식: $x=-\dfrac{1}{6}$,
꼭짓점의 좌표: $\left(-\dfrac{1}{6}, 4\right)$

❷-1 답 ②, ④
② 꼭짓점의 좌표는 $(1, 2)$이다.
④ 이차함수 $y=-3(x-1)^2+2$의 그
래프는 오른쪽 그림과 같으므로 제1
사분면을 지난다.
⑤ 이차함수 $y=-3x^2$의 그래프를 x축
의 방향으로 1만큼, y축의 방향으로 2
만큼 평행이동하여 포갤 수 있다.
따라서 옳지 않은 것은 ②, ④이다.

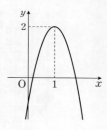

❸-1 답 $\dfrac{1}{4}$
평행이동한 그래프의 식은 $y=a(x+3)^2+6$이므로
이 식에 $x=1$, $y=10$을 대입하면
$10=a\times(1+3)^2+6$, $16a+6=10$
$16a=4$ $\therefore a=\dfrac{1}{4}$

❹-1 답 $a>0, p<0, q<0$
그래프의 모양이 아래로 볼록하므로
$a>0$
꼭짓점 (p, q)가 제3사분면 위에 있으므로
$p<0, q<0$

❹-2 답 ②
$a<0$이므로 그래프의 모양이 위로 볼록하고,
$p<0, q>0$이므로 꼭짓점 (p, q)가 제2사분면 위에 있다.
따라서 그래프로 적당한 것은 ②이다.

⑫ 이차함수 $y=ax^2+bx+c$의 그래프

215쪽

준비 해 보자

(1) $x^2-2x+\boxed{}=x^2-2\times x\times 1+\boxed{}$이므로

$\boxed{}=1^2=1$

(2) $x^2+4x+\boxed{}=x^2+2\times x\times 2+\boxed{}$이므로

$\boxed{}=2^2=4$

(3) $x^2-6x+\boxed{}=x^2-2\times x\times 3+\boxed{}$이므로

$\boxed{}=3^2=9$

따라서 오른쪽으로 1칸, 위쪽으로 4칸, 오른쪽으로 9칸 이동하면 다음 그림과 같으므로 파리의 랜드마크는 개선문이다.

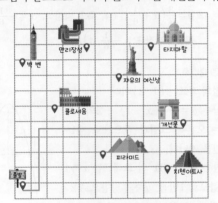

🏳️ 개선문

35 이차함수 $y=ax^2+bx+c$의 그래프

220~221쪽

1-1 답 (1) $y=(x+5)^2-5$ (2) $y=-3(x+3)^2+17$

　　(3) $y=7(x-1)^2+1$ (4) $y=-\dfrac{1}{2}(x-4)^2-7$

(1) $y=x^2+10x+20$

$=(x^2+10x+25-25)+20$

$=(x+5)^2-5$

(2) $y=-3x^2-18x-10$

$=-3(x^2+6x+9-9)-10$

$=-3(x+3)^2+17$

(3) $y=7x^2-14x+8$

$=7(x^2-2x+1-1)+8$

$=7(x-1)^2+1$

(4) $y=-\dfrac{1}{2}x^2+4x-15$

$=-\dfrac{1}{2}(x^2-8x+16-16)-15$

$=-\dfrac{1}{2}(x-4)^2-7$

1-2 답 (1) 축의 방정식: $x=1$, 꼭짓점의 좌표: $(1, 7)$, y절편: 2
　　(2) 축의 방정식: $x=-3$, 꼭짓점의 좌표: $(-3, -6)$,
　　　 y절편: -3

(1) $y=-5x^2+10x+2$

$=-5(x^2-2x+1-1)+2$

$=-5(x-1)^2+7$

(2) $y=\dfrac{1}{3}x^2+2x-3$

$=\dfrac{1}{3}(x^2+6x+9-9)-3$

$=\dfrac{1}{3}(x+3)^2-6$

2-1 답 ③, ⑤

$y=-4x^2+8x-5$

$=-4(x^2-2x+1-1)-5$

$=-4(x-1)^2-1$

① 위로 볼록한 포물선이다.

② 꼭짓점의 좌표는 $(1, -1)$이다.

④ 이차함수 $y=-4x^2+8x-5$의 그래프는 오른쪽 그림과 같으므로 제1, 2 사분면을 지나지 않는다.

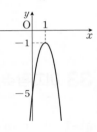

3-1 답 $-2, 5$

$y=-2x^2+6x+20$에 $y=0$을 대입하면

$-2x^2+6x+20=0$, $x^2-3x-10=0$

$(x+2)(x-5)=0$　∴ $x=-2$ 또는 $x=5$

따라서 구하는 x절편은 $-2, 5$이다.

36 이차함수 $y=ax^2+bx+c$의 그래프에서 a, b, c의 부호

225쪽

1-1 답 $a<0, b>0, c<0$

그래프의 모양이 위로 볼록하므로

$a<0$

축이 y축의 오른쪽에 있으므로

$ab<0$　∴ $b>0$

y축과의 교점이 x축보다 아래쪽에 있으므로

$c<0$

1-2 답 ②

$a>0$이므로 그래프의 모양이 아래로 볼록하다.

$a>0$, $b<0$이므로 $ab<0$

즉, 그래프의 축은 y축의 오른쪽에 있다.

또, $c>0$이므로 y축과의 교점이 x축보다 위쪽에 있다.

따라서 그래프로 적당한 것은 ②이다.

37 이차함수의 식 구하기 ·········· 229~231쪽

1-1 답 $y=x^2+6x+11$

이차함수의 식을 $y=a(x+3)^2+2$로 놓고,

$x=-5$, $y=6$을 대입하면

$6=a\times(-2)^2+2$, $4a+2=6$ ∴ $a=1$

따라서 구하는 이차함수의 식은

$y=(x+3)^2+2$, 즉 $y=x^2+6x+11$

1-2 답 $y=-2x^2-8x-9$

꼭짓점의 좌표가 $(-2, -1)$이므로 이차함수의 식을

$y=a(x+2)^2-1$로 놓을 수 있다.

이 그래프가 점 $(-3, -3)$을 지나므로 $x=-3$, $y=-3$을

대입하면

$-3=a\times(-1)^2-1$, $a-1=-3$ ∴ $a=-2$

따라서 구하는 이차함수의 식은

$y=-2(x+2)^2-1$, 즉 $y=-2x^2-8x-9$

2-1 답 $y=-x^2-4x-2$

이차함수의 식을 $y=a(x+2)^2+q$로 놓고,

$x=-3$, $y=1$을 대입하면

$1=a\times(-1)^2+q$ ∴ $a+q=1$ ······ ㉠

$x=1$, $y=-7$을 대입하면

$-7=a\times3^2+q$ ∴ $9a+q=-7$ ······ ㉡

㉠, ㉡을 연립하여 풀면 $a=-1$, $q=2$

따라서 구하는 이차함수의 식은

$y=-(x+2)^2+2$, 즉 $y=-x^2-4x-2$

2-2 답 $y=\frac{1}{2}x^2+x-\frac{1}{2}$

축의 방정식이 $x=-1$이므로 이차함수의 식을

$y=a(x+1)^2+q$로 놓을 수 있다.

이 그래프가 두 점 $(-5, 7)$, $(1, 1)$을 지나므로

$x=-5$, $y=7$을 대입하면

$7=a\times(-4)^2+q$ ∴ $16a+q=7$ ······ ㉠

$x=1$, $y=1$을 대입하면

$1=a\times2^2+q$ ∴ $4a+q=1$ ······ ㉡

㉠, ㉡을 연립하여 풀면 $a=\frac{1}{2}$, $q=-1$

따라서 구하는 이차함수의 식은

$y=\frac{1}{2}(x+1)^2-1$, 즉 $y=\frac{1}{2}x^2+x-\frac{1}{2}$

3-1 답 $y=x^2-x+3$

이차함수의 식을 $y=ax^2+bx+3$으로 놓고,

$x=-1$, $y=5$를 대입하면

$5=a\times(-1)^2+b\times(-1)+3$ ∴ $a-b=2$ ······ ㉠

$x=3$, $y=9$를 대입하면

$9=a\times3^2+b\times3+3$ ∴ $3a+b=2$ ······ ㉡

㉠, ㉡을 연립하여 풀면 $a=1$, $b=-1$

따라서 구하는 이차함수의 식은 $y=x^2-x+3$

3-2 답 $y=-3x^2+7x-2$

y절편이 -2이므로 이차함수의 식을 $y=ax^2+bx-2$로 놓을

수 있다.

이 그래프가 두 점 $(1, 2)$, $(2, 0)$을 지나므로

$x=1$, $y=2$를 대입하면

$2=a\times1^2+b\times1-2$ ∴ $a+b=4$ ······ ㉠

$x=2$, $y=0$을 대입하면

$0=a\times2^2+b\times2-2$ ∴ $2a+b=1$ ······ ㉡

㉠, ㉡을 연립하여 풀면 $a=-3$, $b=7$

따라서 구하는 이차함수의 식은 $y=-3x^2+7x-2$

문제를 풀어 보자 GoGo!

233~236쪽

1 ④	**2** ③	**3** ④	**4** ③
5 ③	**6** ①	**7** ①	**8** ⑤
9 -27	**10** ⑤	**11** ⑤	**12** ②
13 ②	**14** ④	**15** ④	**16** 0

1 ③ $y=-4x+4$

④ $y=3x^2-3x-6$

따라서 이차함수인 것은 ④이다.

2 $y=a(4-x^2)-5x^2+8x$

$=(-a-5)x^2+8x+4a$

이 함수가 이차함수가 되려면

$-a-5\neq0$ ∴ $a\neq-5$

3 $f(-1)=2\times(-1)^2-3\times(-1)+6=11$

$f(3)=2\times3^2-3\times3+6=15$

$\therefore f(-1)-f(3)=11-15=-4$

4 $y=ax^2$의 그래프에서 a의 절댓값이 작을수록 폭이 넓어진다.

5 ① 점 $(-5, -10)$을 지난다.

② $x=0$일 때, $y=0$이다.

④ 제3, 4사분면을 지난다.

⑤ 축의 방정식은 $x=0$이다.

따라서 옳은 것은 ③이다.

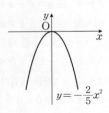

6 $y=-\dfrac{9}{7}x^2$의 그래프를 y축의 방향으로 7만큼 평행이동한 그래프의 식은

$y=-\dfrac{9}{7}x^2+7$

따라서 이 그래프의 꼭짓점의 좌표는 $(0, 7)$이다.

7 $y=3(x+5)^2$의 그래프는 오른쪽 그림과 같으므로 x의 값이 증가할 때 y의 값이 감소하는 x의 값의 범위는 $x<-5$이다.

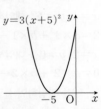

8 $y=-(x-2)^2+2$의 그래프는 꼭짓점의 좌표가 $(2, 2)$이고 위로 볼록하며 y축과 만나는 점의 좌표가 $(0, -2)$인 포물선이므로 ⑤이다.

9 $y=-x^2$의 그래프를 x축의 방향으로 3만큼, y축의 방향으로 -2만큼 평행이동한 그래프의 식은

$y=-(x-3)^2-2$

이 그래프가 점 $(-2, k)$를 지나므로

$k=-(-2-3)^2-2=-27$

10 그래프가 위로 볼록하므로 $a<0$

꼭짓점 $(-p, q)$가 제1사분면에 있으므로 $-p>0$, $q>0$

$\therefore p<0$, $q>0$

11 $y=-\dfrac{1}{2}x^2-2x+4=-\dfrac{1}{2}(x+2)^2+6$

따라서 $a=-\dfrac{1}{2}$, $p=-2$, $q=6$이므로

$apq=6$

12 $y=-x^2+2x+3$

$\quad=-(x-1)^2+4$

② 꼭짓점의 좌표는 $(1, 4)$이다.

따라서 옳지 않은 것은 ②이다.

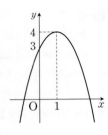

13 $y=4x^2-4$에 $y=0$을 대입하면

$0=4x^2-4$, $4(x+1)(x-1)=0$

$\therefore x=-1$ 또는 $x=1$

$\therefore$ A$(-1, 0)$, B$(1, 0)$

$y=4x^2-4$에 $x=0$을 대입하면 $y=-4$

$\therefore$ C$(0, -4)$

따라서 $\overline{AB}=1-(-1)=2$, $\overline{OC}=4$이므로

$\triangle ABC=\dfrac{1}{2}\times\overline{AB}\times\overline{OC}$

$\qquad\quad=\dfrac{1}{2}\times2\times4=4$

14 그래프가 아래로 볼록하므로 $a>0$

축이 y축의 오른쪽에 있으므로 $ab<0$ $\quad\therefore b<0$

y축과의 교점이 x축보다 아래쪽에 있으므로 $c<0$

15 꼭짓점의 좌표가 $(3, -3)$이므로 이차함수의 식을

$y=a(x-3)^2-3$으로 놓자.

이 그래프가 점 $(1, -23)$을 지나므로

$-23=4a-3$ $\quad\therefore a=-5$

따라서 구하는 이차함수의 식은

$y=-5(x-3)^2-3=-5x^2+30x-48$

16 그래프가 y축과 점 $(0, -1)$에서 만나므로 이차함수의 식을 $y=ax^2+bx-1$로 놓자.

이 그래프가 점 $(-2, -5)$를 지나므로

$-5=4a-2b-1$ $\quad\therefore 4a-2b=-4$ $\qquad$ …… ㉠

또, 이 그래프가 점 $(3, 0)$을 지나므로

$0=9a+3b-1$ $\quad\therefore 9a+3b=1$ $\qquad$ …… ㉡

㉠, ㉡을 연립하여 풀면

$a=-\dfrac{1}{3}$, $b=\dfrac{4}{3}$

$\therefore y=-\dfrac{1}{3}x^2+\dfrac{4}{3}x-1$

이 그래프가 점 $(1, k)$를 지나므로

$k=-\dfrac{1}{3}+\dfrac{4}{3}-1=0$

www.mirae-n.com

학습하다가 이해되지 않는 부분이나 정오표 등의 궁금한 사항이 있나요?
미래엔 홈페이지에서 해결해 드립니다.

교재 내용 문의
나의 교재 문의 | 수학 과외쌤 | 자주하는 질문 | 기타 문의

교재 정답 및 정오표
정답과 해설 | 정오표

교재 학습 자료
개념 강의 | 문제 자료 | MP3 | 실험 영상

Contact Mirae-N
www.mirae-n.com
(우)06532 서울시 서초구 신반포로 321
1800-8890

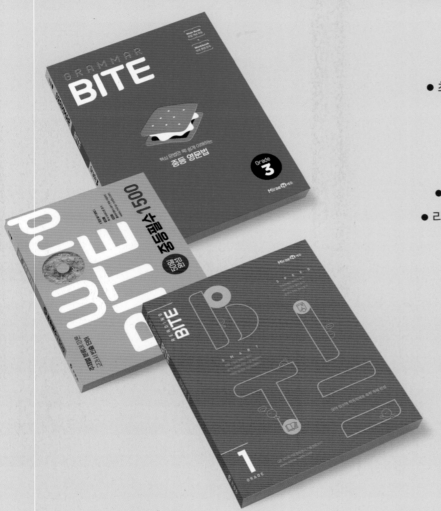